"大国三农"系列教材

科学出版社"十四五"普通高等教育本科规划教材

食品科学与工程类系列教材

# 食品安全快速检测

许文涛　程　楠　主编

科学出版社

北京

# 内 容 简 介

本书围绕食品安全快速检测的基础知识展开介绍，分析了我国食品安全的现状与挑战，系统梳理了食品安全风险因子，并在此基础上引出食品安全快速检测的概念及其对保障食品安全的重要意义。全书共 12 章，分别针对特征化学反应、酶及受体、免疫学、核酸分子、功能核酸、分子印迹、光谱学、纳米材料、合成生物学、集成装备、大数据等食品安全检测手段及新技术在食品安全快速检测中的应用展开详细介绍，力求全面、完整地反映关于食品安全快速检测的基础知识及最新进展。

本书可作为食品科学与工程、食品质量与安全和食品营养与健康等相关专业的本科教材，也可作为从事食品安全检测的研究人员的参考书和公众的科普读物。

图书在版编目（CIP）数据

食品安全快速检测 / 许文涛，程楠主编. —北京：科学出版社，2023.12
"大国三农"系列教材　科学出版社"十四五"普通高等教育本科规划教材　食品科学与工程类系列教材

ISBN 978-7-03-076507-9

Ⅰ. ①食⋯　Ⅱ. ①许⋯ ②程⋯　Ⅲ. ①食品安全–食品检验–高等学校–教材　Ⅳ. ①TS207.3

中国国家版本馆 CIP 数据核字（2023）第 189608 号

责任编辑：席　慧　林梦阳 / 责任校对：严　娜
责任印制：张　伟 / 封面设计：智子文化

**科学出版社** 出版
北京东黄城根北街 16 号
邮政编码：100717
http://www.sciencep.com

北京九州迅驰传媒文化有限公司印刷
科学出版社发行　各地新华书店经销

*

2023 年 12 月第 一 版　开本：787×1092　1/16
2025 年 7 月第三次印刷　印张：13
字数：308 000

**定价：56.00 元**

# 《食品安全快速检测》编写人员名单

主　　编　许文涛（中国农业大学）

　　　　　程　楠（中国农业大学）

副 主 编　李相阳（北京农学院）

　　　　　朱龙佼（中国农业大学）

　　　　　徐瑗聪（北京工业大学）

　　　　　郭明璋（北京工商大学）

编写人员（按姓氏汉语拼音排序）

　　　　　陈威风（河南牧业经济学院）

　　　　　程　楠（中国农业大学）

　　　　　郭明璋（北京工商大学）

　　　　　李　辉（中国农业大学）

　　　　　李　雪（中国农业大学）

　　　　　李红霞（吉林大学）

　　　　　李相阳（北京农学院）

　　　　　刘海燕（浙江工业职业技术学院）

　　　　　鹿　瑶（山东农业大学）

　　　　　商　颖（昆明理工大学）

　　　　　佘永新（中国农业科学院农业质量标准与检测技术研究所）

　　　　　王　伟（中国农业大学）

　　　　　王蔚然（中国航天员科研训练中心）

　　　　　徐瑗聪（北京工业大学）

　　　　　许文涛（中国农业大学）

　　　　　闫　旭（吉林大学）

　　　　　杨舒然（国家食品安全风险评估中心）

　　　　　翟百强（河南省铁路食品安全管理工程技术研究中心）

　　　　　周　茜（河北农业大学）

　　　　　朱龙佼（中国农业大学）

# 序

　　民以食为天，食以安为先，食品安全关系人民身体健康和生命安全。完善的食品安全检测体系是食品安全的重要保障，快速检测是食品安全检测体系的重要环节，在食品安全领域中发挥重要的作用。

　　近年来，食品安全快速检测技术迅猛发展，《食品安全快速检测》的编者借鉴了国内外的最新研究进展和研究成果，论述了基于特征化学反应、酶及受体、免疫学、核酸分子、功能核酸、分子印迹等不同识别类型的食品安全风险因子快速检测技术，以及光谱学、纳米材料、合成生物学、集成装备、大数据等技术在食品安全快速检测领域的应用。该书是我校"大国三农"系列教材的重要组成部分，其中光谱、纳米材料、大数据的应用凸显了食品安全领域的学科交叉融合特性，同时该书融入思政教育，将知识传授、价值塑造、能力培养三者融为一体。

　　该书的主编许文涛教授在功能核酸和食品安全快速检测领域深耕多年，科研成果丰富，带领各位研究者编写出这本有全局特色、与时俱进的教材。该书既能作为食品科学与工程、食品质量与安全、食品营养与健康相关专业学生的教材和参考书，也能作为食品安全快速检测行业的入门工具书，对食品安全检测领域的发展起到积极的推动作用。

　　今日之成果来之不易，未来食品安全快速检测技术研究仍道阻且长，而行则将至、行而不辍、未来可期！

中国工程院院士

任发政

2023 年 8 月

# 前　　言

　　民以食为天，食以安为先。几十年的快速发展让我国这个人口大国顺利迈过了食品数量安全这一大关，成功将中国人的饭碗牢牢端在自己手上。

　　随着经济、生活条件的逐步改善，人民群众越来越关注食品的质量安全与营养健康，从以往的吃饱转变为现在的吃好。截至目前，我国已发布食品安全国家标准近 1500 项，涵盖了从农田到餐桌、从生产加工到产品全链条各环节主要的健康危害因素。标准体系框架既契合中国居民膳食结构，又符合国际通行做法。正是依靠食品安全标准与《中华人民共和国食品安全法》的监管，我们的社会才能有相对稳定的食品安全环境，但我们也应当清晰地认识到中国社会共治体系尚未形成，食品安全事件还是屡有发生，历年的"3·15"晚会几乎都有触目惊心的食品安全事件曝光。除此之外，随着食品生产的工业化和新技术、新原料的采用，造成食品污染的因素还日趋复杂化，引发消费者的担忧。对此，高效的食品安全的检测监督毫无疑问是一把时刻悬空的利刃，能有效震慑不法之徒并维护消费者权益。

　　《中华人民共和国食品安全法》第一百一十二条规定，县级以上人民政府食品药品监督管理部门在食品安全监督管理工作中可以采用国家规定的快速检测方法对食品进行抽查检测。对抽查检测结果表明可能不符合食品安全标准的食品，应当依照本法第八十七条的规定进行检验。这一法律依据，奠定了食品安全快速检测在监督和保障食品安全上的地位，彰显了其不可或缺的作用。

　　食品安全快速检测目前没有一个绝对定义，而是一种约定俗成的概念。与精准但相对耗时的实验室检测方法相比，快速检测方法能够在较短的检测时间出具检测结果，并且具备可接受的检测精度。我国人口众多，因此每天的食品消耗量巨大，食品安全快速检测可以对大批量的样品进行快速筛查，减少和缩小实验样品的检测范围，发现可疑样本，可以有针对性地采集样品和进行实验室确认验证，从而缩短检测时间，降低检测成本，提高监督、检验的效率。更重要的是，食品安全快速检测技术尤其是现场快速检测，可以增加样品的检测数量、扩大食品安全监控范围，并且减轻实验室检测的压力。

　　党的十九大以来，中国特色社会主义进入新时代，我国社会主要矛盾已经转化为人民日益增长的美好生活需要和不平衡不充分的发展之间的矛盾。对此，食品安全快速检测技术的发展是符合人民对美好生活需要的：它能够促进中小食品企业提高食品安全管理水平；能够提升食品质量监管的科学性、准确性和有效性；能够增强食品监管的时效性，及早处理问题食品；它具备检测费用低、操作简单、易于推广的优势；是大型活动卫生保障与应急事件处理的有效措施，也是大国能力的有效体现。

　　本书共分为 12 个章节，涉及并涵盖了特征化学反应、酶及受体、免疫学、核酸分子、功能核酸、分子印迹、光谱学、纳米材料、合成生物学、集成装备、大数据等食品安全检测手段及新技术。在此特别感谢与我一起完成整本书编写的作者团队，他们均是在食品安全快速检测领域的不同研究方向深耕了多年的专家学者。绪论和功能核酸快速检测技术章节由我、李雪及杨舒然完成，特征化学反应快速检测技术章节由程楠完成，基于酶及受体的快速检测技术章节由王蔚然及周茜完成，免疫学快速检测技术章节由朱龙佼及李相阳完成，核酸分子快速检测技术章节由商颖及徐瑗聪完成，分子印迹快速检测技术章节由佘永新完成，光谱无损快速检测技术章节由王伟及鹿瑶完成，纳米材料与食品安全快速检测章节由闫旭及李红霞完成，合成生物学与食品安全快速检测章节由郭明璋及刘海燕完成，集成装备与食品安全快速检测章节由程楠及陈威风完成，大数据与食品安全快速检测章节由李辉及翟百强完成。

　　我们在这本书的编写过程中虽力求全面、完整地反映关于食品安全快速检测的基础知识及最新进展，但该领域的发展日新月异，相关文献资料浩如烟海，加之作者团队的水平有限，因此可能会出现相关纰漏，在此殷切希望广大专家同行、读者朋友们提出批评及指正。我们将不断修正及补充，并希望本书能够激发食品及相关专业学生对食品安全检测领域的学习兴趣，能够对食品安全领域的发展产生积极影响。

许文涛

2023 年 7 月

# 教学课件索取单

　　凡使用本书作为教材的主讲教师，可获赠教学课件一份。欢迎通过以下两种方式之一与我们联系。

**1. 关注微信公众号"科学 EDU"索取教学课件**

关注→"教学服务"→"课件申请"

科学 EDU　　食品专业教材最新书目

**2. 填写教学课件索取单，拍照后发送至联系人邮箱**

| 姓名： | | 职称： | | 职务： |
|---|---|---|---|---|
| 学校： | | 院系： | | |
| 电话： | | 本课程学生数： | | |
| 电子邮箱（重要）： | | | | |
| 所授其他课程： | | | 学生数： | |
| 课程对象：□研究生　□本科（_____年级）□其他_____ | | | 授课专业： | |

联系人：林梦阳　　　　　咨询电话：010-64030233　　　　　回执邮箱：linmengyang@mail.sciencep.com

# 目　　录

# 第一章

## 绪　论

【**本章内容提要**】民以食为天，食品安全是重大的基本民生问题，是全面建成小康社会的重要标志，关系到我国 14 亿多人的身体健康和生命安全。本章概括了食品安全的概念与内涵，分析了我国食品安全的现状与挑战，并系统地梳理了食品安全风险因子的类型，最后介绍了食品安全快速检测的概念，并总结了其对保障食品安全的重要意义。

## 第一节　食　品　安　全

### 一、食品安全的概念与内涵

"民以食为天，食以安为先。"食品是人类赖以生存的基础物质条件，食品安全则与人民生活息息相关，是社会安定、实现中华民族伟大复兴的根本要求。对食品安全的高度重视，是我们国家对人民的重视，也是我国社会文明进步的标志。

食品安全最早于 1974 年由联合国粮食及农业组织（Food and Agriculture Organization, FAO）提出。1984 年世界卫生组织（World Health Organization, WHO）在《食品安全在卫生和发展中的作用》文件中，将食品安全定义为：生产、加工、贮存、分配和制作食品过程中确保食品安全可靠，有益于健康并且适合人消费的种种必要条件和措施。1996 年，WHO 在其发表的《加强国家级食品安全性计划指南》中，将食品安全定义为：对食品按其用途进行制作和食用时，不会使消费者受害的一种担保，主要是指在食品的生产和消费过程中，有毒有害物质或因素的存在或者引入没有达到危害程度，从而保证人体在按照正常剂量和以正确方式摄入这样的食品时，不会受到急性或慢性的危害，这种危害不仅包括对摄入者本身产生的不良影响，还包括对其后代可能产生的潜在不良影响。

根据《中华人民共和国食品安全法》定义，食品，指各种供人食用或者饮用的成品和原料以及按照传统既是食品又是中药材的物品，但是不包括以治疗为目的的物品。食品安全，指食品无毒、无害，符合应当有的营养要求，对人体健康不造成任何急性、亚急性或者慢性危害。

### 树立"大食物观"

民生无小事，枝叶总关情。2022 年 3 月 6 日，习近平总书记在参加政协农业界、社会福利和社会保障界委员联组会时讲到"要树立大食物观"，这个观点引人关注。"树立大农业、大食物观念"于 2015 年在中央农村工作会议上提出，"树立大食物观"则于 2016 年写入中央一号文件，并作为推动农业供给侧结构性改革的重要内容。2017 年中央农村工作会议，习近平总书记指出，"老百姓的食物需求更加多样化了，这就要求我们转变观念，树立大农业观、大食物观，向耕地草原森林海洋、向植物动物微生物要热量、要蛋白，全方位多途径开发食物资源。"这次政协联组会上，习近平总书记进一步强调，"从更好满足人民美好生活需要出发"。从"吃得饱"到"吃得好""吃得健康"，顺应人民群众食物结构变化趋势，让老百姓吃得更好、吃得更健康，正是树立"大食物观"的出发点和落脚点。要想让老百姓吃得更好，就离不开对食品安全的严格把控。

## 二、我国食品安全的现状与挑战

虽然许多国际组织及大多数国家的政府都十分重视食品安全，采取了一系列措施保障食品安全，但目前全球的食品安全问题仍然相当严重，特别是随着食品生产的工业化和新技术、新原料的采用，造成食品污染的因素日趋复杂化。近些年来，我国食品安全发展并不乐观，"3·15"晚会屡屡曝出食品安全事件。

### （一）我国食品安全发展历史

人类对食品安全的认识有一个历史发展过程，在人类文明早期，不同地区和民族都以长期生活经验为基础，在不同程度上形成了一些有关饮食卫生和安全的禁忌禁规。随着对食品安全与自身健康关系的认识不断积累并加以深化，人类逐渐认识到食品由于自身的原因和保存条件的不合适，以及一些化学物质的加入，可能对人体有害，并可能传播疾病。

在 3000 多年前的西周时期，官方的医政制度将医生分为四大类：食医、疾医、疡医和兽医，其中食医排在诸医之首。当时我国不仅能控制一定卫生条件而制造出酒、醋、酱等发酵食品，而且已经设置了"凌人"，专司食品冷藏防腐。他们的工作就是"冬季取冰，藏之凌阴为消夏之用"。为了保证食品安全，周代还严禁未成熟果实进入流通市场，以防止未成熟的果实引起食物中毒。这一规定被认为是我国历史上最早的关于食品安全管理的记录。汉唐时期，商品经济高度发展，食品交易活动非常频繁，交易品种空前丰富，为杜绝有毒有害食品流入市场，国家在法律上做出了相应的规定。汉朝《二年律令》规定："诸食脯肉，脯肉毒杀、伤、病人者，亟尽孰（熟）燔其余。其县官脯肉也，亦燔之。当燔弗燔，及吏主者，皆坐脯肉臧（赃），与盗同法"，即因腐坏等因素可能导致中毒的肉类，应尽快焚毁，否则将对肇事者及相关官员进行处罚。

唐律条文要比汉律条文的规定更为详尽周密，《唐律疏议》是中国现存的第一部内容完整的法典，特别规定若食物有毒而让人受害，必须立刻焚烧，违者杖打九十大板；如果故意送人食用甚至出售，致人生病者，判处一年徒刑；致人死亡者，处以绞刑（脯肉有毒，曾经病人，有余者速焚之，违者杖九十；若故与人食，并出卖令人病者，徒一年；以故致死者，绞）。

宋代，饮食市场空前繁荣，而商品市场的繁荣，不可避免地带来一些问题，一些违法商人"以物市于人，敝恶之物，饰为新奇；假伪之物，饰为真实"。为了加强对食品掺假、以次充好等食品质量问题的监督和管理，宋代规定从业者必须加入行会，而行会必须对商品质量负责。各个行会对生产经营的商品质量进行把关，行会的首领（亦称"行首""行头""行老"）作为担保人，负责评定物价和监察不法。除了由行会把关外，宋代法律也继承了唐律的规定，对有毒有害食品的销售者给予严惩。

随着相关学科的发展，人们认识到除了食品添加剂外，化肥、农药、兽药及环境污染物等物质可通过食物链在动植物食品中富集，食用这类食品后也可能对健康造成不利影响。

在我国，近代食品安全性的研究与管理起步较晚，但近半个世纪以来食品卫生与安全状况也有了很大的改善，一些食源性传染病得到了有效的控制，农产品和加工食品中的有害化学残留也开始纳入法治管理的轨道。我国于1982年制定了《中华人民共和国食品卫生法（试行）》，经过13年的试行阶段于1995年由全国人民代表大会常务委员会通过，成为具有法律效力的食品卫生法规。然而，到了20世纪末和21世纪初，我国面向全球经济一体化的新时代，食品的安全性问题形势依然严峻，还要从认识、管理、法规、体制，以及研究、监测等方面做更多的工作，才能适应客观形势发展的需要。2009年我国政府针对食品安全的现状决定制定并应用《中华人民共和国食品安全法》，这对我国食品安全的研究、监督有重要意义。2015年10月1日，新修订的《中华人民共和国食品安全法》正式实施，提出了社会共治和共享的理念，发挥社会各主体的责任意识，共同监管食品安全，包括政府在内的各种社会力量交织成监管网络，严把从农田到餐桌的道道防线。2022年9月2日，我国通过《中华人民共和国农产品质量安全法》，把农产品质量安全作为转变农业发展方式、加快现代农业建设的关键环节，坚持源头治理、标本兼治，用"四个最严"，确保广大人民群众"舌尖上的安全"。

### （二）我国食品安全存在的问题

（1）微生物造成的食源性疾病问题是主要的食品安全问题。

（2）化学污染造成的食品安全问题比较严重，特别是种植业和养殖业的源头污染对食品安全的威胁越来越严重。

（3）加工生产过程中出现的食品安全问题日趋显露。

（4）国际局势不可避免地对我国食品贸易带来巨大影响。我国食品被进口国拒绝、扣留、退货、索赔和终止合同的事件时有发生，我国畜、禽肉长期因兽药残留问题而出口欧盟受阻，酱油由于氯丙醇污染问题而影响了向欧盟和其他国家出口。

（5）违法生产经营食品问题严重，城乡接合部的一些无证企业和个体工商户及家庭式作坊成为制假售假的集散地。

（6）食品工业中使用新原料、新工艺给食品安全带来了许多新问题。现代生物技术（如转基因技术）、益生菌和酶制剂等技术在食品中的应用及食品新资源的开发等，既是国际上关注的食品问题，也是我国亟待研究和重视的问题。

（7）检测的关键技术不够完善，基础研究经费匮乏不足。我国某些产品出口欧洲和日本时，国外要求检测百种以上农药残留，显然，一次能进行多种农药的多残留分析为技术关键。

（8）危害性分析技术应用不广。危害性分析是世界贸易组织（WTO）和国际食品法典委员会（CAC）强调的用于制定食品安全技术措施的必要技术手段，也是评估食品安全技术措施有效性的重要手段。

（9）关键控制技术需要进一步研究。在食品中应用良好农业规范（GAP）、良好兽医规范（GVP）、良好生产规范（GMP）、危害分析与关键控制点（HACCP）等食品安全控制技术，对保障产品质量安全十分有效。而在实施GAP和GVP的源头治理方面，我国科学数据还不充分，需要进行研究。我国部分食品企业虽然已应用了HACCP技术，但缺少结合我国国情的覆盖各行业的HACCP指导原则和评价准则。

（10）食品安全技术标准体系不与国际接轨。国际有机农业和有机农产品的法规与管理体系主要可以分为3个层次，即联合国层次、国际性非政府组织层次和国家层次。联合国层次的有机农业和有机农产品标准是由 FAO 与 WHO 制定的，是《食品法典》的一部分，目前还属于建议性标准。《食品法典》的标准结构、体系和内容等基本上参考了欧盟有机农业标准及国际有机农业运动联盟（IFOAM）的基本标准。我国除有机食品等同采用，绿色食品部分采用外，其他标准还存在差距。

## 土坑酸菜

2022年3月15日晚，央视"3·15"晚会曝光"土坑酸菜"生产内幕，酸菜在"土坑"中腌制，工人抽着烟穿着拖鞋或光着脚踩踏，抽完的烟头随手丢弃在酸菜上，整个生产过程存在极大安全隐患。由于处罚力度低，企业抱着侥幸的心理，无视消费者的健康问题，将不符合卫生标准的酸菜进行加工处理销售。"土坑酸菜"再次敲响了警钟，食品安全也再度成为社会关注的热点话题。"土坑酸菜"背后，反映的更深层次问题是企业的合规问题。《中华人民共和国食品安全法》第五十条规定，食品生产者采购食品原料、食品添加剂、食品相关产品，应当查验供货者的许可证和产品合格证明；对无法提供合格证明的食品原料，应当按照食品安全标准进行检验；不得采购或使用不符合食品安全标准的食品原料、食品添加剂、食品相关产品。"土坑酸菜"能够一路绿灯通过验收，说明该菜业公司整体合规管理体系不够完善，在采购标准、入库检测等合规制度的设置方面存在一定漏洞，质量监管流于形式。同时，一些方便面品牌商因为与该菜业公司建立了产品代加工和原料直供等方面的战略合作，也被推上风口浪尖，导致商品下架、股价大跌，无论产品口碑还是企业形象都受到重创。这也暴露出方便面品牌商不仅自身合规体系建设不够完善，在采购环节没有对产品进行严格的监督和检查，而且在对第三方供应商的合规监管方面也存在问题，缺乏相应的审查机制。

## （三）我国食品安全面临的挑战

目前，我国食品安全主要存在3个方面的问题，即微生物污染而引起的食源性疾病，由农药残留、兽药残留、重金属、天然毒素、有机污染物等引起的化学性污染，非法使用添加剂和非食用物质。面对食品安全问题的挑战，迫切的任务是不断完善我国的食品安全管理工程体系，用现代的理论和技术装备我国的食品安全科技与管理队伍。

（1）与国际接轨，加强与国际组织的合作与交流。我国进口食品贸易额逐年增长，一方面为人们的生活提供了丰富的食品，另一方面也为食品安全管理带来了挑战：①错综复杂的国际食品供应链，扩大了食品安全管理的复杂性；②增大了食源性疾病的范围和广泛暴发的潜在风险；③扩大了边境致病因子传出或输入的范围和速度；④全球发展要求国际食品安全管理的一致性。

（2）建立国家食品安全控制与监测网络，系统监测并收集食品加工、销售、消费全过程中包含食源性疾病的各类信息，以便对人群健康与疾病的现状和发展趋势进行科学的评估和预测，早期鉴定病原物质，鉴别高危食品、高危人群；评估食品安全项目的有效性，为卫生政策的规范和制定提供信息。

（3）加强食品安全控制技术的投入和研究。食品消费行为在现代社会受到多种因素影响，不断发生变化，消费模式的变化无疑会带来新的食品安全问题。为了更好地对食品实施安全控制，需要加强餐饮业特别是快餐食品的监督管理，研究新的预防控制技术、食品的现代加工贮藏技术等。

（4）加强对食品加工企业及消费者食品安全相关知识的培训和教育。保障食品安全是多方面共同的责任，食品生产、流通的每一个环节都有它的特殊性，必须实行从农田到餐桌的全程综合管理，如实行 GAP 和 GMP 等。政府相关的管理部门、食品企业从业人员都应定期接受食品生产、安全方面的知识培训，特别是要参与 HACCP 等食品安全质量控制系统的实施活动；消费者则应不定期地接受食品的安全购买、安全烹饪、安全食用等知识的培训；新闻媒体也应提供足够的空间大力宣传食品安全知识，促进绿色消费。

保障食品安全的最终目的是预防与控制食源性疾病的发生和传播，保障消费者的健康。食物可在食物链的不同环节受到污染，因此不可能靠单一的预防措施来确保所有食品的安全。人类对食物数量和质量的追求对食品生产者、管理者来说是一个永不休止的挑战。新的加工工艺、新的加工设备、新的包装材料、新的贮藏和运输方式等会给食品带来新的不安全因素。食品安全是一项复杂的社会系统工程，需要政府、企业、社会共建共享。相信随着社会的发展和进步，最严谨的标准、最严格的监管、最严厉的处罚、最严肃的问责，会使食品安全的保障系统得到进一步完善，食品将会更加营养、安全。

# 第二节　食品安全风险因子

食品本身不应含有有毒有害物质，但是，食品在种植或饲养、生长、收割或宰杀、加工、贮存、运输、销售到食用前的各个环节中，由于环境或人为因素的作用，可能受到有毒有害物质的侵袭而造成污染，使食品的营养价值和卫生质量降低。这个过程就是食品污染。这些危害食品安全的因子就是食品安全风险因子。

根据性质分类，食品安全风险因子可以分为化学性风险因子、生物性风险因子和物理性风险因子三类。

## 一、化学性风险因子

化学性风险因子主要指化学物质对食品的污染，包括农用化学物质（如化肥、农药、兽药、激素等）在食品中的残留，滥用食品添加剂对食品的污染，违法使用有毒化学物质（如苏丹红、孔雀石绿等）对食品的污染，有害元素（如汞、铅、镉、砷等）对食品的污染，食品加工方式或条件不当产生的有害化学物质（如多环芳烃类、丙烯酰胺、氯丙醇、$N$-亚硝基化合物、杂环胺等）对食品的污染，食品包装材料和容器（如金属包装物、塑料包装物及其他包装物）可能含有的有害化学成分迁移到食品中和工业废弃物等所造成的污染。这些污染食品的化学物质有的来源于食品所处的环境，有的来源于食品的生产过程，还有的来源于食品接触材料。

## 二、生物性风险因子

生物性风险因子指微生物及其有毒代谢产物（毒素）、病毒、寄生虫及其虫卵等生物对食品的污染。其中，以微生物及其毒素的污染最为常见，它们是危害食品安全的首要因素。污染食品的微生物及毒素主要包括细菌及其毒素、霉菌及其毒素。常见的易污染食品的细菌有假单胞菌、微球菌、葡萄球菌、芽孢杆菌、梭菌、黄杆菌、嗜盐杆菌等；污染食品的霉菌毒素有黄曲霉毒素、赭曲霉毒素、杂色曲霉毒素、岛青霉素等。霉菌和其毒素污染食品后，引起的危害主要包括两个方面：①霉菌引起食品变质，降低食用价值；②霉菌毒素可能危害人体健康。

### 三、物理性风险因子

物理性风险因子指食品生产加工过程中的杂质（如玻璃片、木屑、石块、金属片或放射性核素）超过规定的限量而对食品造成的污染。食品中的金属物一般是食品加工制造、运输过程中由于疏忽引起的各种机械、电线等碎片存在于食品中，也可能是人为故意破坏而投入到食品中的；食品中的玻璃物品主要是瓶、罐等多种玻璃器皿及玻璃类包装，在食品加工、运输过程中由于疏忽等原因而进入食品中；石头、骨头、塑料、鸟粪、小昆虫等存在于食品中，如果不加以控制，都会对人体健康造成一定程度的伤害；食品中的放射性核素一般来源于核爆炸、核废物排放和核工业意外事故造成的环境污染，通过动植物富集作用进入食品生产加工链条，使食品中的放射性物质含量超过天然本底水平，对人体造成危害。

## 第三节　食品安全快速检测

食品安全快速检测可以对大批量的样品进行快速筛查，缩小实验样品的检测范围，发现可疑样本，可以有针对性地采集样品和进行实验室确认验证，从而缩短检测时间，降低检测成本，提高监督、检验的效率。更重要的是，通过食品安全快速检测技术，尤其是现场快速检测，可以增加样品的检测数量、扩大食品安全监控范围，并且减轻实验室检测的压力。食品安全快速检测技术迎合了食品企业内部及监管部门对食品质量安全进行及时控制的需要，具有重要意义。

随着社会经济的发展，生活水平得到了很大的提高，食品数量、种类较以往有了极大的发展。然而，在这种形势下，我国的食品，无论是农副产品，还是加工食品，质量参差不齐。近年来，出现了许多大大小小的食品安全事故，"三聚氰胺事件""瘦肉精事件"已经成为食品安全的典型事件。而在全球，近几十年来也发生了许多重大食品安全事件，如2013年新西兰蛋白粉的肉毒杆菌毒素污染事件、2017年英国三大咖啡连锁店冰块细菌超标事件等。各国政府对食品安全越来越重视。而在食品安全保障工作中，食品安全快速检测技术具有重要的意义。频发的食品安全事件，具有突发性强、蔓延快等特点，传统检测手段无法满足监督对于快速和预警的需要。如要从根本上实现大流通环境下的食品安全管理，就必须发展相匹配的准确、方便、快速、灵敏的食品安全快速检测技术。

### 一、食品安全快速检测的概念

食品安全快速检测没有经典的定义，是一种约定俗成的概念，即在短时间内（几分钟或十几分钟）对特定物质或指标进行分析，并出具检测结果。通常认为，理化检验方法一般在两个小时内能够出结果的即可视为快速方法；微生物检验方法与常规方法相比，能够缩短 1/2 或 1/3 时间并出具具有判断性意义结果的方法即可视为快速方法；现场快速检测方法一般在 30min 内能够出结果，如果能够在十几分钟内甚至几分钟内出具结果的即是较好的方法。

## 二、食品安全快速检测的法律依据

《中华人民共和国食品安全法》第一百一十二条规定，县级以上人民政府食品药品监督管理部门在食品安全监督管理工作中可以采用国家规定的快速检测方法对食品进行抽查检测。对抽查检测结果表明可能不符合食品安全标准的食品，应当依照本法第八十七条的规定进行检验。第八十八条规定，采用国家规定的快速检测方法对食用农产品进行抽查检测，被抽查人对检测结果有异议的，可以自收到检测结果时起四小时内申请复检。复检不得采用快速检测方法。

## 三、食品安全快速检测的优势

### （一）加强中小食品企业的食品安全管理水平

目前大中型城市的食品加工原料仍以散户生产为主，造成初级农产品源头污染严重。对于中小食品企业而言，绝大多数缺乏相关部门的食品安全检测技术支撑，如何保障原料质量、做好内控至关重要。普及食品安全快速检测技术，如农药、兽药、有毒化学物质、致病微生物快速检测技术，有利于中小企业把好原料采购关并掌控内部产品质量，使其能够在快速、简单、低投入的情况下建立起适用于中小食品企业的产品质量管理流程，从而使产品的质量有所保障。

### （二）提升食品质量监管的科学性、准确性和有效性

食品安全监管部门在市场巡查监管的过程中，通常采用看、摸、闻等感官方法配以主观判断对食品安全进行监管，缺乏一定的科学依据。而快速检测技术可对食品的质量进行初步判断，提高了对食品质量安全定性的准确度。此外，还可为食品的抽检指明方向，避免盲目抽检。对经快速检测技术检验出问题的产品抽样，送至有资质的相关部门进一步检验，最终获得检验报告，可为执法部门实施管理提供有力的证据支持。

### （三）增强食品监管的时效性，及早处理问题食品

目前，大多数具有法定资质的检测机构，完成全项定量检测并出具检测报告花费的时间不等，一般需花费 7～15 个工作日，最快也需 23d，这对于保质期短、流通快的食品而言，如牛乳、面包、蔬菜和水果等，其检测结果并无实际意义。运用食品安全快速检测技术，可在几分钟到几十分钟内获得定性或定量检测结果，同时以相对低廉的成本对上述群众日常所需的流通性较强的食品进行初步检测、判定，使不合格食品能及时被处理，很大程度上降低了不合格食品流通到消费者手中的可能性，增强了相关部门监管工作的时效性和前瞻性；此外，降低了消费者对食品安全的顾虑，同时督促经营者严格遵守法律法规，对确保大流通环境下的食品安全起到了积极作用。

（四）检测费用低、操作简单、易于推广

对于许多廉价、需求量高、控制较严格的食品，由检测机构全面检测确保其安全势必会提高食品售价，甚至会延误对安全问题的发现时机，不具有现实意义。快速检测技术只需简单处理样品，检测成本相对较低，并且能够在短时间内获得检测结果，对仪器设备和操作人员的技能水平要求较低，方便携带到现场进行检测，因而易于推广。快速检测技术的普及应用能够应对突发性食品安全问题，能够最大限度地减少甚至避免各类食品安全事件带来的损害。

## 四、食品安全快速检测的意义

快速检测技术的应用为保障食品生产、加工、流通和销售等环节安全，实现食品安全的全程监管提供了技术支持，在食品安全监管中具有广阔的应用前景。在很多情况下，如对农贸市场的生鲜食品、超市的短期储存食品等进行食品安全监督，乃至经营商自身管理，都需要应用快速检测技术。在一些重大社会活动，如奥运会、世界博览会，以及一些日常卫生监督过程中，食品安全快速检测技术也是一种重要的保障手段。

（一）快速检测是食品安全监管人员的有力工具

无论在重大社会活动中，还是在日常卫生监督过程中，除感官检测外，针对常见引发急性中毒的有毒物质或重要控制环节开展现场快速检测，对某些慢性伤害物质可能大量超标以及劣质食品的快速检测，对餐饮具、食物加工器具表面洁净度的快速检测，对化学消毒剂有效成分的快速检测等，能在现场及时发现可疑问题，迅速采取相应措施，这对提高监督工作效率和力度，保障卫生安全有着重要的意义。

**金沙县市场监督管理局开展春节市场蔬菜水果快速检测**

2022 年 1 月 28 日，金沙县市场监督管理局按照 1 月 25 日下午全市春节食品安全电视电话会议要求，印发了《关于加强春节前食品安全督查检查工作的通知》，组织开展春节前食品安全大检查，以农贸市场、超市销售的蔬菜、水果、海鲜产品、水发食品等为监测对象，针对蔬菜及水果中是否含有农残及甲醛，水产品的养殖水中是否添加有孔雀石绿，以及海鲜产品中是否有甲醛等农残和化学品。在此之前，大多检测机构的检测过程很慢，一般需要 7~15 个工作日才能出具检测报告；而应用食品快速检测尤其是现场快速检测，可以在 30min 之内完成检测，得到检测结果，提高监管和执法的效率。另外，很多廉价且市场需求量大的食品并不适合送到检测机构进行全面检测，而快速检测仅仅需要简单地抽检样品，检测成本得以降低，对设备和工作人员的要求也相对较低，适合在农村、乡镇等地进行现场检测。最后，这些检测技术不但应用范围广，满足监管部门的工作需求，也可以在执法现场就得到检测结果，对食品的不安全因素进行分析，显著增强执法公信力。

（二）快速检测能提高实验室检测的针对性，是实验室常规检测的有益补充

在诸多的可疑中毒样品中，利用快速检测有可能筛查出中毒因子或缩小实验室样品检测

范围，尽快查明中毒原因，赢得抢救患者的时间。在日常监督检查过程中，通过现场快速检测发现可疑卫生问题，有针对性地采集样品，既能提高监督检查效率，又能提出有针对性的实验室检测项目，降低样品检测费用。

实际监督工作过程中，需要检测的产品、半成品及生产环节很多，一一采集样品送实验室检测不现实，采用快速检测的方法，可增加样品检测数量，扩大食品安全控制范围，对快速检测检出的有毒有害阳性样品或超出国家卫生安全标准的样品送实验室做进一步检测，既扩大了监督覆盖面、提高了监督效率，又减轻了实验室的工作压力，合理利用了实验室资源。

（三）快速检测是大型活动卫生保障与应急事件处理的有效措施

随着政治经济全球化发展，重要的文化、体育活动日趋增多。在大型活动卫生保障中，为了防止发生群发性食物中毒，保证食品卫生安全，食品安全快速检测已成为重要手段和方式，在重大活动卫生保障工作中被广泛应用。

（四）快速检测是我国国情所决定的一项重要工作

我国近 20 年来经济快速发展，而且还会持续相当长的一段时期。在这种迅猛的商品经济运行中，食品安全尤为重要，稍有疏忽就会出现问题。以往的农药中毒、鼠药中毒、甲醇中毒、亚硝酸盐等群发性中毒，甲醛、吊白块、注水肉、瘦肉精等事件的发生就是例证。我国在提高食品安全整体水平方面仍有很长的路要走，快速检测会在其中起到积极的作用。

### 快速检测保证农产品安全

我国农产品种养殖及食品加工的主体呈现小杂散的特点，绝大多数是个体户或小型企业，这表明我国食品来源渠道多、情况繁杂，从而使得需要进行食品安全检测的产品对象数量庞大。要将这么多食品样品都送到专业质检实验室去检测是不现实的。一方面，这样的专业实验室需要配备大型昂贵仪器及专业人员，因此实验室设置数量有限。另一方面，仪器分析方法检测周期长，成本高，实验室的检测样品数量也有限。因此为了能够及时发现可疑食品安全问题，减少食品安全损失，提高监管工作效率，食品样品应先进行快速检测，不合格或可疑样品根据需要再进入确证检测阶段。这种检测体系可以提高检测的效率，满足我国目前食品安全监管的需求。

### 思 考 题

1. 根据我国食品安全现状与挑战，你认为检测技术的发展方向如何？
2. 请简要分析我国与国外在食品生产法规、食品添加剂使用、监管机构角色等方面的差异。
3. 请列举一例食品安全案件，并简要说明事情经过和处置结果，并分析原因。
4. 请分析"土坑酸菜"事件中的食品安全风险因子。
5. 食品安全快速检测的概念是什么？与传统实验室检测有什么优势和不足？
6. 食品安全快速检测的意义是什么？

# 第二章 特征化学反应快速检测技术

【本章内容提要】近年来，特征化学反应在食品安全快速检测领域应用广泛，本章系统地梳理了特征化学反应的概念和特性、特征化学反应快速检测的构建策略和典型技术及应用，旨在为特征化学反应在食品安全快速检测领域中的应用提供理论基础。

## 第一节　特征化学反应快速检测技术概述

特征化学反应快速检测是一种应用广泛的理化快速检测技术，是食品检测技术中最基础、最经典、最重要的检测方法。特征化学反应快速检测是以待测物质的特征化学反应为基础，使待测成分在溶液中与试剂作用，由生成物的量或消耗试剂的量来确定待测物质含量的方法，以达到快速定性、半定量或定量分析的目的。目前国内外食品安全中常用的特征化学反应快速检测技术主要是依靠化学比色分析技术所建立起来的。

### 一、特征化学反应的概念

特征化学反应是能代表该类物质的特殊化学变化。根据食品中待测成分的化学特性，与特定试剂发生特异性化学反应，反应前后体系出现明显变化。

特征化学反应的原理包括普通化学原理与生物化学原理两大类：①普通化学原理：基于无机及分析化学反应中物质的状态和结构、化学热力学、化学反应速率等基本化学原理。例如，氯化金与重金属砷可发生显色反应，使氯化金硅胶柱变成紫红或灰紫色。②生物化学原理：以细胞内各组分，如蛋白质、糖类、脂类、酶、核酸等生物大分子的结构和功能为基础，这几类物质在生物体内的基本代谢过程、遗传信息的传递和表达等分子原理。例如，蛋白质和氨基酸含有的氨基可发生乙酰化或甲酰化反应，羧基的酯化反应；脂类可发生水解反应、皂化反应等。

### 二、特征化学反应的特性

特征化学反应能体现待测物质的独特性质，因此利用特征化学反应进行快速检测具有操作相对简便、结果显示直观、检测灵敏度较高等优点。

#### （一）反应专一，检测具有特异性

在特征化学反应中，检测试剂与待测物质之间具有很强的专一性，使检测体系中其他成分对特征反应的干扰程度相对降低，只对靶标的检测具有特异性。例如，淀粉遇碘变蓝、亚硝酸盐遇显色底物变紫红色等。

## （二）结果直观，形式具有多样性

大多数特征化学反应在溶液中进行，且结果显示较为直观鲜明，因此特征化学反应的载体十分广泛。其中，实验室常用的比色法和滴定法，其反应容器是试管和烧杯。然而，随着新型制剂和高新材料的引入，不同形式的"微型实验室"成为特征化学反应场所，如试纸、凝胶、石英、陶瓷等基材，由于具有独特的性能，因而成为良好的特征化学反应的载体，以此发展建立了化学速测卡、试纸色谱比色法、微流控芯片等检测技术。

## （三）操作简便，设备具有便携性

由于特征化学反应是区分待测物与其他物质的关键步骤，为了缩短整体检测时间、简化检测流程，众多一体化、集成化、便携式设备应运而生，如常见的速测纸、速测试剂盒、化学速测仪等。与传统的实验室检测方法相比，集成装置在准确性、灵敏度基本满足检测要求的同时，极大地节约了样本和试剂用量、减小了设备体积和重量，能充分满足现场快速检测的需求。

# 第二节　特征化学反应快速检测的构建策略

自然界中有些物质是具有颜色的，如重铬酸钾的水溶液是橙黄色，高锰酸钾的水溶液是深紫色。这些物质溶液颜色深浅程度会随其浓度的改变而改变，溶液浓度越低，颜色越浅。因此，可通过比较溶液颜色的深浅来确定溶液中物质含量。这种基于比较或测量有色溶液颜色来确定物质含量的方法称为比色分析法，简称比色法（colorimetric method）。该方法是特征化学反应快速检测的主要构建策略。

溶液的颜色与光有关，不同的有色溶液显示不同颜色是由于有色溶液对光的吸收具有选择性。溶液对光的吸收遵循朗伯-比尔定律，表达式为 $A=kbc$，$A$ 为吸光度；$k$ 为常数；$b$ 为溶液层厚度；$c$ 为溶液浓度。朗伯-比尔定律说明吸光度与液层厚度和溶液浓度成正比，这是比色分析法的理论基础。比色法可肉眼观察结果、操作简单，是目前食品快速检测领域比较成熟的方法。

## 一、普通化学检测技术

化学检测常利用待测物可与特定化学试剂发生显色反应的原理进行设计，通过与标准品进行颜色或特定波长下的吸光度比较，实现对待测物的定性分析或半定量检测。检测物质具有复杂性，其化学检测原理也存在差异。例如，利用在高氯酸介质中铅与二溴对甲基偶氮氯磺形成稳定的蓝色络合物的原理设计测定蜂胶中金属铅的含量；利用丙烯菊酯等拟除虫菊酯类农药配成的乙醇稀溶液，加入硫化二钠后颜色由橙红色变成红色的原理设计测定是否含有丙烯菊酯等拟除虫菊酯类农药。

目前普通化学检测技术主要分为：试纸比色测定、试管比色测定、滴定比色测定三种方法。

（1）试纸比色测定：根据待测成分与经过特殊制备的试纸作用所显的颜色与标准比色卡对照，对待测成分定性或半定量。例如，试纸色谱比色测定目前用于快速测定苏丹红等，用试纸显色定性作为限量指示测定农药等。

（2）试管比色测定：根据待测成分与标准试管所显的颜色比较，对待测成分定性或半定量。例如，用试管显色作为限量指示测定鼠药、未熟豆浆等；用试管显色的深浅半定量测定亚硝酸盐、甲醇、二氧化硫等。试管比色测定可以是目视，也可以用便携式光度计。目前便携式仪器对某些成分进行定性或定量研究比较多，而且市场应用也比较广泛，如便携式甲醇速测仪、农药残留速测仪、食品添加剂速测仪、酸度计、电导仪等。

（3）滴定比色测定：用刻度或小口滴瓶分别滴定标准溶液和待测溶液，通过计算对待测成分进行定量。例如，酸碱、络合、氧化还原性物质等。

化学比色法有操作简单、方便廉价、结果直观等优点，然而，此类方法对反应自身条件要求高，在检测过程中受到诸多因素干扰，并且由于该方法会破坏食品，无法实现无损检测，只能用于抽样检测。

## 二、生物化学快速检测技术

生物化学是研究生物体的化学组成及在生命活动过程中物质变化规律的科学。主要是运用化学、物理、免疫及生物学的原理和方法来阐明组成生物体的基本物质的化学组成、理化性质、结构与功能的关系，以及其在生物体内进行化学变化规律本质的科学，即从分子水平阐明生命现象与规律，探讨生命奥秘的科学，所以生物化学又称生命的化学，简称生化。

例如，生物学发光检测技术的原理是利用细菌细胞裂解时会释放出三磷酸腺苷（ATP），在有氧条件下，萤火虫萤光素酶催化萤火虫萤光素和ATP之间发生氧化反应形成氧化萤光素并发出荧光。在一个反应系统中，当萤火虫萤光素酶和萤火虫萤光素处于过量的情况下，荧光的强度就代表ATP的量，细菌ATP的量与细菌数成正比，从而推断出菌落总数。用ATP生物学发光分析技术检测肉类食品细菌污染状况或进行食品器具的现场卫生学检测，都能够达到快速实时的目标。国内外均有成熟的ATP生物学发光快速检测系统产品出售。美国NHD公司推出的ATP食品细菌快速检测系统Profile-13560通过底部有筛孔的比色杯将非细菌细胞和细菌细胞分离，这种比色杯细菌细胞无法通过，之后用细菌细胞释放液裂解细菌细胞，检测释放出的ATP量则为细菌的ATP量，得出细菌总数。此检测系统与标准培养法比对，相关系数在90%以上，且测定只需5min。

# 第三节 特征化学反应快速检测的典型技术及在食品安全快速检测中的应用

## 一、试纸比色技术及应用

试纸可分为多种类别，一般是化学指示剂浸过的纸条，可以用试纸显色来定性并作为限量指示（如农药、敌鼠钠盐等），也可以用试纸层析显色来定性并作为限量指示（如苏丹红等），亦可用试纸显色的深浅来半定量（如食用油酸价、过氧化值等）。在试纸上进行反应就是把化学反应从试管里移到纸基上进行，按反应本质说，都是利用迅速产生明显颜色的化学反应定性或半定量检测待测物质。化学比色分析法测定样品，主要是通过与标准比色卡比较，进行目视定性或半定量分析，以下将介绍部分实例，表2.1列举了部分常见特征化学反应在食品污染物快速检测中的应用。

**表2.1　部分常见特征化学反应在食品污染物快速检测中的应用**

| 检测项目 | 检测基本原理 | 应用介质 |
|---|---|---|
| 硝酸盐 | 使用超声提取技术提取蔬菜中的硝酸盐，镉柱还原法还原硝酸盐后，盐酸萘基乙二胺分光光度法测定亚硝酸盐含量 | 蔬菜 |
| 大肠菌群 | 绝大多数大肠杆菌能产生β-葡糖苷酸酶，与培养基中的指示剂反应，产生蓝色沉淀环绕在大肠杆菌菌落周围；大肠杆菌菌落在测试片上产酸，pH指示剂使培养基变为暗红色，在红色菌落周围有气泡者为大肠杆菌 | 餐具食品 |
| 甲醛 | 品红与亚硫酸作用生成无色的席夫（Schiff）试剂在室温和酸性条件下与甲醛作用生成紫红色化合物 | 水产品 |
| 二氧化硫 | 盐酸副玫瑰苯胺比色法测定，二氧化硫被四氯汞钠溶液吸收形成稳定的配合物，再与甲醛及副玫瑰苯胺作用，生成玫瑰紫色化合物，根据其颜色深浅，比色定量 | 面粉等常见食品 |
| 铅离子 | 在碱性（pH在9左右）溶剂中，$Pb^{2+}$与二硫腙形成红色络合物，溶于氯仿中，红色深浅与铅离子浓度成正比，比色测定。测定前需要添加掩蔽剂排除干扰 | 污染食品 |
| 敌鼠 | 敌鼠或其钠盐在酸性介质中能与三氯化铁发生反应，生成砖红色物质 | 污染食品 |
| 镉 | 在中性溶液中，用镉试剂的氢氧化钾乙醇溶液浸泡的滤纸，与镉反应后，颜色由土黄色变为橙红色 | 大米 |
| 硼砂、硼酸 | 有硼砂或硼酸存在时，姜黄试纸会变成特征的红色，用氨水使之变成暗蓝绿色，加酸又可使之恢复到原来的颜色 | 各类肉制品及糕点 |
| 吊白块 | 在加热或蒸馏条件下，样品中的甲醛分解出来，在过量铵盐存在情况下与乙酰丙酮作用生成黄色的3,5-二乙酰基-1,4-二氢-2,6-二甲基吡啶 | 面粉、腐竹等 |

## （一）亚硝酸盐检测

亚硝酸盐主要指亚硝酸钠、亚硝酸钾，白色或浅黄色晶体颗粒、粉末或棒状的块，无臭，略带咸味，易溶于水，外观及滋味都与食盐相似，并在工业、建筑业中广为使用。在我国允许作为发色剂，常限量用于腌制畜禽肉罐头、肉制品和腌制盐水火腿等，并有增强风味、抗菌防腐的作用。然而亚硝酸盐具有较强的毒性，不可过量食入。食入0.3~0.5g的亚硝酸盐即可引起中毒甚至死亡。亚硝酸盐进入人体血液，与血红蛋白结合，使正常含二价铁离子的血红蛋白变成含三价铁离子的高铁血红蛋白，后者失去携氧能力，导致组织缺氧；或者随食品进入人体肠胃等消化道，与蛋白质消化产物仲胺生成亚硝胺或亚硝酸胺，二者均具有强致癌性和毒性。

亚硝酸盐快速检测试纸比色卡（图2.1）采用盐酸萘乙二胺法显色原理，即：亚硝酸离子首先在弱酸条件下与苯磺酸反应重氮化，然后再与萘乙二胺反应耦合，生成紫红色螯合物，反应约10min，与标准色卡彩图比对进行定量或半定量。

## （二）细菌总数检测

菌落总数的多少在一定程度上标志着食品卫生质量的优劣，食品中菌落总数的测定是用来判定食品被细菌污染程度的一项指标，目的在于了解食品生产过程中，从原料加工到成品包装受外界污染情况，可以应用这一现象观察细菌在食品中繁殖的动态，确定食品的保质期，以便对被检样品进行卫生学评价时提供依据。食品中菌落总数的快速测定原理为：2, 3, 5-氯化三苯基四氮唑（TTC）接受氢后可形成非水溶性的红色三苯甲酯，形成红色点状物出现在滤纸上，计算红点的多少，即为细菌总数。

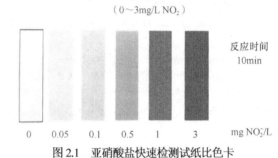

彩图

图 2.1　亚硝酸盐快速检测试纸比色卡

### （三）肉类新鲜度检测

由于生化、物理化学和微生物的变化，冷藏肉的新鲜度会随着时间的推移而降低。新鲜度的损失表明肉已经开始变质，具有蛋白水解活性的微生物可以作用于蛋白质，将它们转化为更小的化合物，如游离氨基酸。氨基酸经氧化脱氨、脱羧、脱硫，产生 $NH_3$、$CO_2$、$H_2S$ 等气体。pH 染料（溴百里酚蓝和甲基红等）的颜色变化可用于检测酸性或碱性挥发性化合物，它们在视觉外观上表现出不可逆转的变化，可作为实时监测去皮鸡胸肉腐败的"化学条形码"。去皮鸡胸肉腐败程度与增加的 $CO_2$ 量有关，影响微环境内的 pH，并且在储存期间超过了总挥发性碱式氮水平，因此可在最佳食用日期旁边直观地监控动态新鲜度（图 2.2）。

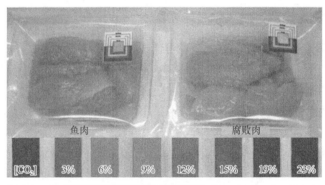

彩图

图 2.2　pH 响应型肉类新鲜度检测传感器（Rukchon et al.，2014）

## 二、试管比色技术及应用

试管是一种常见的比色平台，利用试管比色技术可对检测品进行定性或半定量。目前，市场上常见的基于试管比色技术设计的试剂盒里一般包括检测管、一次性滴管、比色卡和说明书等。用户依据说明书进行操作，通过与比色卡比对颜色进行结果获取，使用方便快捷。

### （一）白酒中甲醇测定

甲醇（methanol）俗称"木精"，是白酒中的主要有害成分之一，具有麻醉性，能与水和乙醇互溶。它也有与乙醇相似的刺鼻气味，主要由酿酒原料和辅料中的果胶分解产生，所以当以谷糠、野生植物等果胶较多的原料替代谷物作为主要酿酒原料时，白酒中甲醇含量更高。甲醇毒性很强，人体经消化道吸收，摄入量达 5～10mL 就会发生急性中毒；一次口服15mL 或两天内分次口服累计达 124～164mL，可致失明；一次口服 30mL 即可致死。甲醇在体内不易排出，可进一步氧化为甲醛和甲酸。甲醛可使蛋白质变性，使酶失活，并且使体内乳酸等有机酸积累，造成酸中毒。甲酸对中枢神经有选择性毒害作用，可使皮质细胞功能紊乱，造成一系列的精神症状，严重者可致脑水肿和脑膜出血。

　　白酒中甲醇速测盒原理为：白酒中的甲醇在 $H_3PO_4$ 溶液中被高锰酸钾（$KMnO_4$）氧化成甲醛，过量的 $KMnO_4$ 及在反应中产生的 $MnO_2$ 用硫酸-草酸溶液除去后，甲醛与品红-亚硫酸溶液作用生成 590nm 波长处有吸收峰的蓝紫色醌型色素。其吸光度（$A_{590nm}$）值与甲醇含量成正比，与标准品比较可实现定量分析。

---

**饮酒与甲醇中毒**

　　2022 年 3 月一则消息涌上热门："四川一村民家办丧，多人吃席导致食物中毒，4 死13 伤，警方认定甲醇中毒"，而工业酒精中常常含有甲醇。

　　甲醇和乙醇在色泽与味觉上没有差异，酒中微量甲醇可引起人体慢性损害，高剂量可引起人体急性中毒。我国发生的多次酒类中毒，都是因为饮用了含有高剂量甲醇的工业酒精配制的酒或是饮用了直接用甲醇配制的酒而引起。摄入甲醇 5～10mL 可引起中毒，30mL 可致死。如果按某一酒样甲醇含量 5%计算，一次饮入 100mL（约二两酒），即可引起人体急性中毒。

---

（二）鲜乳中抗生素测定

　　在动物饲养中，β-内酰胺类抗生素常被用作治疗药剂以口服或注射等方式进入动物机体。特别是在奶牛业中，治疗奶牛乳腺炎的主要方法就是大剂量肌肉注射或乳房灌注青霉素 G 等药物，所以，如果不严格遵守休药期规定，就可能导致牛奶中残留大量青霉素等抗生素。β-内酰胺类抗生素本身对机体没有很强的毒性，但是青霉素类抗生素残留可能会使原来对抗生素不起过敏反应的个体致敏。这样即使食用了含有极微量抗生素的食品也会导致过敏反应，轻者出现荨麻疹，严重者产生十分剧烈的过敏反应，在很短的时间内出现血压下降、皮疹、喉咙水肿、呼吸困难等症状，甚至死亡。因此，对 β-内酰胺类药物，尤其是青霉素 G 残留的管理要求十分严格。

　　牛乳中抗生素残留采用 TTC 法测定，其原理为：以 TTC 作为抗生素残留量测定的指示剂，当乳中加入嗜热链球菌（*Streptococcus thermophilus*）后，如果乳中不含抗生素，则嗜热链球菌生长繁殖，可将无色的氧化型 TTC 变为红色的还原型 TTC，所以牛乳变红色。相反，如果乳中有抗生素存在，则嗜热链球菌不能生长繁殖或生长繁殖受到抑制，无色的氧化型TTC 不能转化成红色的还原型 TTC，牛乳不变色。

（三）果冻中甜蜜素含量测定

　　甜蜜素即环己基氨基磺酸钠，是一种人工合成的非营养甜味剂。人工合成的非营养甜味剂是指人工经化学处理得到的没有营养的甜味物质，包括糖精、甜蜜素等，其甜度高、成本低，被广泛用于食品行业。正确使用人工合成甜味剂对于改善食品品质、开发新食品、改善食品加工工艺及降低产品生产成本等都有着极为重要的作用。合成甜味剂在规定的剂量范围内使用对人无害，但是假如无限量地使用，也可能引起各种形式的毒性表现。例如，短时间内摄入大量糖精，会引起血小板减少，导致急性大出血。

果冻中甜蜜素测定原理如下：在 $H_2SO_4$ 酸性介质中甜蜜素与 $NaNO_2$ 反应，生成环己醇亚硝酸酯，与磺胺重氮化后，再与盐酸萘乙二胺耦合生成在 550nm 波长处有吸收峰的红色染料，测 $A_{550nm}$ 的大小，与标准比较实现定量分析。

## 三、滴定比色技术及应用

滴定比色技术将滴定与比色结合，通过滴定过程中的颜色变化来判断待测物含量或通过滴定消耗的滴数量进行定量，如图 2.3 为吊白块的滴定比色检测。

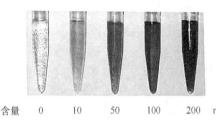

| 含量 | 0 | 10 | 50 | 100 | 200 | mg/kg |

图 2.3  吊白块的滴定比色检测

### （一）柠檬酸检测

柠檬酸，分子式为 $C_6H_8O_7$，是一种重要的有机酸，易溶于水，是常见的酸度调节剂和食品添加剂。虽然柠檬酸对人体无直接危害，但它可以促进体内钙的排泄和沉积，过量食用柠檬酸，有可能导致低钙血症，并且会增加患十二指肠癌的概率。胃溃疡、胃酸过多、龋齿和糖尿病患者不宜经常食用柠檬酸。

彩图

食品中柠檬酸含量检测可采用比色酸碱滴定传感器，使用钴配位体系构建传感器（图 2.4），其原理如下：钴配位体系在中和后从绿蓝色的 $Co(H_2O)_4(OH)_2$ 变成粉红色的 $Co(H_2O)_6^{2+}$，当一定量的酸被引入钴络合物传感器中时，部分绿蓝色的 $Co(H_2O)_4(OH)_2$ 变成粉红色的 $Co(H_2O)_6^{2+}$，根据酸的含量可产生绿色、黄绿色、棕色、橙色和粉红色的光谱。

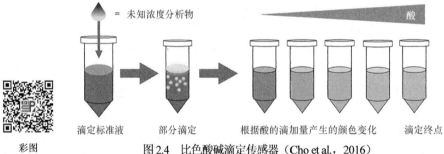

= 未知浓度分析物

酸

滴定标准液　　部分滴定　　根据酸的滴加量产生的颜色变化　　滴定终点

彩图

图 2.4  比色酸碱滴定传感器（Cho et al.，2016）

### （二）谷氨酸钠检测

谷氨酸钠（$C_5H_8NNaO_4$），是味精的主要成分。FAO 和 WHO 食品添加剂专家认为，在正常情况下，味精是安全的，可以放心食用，当将它加热到 120℃以上，谷氨酸钠就会失水变成焦谷氨酸钠，成为致癌物质。过多摄入味精会产生某些不利影响。例如，味精吃多了会感到口渴，这是因为味精中含钠，与食盐的弊端相似，也可能导致血压升高。另外，哺乳期的母亲不应多吃味精。因为如果哺乳期的母亲在进行高蛋白饮食的同时，又食用过多的味精，谷氨酸钠会通过乳汁进入婴儿体内，与婴儿血液中的锌发生特异性结合，生成不能被吸收利用的谷氨酸锌而随尿液排出体外，从而导致婴儿缺锌，出现味觉差、厌食等症状，还可能造成智力减退、生长发育迟缓、性晚熟等不良后果。因此，哺乳期母亲至少在前3个月内应少吃或不吃味精。

食品中谷氨酸钠的测定常采用滴瓶法。滴瓶法是一种利用滴瓶滴定标准溶液来进行定量的方法：将标准溶液放在滴瓶中，根据消耗的滴数来判定被检物质的含量。其具体原理为：在乙酸存在的条件下，以高氯酸滴定谷氨酸钠，以 α-萘酚苯甲基甲醇为指示剂，滴定终点为绿色。

### （三）海产品中钙含量检测

钙（calcium，Ca）是人体内非常重要的一种矿物元素，约占体重的 2%，属于人体内的常量元素。人体中的钙 99%存在于骨骼与牙齿中，是骨骼与牙齿组成的主要成分。另外 1%的钙则分散于全身各处，参与神经传导、肌肉收缩、血液凝固、心脏跳动等生理反应。成人骨骼中的钙每年都有 20%被再吸收和更换。钙缺乏可导致出现佝偻病、软骨病、骨质疏松症等情况。

海产品钙含量检测可采用乙二胺四乙酸（EDTA）滴定法，其原理为：钙与钙红指示剂能形成紫红色的络合物。在 pH 为 12~14 的强碱性条件下，当向络合物溶液中滴加 EDTA 溶液时，EDTA 能够夺取络合物中的钙而形成另一种更加稳定的络合物，使钙红指示剂游离出来，溶液呈蓝色。

### 思　考　题

1. 特征化学反应在食品安全检测抽检中的检测结果能否作为最终判断食品品质是否合格的依据？
2. 基于特征化学反应的快速检测技术，你认为有哪些优势和弊端？
3. 对于特征化学反应的快速检测技术，你认为有哪些应用场景？

# 第三章 基于酶及受体的快速检测技术

【本章内容提要】基于酶及受体的快速检测方法，具有高效、快捷、经济、实时、现场、覆盖率高等特点，有利于及时发现农药、抗生素、激素的超标问题，及时采取措施控制高残留污染物食品的摄入，降低食品中毒发生率，是保障食品安全、建立农产品的市场准入制度的有力武器，在食品安全的筛查和监测过程中发挥着重要作用。本章主要介绍了基于酶及受体的快速检测技术，内容包括酶及受体快速检测技术的概述、策略的构建和在食品安全快速检测中的典型技术及应用。

## 第一节　基于酶及受体的快速检测技术概述

### 一、酶与酶抑制法

酶（enzyme）是由活细胞产生的具有催化功能活性的特殊蛋白质，是一种高效的生物催化剂，能够在温和的条件下催化各种反应，具有优异的催化活性和选择性，在生物体内各种生理活动中发挥着重要的作用。酶参与了生物体内所有的生命活动和生命过程，可以说没有酶生命就不能进行下去。

#### （一）天然酶的概念

天然酶的来源非常广泛，动物、植物和微生物在生长和代谢过程中均会合成种类繁多的酶。目前，纯化和结晶的天然酶已超过 2000 余种，根据其化学组成不同，可将其分为单纯酶和结合酶两类。单纯酶的基本组成单位仅为氨基酸，通常只有一条多肽链，如淀粉酶、脂肪酶、蛋白酶等均属于单纯酶。结合酶由蛋白质部分和非蛋白质部分组成，前者称为酶蛋白，后者称为辅助因子。酶蛋白与辅助因子结合形成的复合物称为全酶。只有全酶才有催化作用，酶蛋白在酶促反应中起着决定反应特异性的作用，辅助因子则决定反应类型和参与电子、原子、基团的传递。辅助因子的种类主要包括金属离子或小分子有机化合物，按其与酶蛋白结合的紧密程度不同可分为辅酶与辅基。辅酶与酶蛋白结合疏松，可用透析或超滤的方法除去。辅基则与酶蛋白结合紧密，不能通过透析或超滤将其除去。

#### （二）酶抑制法

乙酰胆碱酯酶（acetylcholine esterase，AChE），是生物神经传导中的一种关键酶，能催化乙酰胆碱（ACh）水解成胆碱和乙酸，终止神经递质对突触后膜的兴奋作用，保证神经信号在生物体内的正常传递。AChE 的来源非常丰富、廉价易得且提取和保存较为方便，被广泛应用于食品中农药残留检测中。比如，氨基甲酸酯和有机磷类农药为神经毒剂，会抑制人体、哺乳动物和昆虫神经传递介质中 AChE 的水解作用，导致乙酰胆碱底物在体内累积，阻碍神经的正常传导，引发中毒甚至死亡。酶抑制法正是基于氨基甲酸酯和有机磷类农药对 AChE 的毒理学原理应用到农药残留检测中。

### 第一个证明酶是蛋白质的人

第一个证明酶是蛋白质的人是 1887 年出生于美国的生物化学家詹姆斯·巴彻勒·萨姆纳（James Batcheller Sumner）。17 岁时不幸失去左臂的他没有向命运低头，坚持学习化学，博士毕业后成为康奈尔大学的助理教授，并确定了自己的宏伟目标——纯化脲酶。当时尽管遭到权威教授的反对，但他以顽强的毅力和勇气不懈努力十余年，终于在 1926 年成功地从南美热带植物刀豆中分离纯化出脲酶结晶，并首次直接证明酶的化学本质是蛋白质，推动了酶学的发展。萨姆纳于 1946 年获得诺贝尔化学奖。

## 二、受体的概念与特性

19 世纪末，受体一词首先出现在埃利希（Ehrlich）的著作中，他通过对免疫学和化学治疗的研究认为，细胞的大分子上有一些化学基团，当它与结构上互补的基团（营养物质、化学分子或药物）结合时就产生生物效应。他将细胞上的这种大分子基团称为受体（receptor）。20 世纪 20 年代末，剑桥大学研究生 A. J. 克拉克（A. J. Clark）首次采用数学公式描述了药物与受体相互作用的工作，即"占领理论"的雏形，将受体的相关研究推进了一大步。

### （一）受体的概念

受体是一类存在于胞膜或胞内的，能与细胞外专一信号分子结合进而激活细胞内一系列生物化学反应，使细胞对外界刺激产生相应效应的特殊蛋白质。与受体结合的生物活性物质统称为配体。受体与配体结合即发生分子构象变化，从而引起细胞反应，如介导细胞间信号转导、细胞间黏合、胞吞等过程。在细胞通信中受体通常是指位于细胞膜表面或细胞内与信号分子结合的蛋白质。受体通常具有识别和信号转导两种功能。通过受体与信号配体分子的识别功能，使得细胞能够在充满无数生物分子的环境中，辨认和接收某一特定信号。而信号转导功能则使受体将识别和接收的信号，准确无误地放大并传递到细胞内部，从而启动一系列胞内信号级联反应，最后导致特定的细胞生物效应。

### （二）受体的特性

从受体与配体结合的角度看，受体具有以下的特征。

高亲和力：亲和力是配体与受体结合牢固程度的量度。配体对受体的亲和力越高，则占据受体结合部位所需该配体的浓度亦越低。亲和力的大小通常以解离常数 $K_n$ 表示，指占据半数受体（或形成最大量受体配基复合物的半量）时，所需配体的浓度。$K_n$ 值越小，表明配体对受体的亲和力越高。

立体选择性：这是指受体对配体的选择性，也可以理解为受体的立体专一性（stereospecificity）。显然，这种选择性取决于受体和配体两个方面。已知，绝大多数受体为蛋白质，它们结合部位的氨基酸残基以一定的顺序形成特定三维结构，因而能选择性地以高亲和力与在结构上与其互补的配体分子相结合。亲和力越高，专一性就越强。

饱和性：受体是细胞的组分之一。不同受体，甚至同一受体在不同细胞中的数量有很大差异，可以从数百（如每个甲状腺滤泡上的促甲状腺激素受体约为 500 个结合位点）到数十万（如每个肝细胞膜上的胰岛素受体约为 25 000 个结合位点）。尽管如此，对某一特定受体来说，它在特定细胞中的数目是有一定限度的。因此，当用浓度递增的配体与之相互作用时，应能观察到在达到某浓度时结合作用达到平衡，即表现出配体结合的饱和性。

可逆性：受体与配体之间的作用，绝大多数是通过氢键、离子键及范德瓦耳斯力等非共价键维系的，因此受体与配体的结合是可逆的；换言之，已结合的配体可被高亲和力或高浓度的其他配基所置换。但是有特殊情况，如个别的天然配基与受体的结合采用共价键的方式，如 α-银环蛇毒与烟碱型乙酰胆碱受体的结合作用。

## 三、受体的分类与制备

### （一）受体的分类

受体的分类工作非常重要。由于受体分布、分子结构和功能等多种因素的影响，受体分类是一项极其艰巨复杂的工作。目前受体的分类主要有三种方法。

**1. 按配体种类分类**

这种分类方法沿用已久，是目前受体研究工作者所熟悉的分类方法，主要包括以下 9 种。

（1）神经递质受体：如肾上腺素受体、乙酰胆碱受体、多巴胺受体等。

（2）激素受体：这类受体除了经典的激素受体外，包括所有新近发现的主要作用于局部，但也可作用于远隔部位种类繁多的化学信息分子各自的受体，如白三烯类受体、三磷酸腺苷及其代谢产物的受体、细胞因子受体等。该类受体种类较多，占受体的绝大部分。

（3）摄取血浆蛋白的受体：如铁转运蛋白受体等。

（4）细胞黏附受体：如整合素家族的黏附受体、免疫球蛋白家族的黏附受体等。

（5）化学趋向物质受体：如细菌的化学物质受体等。

（6）直接参与免疫功能的受体：如 T、B 淋巴细胞的抗原受体，免疫球蛋白的 Fc 受体，补体受体等。

（7）药物受体：如吗啡受体等。

（8）毒素受体：如内毒素受体、白喉毒素受体等。

（9）病原体受体。

**2. 按细胞定位分类**

根据受体在细胞中的位置不同，将其分为外膜受体、内膜受体和细胞膜内的受体。

（1）外膜受体：有些配体信号分子是亲水性的生物大分子，如细胞因子、蛋白质多肽类激素等，由于不能透过靶细胞膜进入胞内，因此这类配体信号分子的受体定位于靶细胞膜上。外膜受体占了受体的大多数，主要包括 G 蛋白偶联受体、组成离子通道的受体及生长因子受体。

（2）内膜受体：有些配体信号分子可以直接穿过靶细胞膜，与细胞器膜相互作用，启动一系列生化反应，最终导致靶细胞产生生物效应，如三磷酸肌醇受体等。

（3）细胞膜内的受体：主要包括类固醇激素和一些脂溶性激素等的受体，这类受体都是在胞质中与配体结合，再移位至细胞核，激活相应基因的转录而发挥作用。由于它们最终与核内的 DNA 相互作用的，故又称为核受体。

**3. 按受体的分子结构分类**

按受体的分子结构分类能深刻地反映受体的功能和受体之间的相互关系，是当前受体研究的前沿。目前这种分类方法还不完善，没有形成一个完整的系统，尚处于发展之中。已知的有构成离子通道的受体、具有酪氨酸激酶活性的受体、通过 G 蛋白的介导作用发挥生物效应的受体、造血家族受体和甾体激素超家族受体等。

**（二）受体的制备**

**1. 受体蛋白的表达**

由于受体蛋白在天然组织、器官的细胞表面丰度较低，科学家们已经评估了多种表达策略来提高受体的表达水平。目前，世界上已开发完善且得到广泛认可的重组蛋白表达体系，包括大肠杆菌表达系统、酵母表达系统、昆虫表达系统和哺乳动物表达系统。

对于可溶性的受体蛋白，尤其是来源于细菌的受体，如磺胺类抗生素受体蛋白，大肠杆菌是最佳的表达宿主，只需要质粒构建、感受态转化、诱导表达、亲和层析纯化和离子交换纯化的流程即可获得较纯的重组蛋白。对于简单跨膜蛋白，如 β-内酰胺抗生素受体，可以通过去除跨膜域的方式来提高受体蛋白的可溶性，提高其表达量，同时保证其对配体亲和力的完整性。对于多跨膜域的膜蛋白，如真核来源的 β 兴奋剂受体，往往需要用哺乳动物细胞和昆虫细胞这类真核细胞或无细胞翻译体系来进行表达。磷脂双分子层的细胞膜或其他膜类结构可以作为膜蛋白的载体，使受体蛋白无须被分离纯化，这种膜和受体的复合体能够保持受体的天然结合功能。

**2. 受体蛋白的改造**

随着分子生物学相关技术的日益发展，人们对蛋白质的研究已经由功能结构解析拓展到理性设计和改造等领域。基于此类基础理论研究和技术支撑，合理改造受体蛋白，以提高其亲和性、特异性等物化性质，将是合成受体生物应用的重要发展方向之一。

定点突变技术是分子生物学中研究蛋白质结构和功能特性的宝贵工具。定点突变的设计往往需要与计算机科学（同源建模、分子对接、动力学模拟等）相结合，是有目的地对某一个或某几个氨基酸进行理性改变。目前，研究人员已通过定点突变方法实现了对 β-内酰胺抗生素受体蛋白 BlaR-CTD 及四环素类抗生素受体蛋白 TetR 的成功改造，突变受体较野生型受体具有更高的亲和力和灵敏度。

另外，通过人为设定筛选条件，可以模拟蛋白质的发展进化过程，短时间内获得性能优良的蛋白质，即实现对受体的定向进化。2020 年，研究人员设计构建了人工受体蛋白文库，利用核糖体展示技术在大肠杆菌裂解液系统中进行体外转录和翻译。经过多轮淘选，从随机文库中获得的三种突变体蛋白对百草枯具有高亲和力和检测灵敏度。该研究中的受体蛋白设计和定向进化筛选过程理论上也适用于其他类型的受体蛋白，具有一定的借鉴参考价值。

**蛋白质的定向进化技术**

定向进化技术是近 20 年发展起来的蛋白质改造技术。通过在生物体体外（试管中）模拟达尔文进化，利用自然选择的动力进化出在自然界并不存在的或是具有更优性质的蛋白质。蛋白质定向进化技术从 20 世纪 70 年代就开始了。最早的一个例子是进化一个来源于大肠杆菌的 EbgA 蛋白，这个酶几乎不具备 β-半乳糖苷酶的活性。通过以乳糖为单一碳源的平板上筛选乳糖操纵子（lac）缺失的大肠杆菌菌株，野生型的 EbgA 就进化成为了具有 β-半乳糖苷酶活性的酶。定向进化是改造蛋白质分子的一种有效的新策略。定向进化技术极大地促进了酶工程、代谢工程及医药等很多领域的发展，在增强蛋白质的稳定性及底物特异性、改变或增强蛋白质的活性等方面都取得了巨大的成果。

## 第二节　基于酶及受体的快速检测构建策略

### 一、基于酶的快速检测构建策略

#### （一）薄层法

农药在薄板上展开后，喷酶液，因为农药抑制了斑点上的酶活性导致基质不能水解，而其他部分不被抑制，仍可使基质水解，故喷显色基质溶液后可以显色，通过斑点面积法进行半定量或使用薄层扫描仪进行定量分析。

#### （二）速测卡法

速测卡法检测农药残留的原理为 AChE 能对靛酚乙酸酯（红色）产生催化作用，使其水解为乙酸与蓝色靛酚，而氨基甲酸酯类农药与有机磷类农药会抑制 AChE，使催化、水解、变色等多种反应过程受到影响。白色药片区域不变色或略有浅蓝色为阳性结果；白色药片区域变为天蓝色或与空白对照卡相同，为阴性结果。通过对比空白和样品白色药片区域的颜色变化进行结果判定。目视判定示意图见图 3.1。相关研究表明，检测样品中农药的浓度与 AChE 的抑制率呈正相关。目前国内适用于速测卡的仪器普遍具有加热、恒温和定时等功能，但结果判定仍依赖肉眼，基于光电原理的定量或半定量检测仪是今后发展的方向。

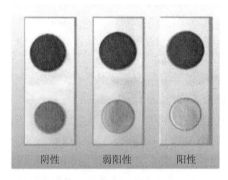

阴性　　　弱阳性　　　阳性

图 3.1　速测卡法目视判定示意图

彩图

#### （三）分光光度法

利用胆碱酯酶催化水解物与显色剂反应，产生黄色物质的特性，用仪器在波长 412nm 处测定吸光度随时间的变化值，计算出抑制率，通过抑制率可判别样品中是否有农药残留，根据反应的动力学曲线即可判断样品中有机磷和氨基甲酸酯类农药的残留量。残留农药越多，AChE 被抑制程度越大，从而生成的黄色化合物越少；反之，生成的黄色化合物越多。在整个反应体系中酶的种类和质量是决定检测灵敏度的关键因素。基于国标中的酶抑制率法，众多企业研制了快速、灵敏、操作简便、成本低的农药检测试剂盒，检测限为 0.05～5mg/kg。

（四）生物传感器

在过去 20 年中,关于农药生物传感器的报道中有 40%～50%是基于酶抑制原理制备的生物传感器。测定原理是 AChE 可以催化乙酰硫代胆碱水解,酶促反应的产物是硫代胆碱和乙酸,硫代胆碱具有电化学活性,在电极上形成不可逆的氧化峰电流。有机磷农药可以不可逆地抑制 AChE 的活性,减少硫代胆碱的氧化,硫代胆碱的氧化峰电流与有机磷农药的浓度成反比,通过测定硫代胆碱被抑制前后,氧化峰电流的大小即可测定出有机磷农药的浓度。如何将 AChE 有效固定在电极表面,并保持其原始的催化活性是研究者们设计新型高灵敏度 AChE 生物传感器的关键环节。

## 二、基于受体的快速检测构建策略

当我们将受体应用于快速检测时,其功能角色与免疫分析中的抗体类似,即受体作为生物识别元件与样本中的待测靶标(即配体)发生特异性结合。受体与配体的亲和力与专一性直接决定了检测方法的灵敏度与特异性;由于配体多为小分子物质,单个分子只能与单个受体蛋白相结合,因此靶标的检测模式多采用竞争法,即受体蛋白与待测靶标和定量添加的靶标分子竞争性结合。在这个过程中,我们还需要选择适宜的光电标记物对添加的靶标分子进行标记。这样,样本中待测靶标浓度越高,定量添加的靶标分子与受体的结合程度就越低,进而检测到的标记物信号也越低。通过对标记物信号进行分析即可实现对靶标分子的定量检测。在构建策略部分主要介绍受体结合机制和靶标检测模式,由不同信号分子组合形成的多种检测技术则在第三节第二部分"基于受体的快速检测技术及应用"中进行阐述。

（一）受体结合机制

受体与靶标分子的结合是主体与客体之间有目的地相互结合,受体识别配体时,建立大量的非共价结合相互作用来感知它的分子大小、形状和结构。受体高度识别配体时需要有大面积接触,配体如正好嵌入受体分子的空腔就会形成一个包合物,通过信息传递达到识别效果。主客体结合的稳定性和选择性相互作用使结合位点可以在结构上转化堆积,即将结合位点结合在一起并以合适的模式排列。在食品安全检测中,以受体为识别元件的靶标主要为抗生素和激素。下文分别以二者的典型受体为例来说明受体与靶标的结合机制。

**1. 抗生素与受体的结合**

以牛奶中残留较为严重的 β-内酰胺类抗生素为例,说明抗生素与受体的结合机制。β-内酰胺类抗生素是具有完整的 β-内酰胺环结构的化合物(除青霉素二乙胺乙酯、头孢匹林和头孢噻呋以外),其受体是位于细菌细胞膜上的青霉素结合蛋白(PBP)。PBP 的主要功能是利用糖基转移酶、肽基转移酶和羧肽酶活性,催化肽聚糖聚合和交联,参与细菌肽聚糖生物合成的末端反应、形态维持及调整等。β-内酰胺类抗生素的 β-内酰胺环与细菌 *D*-丙氨酰-*D*-丙氨酸末端有相似结构,能与 *D*-丙氨酰-*D*-丙氨酸竞争 PBP 的活性位点,且比 *D*-丙氨酰-*D*-丙氨酸与 PBP 的亲和性更高,它通过 β-内酰胺环的羧基和细菌相应的 PBP 中的丝氨酸羟基共价结合形成丝氨酸酯,干扰 PBP 的正常酶活性,从而干扰肽聚糖的合成,使细胞壁合成受阻,最终导致细菌死亡,达到杀菌的目的。PBP 结构的改变、数量的减少及与抗生素亲和力的下降是导致细菌对 β-内酰胺类抗生素产生耐药性的重要原因。

**2. 激素与受体的结合**

以雌激素为例，说明激素与受体的结合机制。雌激素受体是类固醇激素受体家族的成员之一，作为一种配体依赖性转录因子与雌激素特异性结合，通过雌激素受体结合元件调节基因的转录。雌激素受体蛋白分子包括氨基末端域、DNA 结合域、铰链区和羧基末端配体结合域（图 3.2）。α-雌激素受体和 β-雌激素受体是雌激素受体的两种亚型，均具有以上四个功能区。两种亚型在 DNA 结合域和铰链区的差异性不大，而存在于氨基末端域和羧基末端配体结合域的具有激活功能的区域 AF1 和 AF2 具有较大的差异。在 AF1 区，α-雌激素受体对于各种受体结合元件的刺激反应更为活跃，β-雌激素受体则对这种反应几乎不响应。在 AF2 区两者只有 53%氨基酸序列相似性，因此，α-雌激素受体和 β-雌激素受体既有亲和力相同或不同的共同配体，也有其各自的不同配体。

图 3.2　雌激素受体的基本结构

雌激素主要是通过与 α-雌激素受体或 β-雌激素受体的配体结合位点特异性结合引发雌激素受体的变构效应，从而发挥生物学作用。在未与配体结合前，雌激素受体的结构保持稳定，当配体与雌激素受体发生作用后，打破了其原先的构象形成新的雌激素受体-配体稳定复合体，此时雌激素受体暴露其结构中的 DNA 结合域，进而与作为调控元件的受体结合元件发生特异性相互作用，通过招募一系列辅助调节因子及其他共调节蛋白质，最终调控基因转录。

## （二）靶标检测模式

基于受体的快速检测技术主要为竞争法原理，可分为包被受体和包被靶标两种检测模式。其中，用于标记靶标或受体的信号分子可以为放射性分子、酶、胶体金粒子、荧光分子及电活性分子等，根据受体种类与标记物质的不同，可组合成多种检测方法（见第三节第二部分"基于受体的快速检测技术及应用"）。

当固相表面包被物为受体时，标记物被修饰于已知浓度的外加靶标分子上（图 3.3）。此时，样品中待测靶标标记物修饰靶标竞争结合固相表面有限量的受体。样品中的待测物越多，其结合的固相受体则越多，对应标记物修饰靶标可结合的受体就越少，固相表面聚集的信号分子量低，检测信号弱。当样品中不存在靶标时，标记物修饰靶标则可以完全与固相表面的

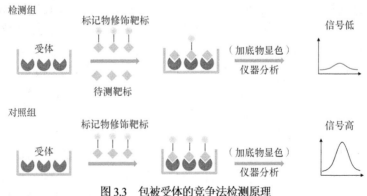

图 3.3　包被受体的竞争法检测原理

受体结合，固相表面聚集的信号分子量高，检测信号强。通过计算对照组与检测组的信号差值，即可得出样品中待测物的含量。

同理，也可将固定浓度的靶标分子包被于固相表面，将标记物直接修饰在受体表面（图3.4）。此时，样品中待测靶标则与固相靶标竞争结合游离的标记受体。样品中的待测物越多，其结合的游离受体则越多，可结合在固相靶标表面的受体则越少，检测信号较弱。当样品中不存在靶标时，游离的标记受体则可以完全与固相表面的靶标结合，检测信号强。同样，通过计算对照组与检测组的信号差值，即可得出样品中待测物的含量。

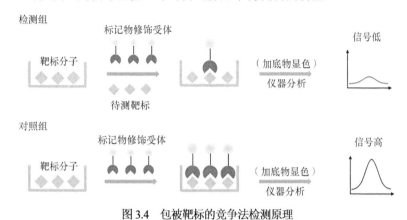

图3.4　包被靶标的竞争法检测原理

# 第三节　基于酶及受体的快速检测典型技术及在食品安全快速检测中的应用

## 一、基于酶的快速检测技术及应用

基于酶抑制原理的快速检测技术主要应用于蔬菜、茶及肉等食品中有机磷和氨基甲酸酯类农药残留量的快速筛选，相关国家标准包括《蔬菜中有机磷和氨基甲酸酯类农药残留量的快速检测》（GB/T 5009.199—2003）、《茶中有机磷及氨基甲酸酯农药残留量的简易检验方法　酶抑制法》（GB/T 18625—2002）和《肉中有机磷及氨基甲酸酯农药残留量的简易检验方法　酶抑制法》（GB/T 18626—2002）等。目前，市场上使用的速测试剂盒都是依据这些标准生产的。

## 二、基于受体的快速检测技术及应用

受体检测技术是基于受体-配体反应的高特异性、高亲和力、可逆性、饱和性特点建立的一种生物技术检测方法，原理与免疫分析方法类似。与抗体相比，受体的广谱性更好。可应用于食品安全领域中抗生素残留、农药残留、非法添加剂、真菌毒素、生物污染等危害物质的检测。

### （一）放射免疫受体分析法及应用

放射免疫受体分析法的原理与放射免疫分析法相似。在样品中加入一定量的受体，然后加入放射性同位素（$^{14}C$ 或 $^{3}H$）标记的药物（抗生素或激素），样品中的靶标与示踪物竞争受体的结合位点。通过测定受体-靶标复合物的放射性，即可检测样品中靶标的含量。这是一种十分便捷的残留物检测方法，在鸡蛋、家禽、鱼类、乳制品的残留检测中应用十分广泛，且满足欧盟所规定的检测残留最大限量标准。我国 2007 年发布的关于动物源食品中磺胺类药物及 β-内酰胺类药物残留测定方法的两项国家标准（GB/T 21173—2007 和 GB/T 21174—2007）中，均采用了放射性免疫受体分析法（分析设备如图 3.5 所示）作为肉类和水产品中磺胺类药物及 β-内酰胺类药物残留的初步筛选方法。检测限分别为 20μg/kg 和 25μg/kg。当检测结果为阳性时，需应用其他检测方法进行确证。

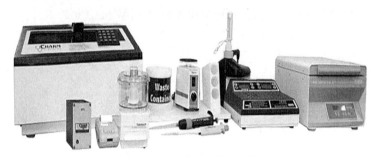

图 3.5　抗生素残留检测系统

（二）酶标记受体分析法及应用

酶标记受体分析法（ELRA）是基于受体分析法与酶标记技术而建立的一种可用于抗生素及激素等残留物质筛选的方法，与酶联免疫吸附试验（ELISA）检测方法类似。该方法目前主要应用于受体分析方法学的构建研究，尤其是以前端的受体重组表达研究为主。例如，将 PBP2x（一种青霉素结合蛋白）固定于微孔板，通过间接竞争受体分析法可检测牛奶样品中的青霉素 G，检测限为 2μg/kg。在此基础上，截去 PBP2x N 端疏水跨膜区重组表达后获得 PBP2x*，可在不影响活性的前提下增加重组受体蛋白的可溶性。将 PBP2x*作为受体蛋白来检测 β-内酰胺类抗生素，仍可获得 2μg/kg 的最低检测限。

（三）胶体金标记受体分析法及应用

胶体金标记受体分析法主要是用胶体金有色微粒标记受体蛋白，检测原理与上述两种方法类似。研究人员以地衣芽孢杆菌的 BlaR-CTD 作为受体蛋白，连接到生物素后，利用胶体金有色微粒标记 BlaR-CTD 蛋白，5min 即可检测 10 种 β-内酰胺类抗生素，检测限均低于欧盟规定的最大残留限量。通过同源建模和分子对接技术可筛选获得 BlaR-CTD 突变蛋白，结合胶体金免疫层析技术，可以在 10min 内实现对牛奶和鸡肉样品中 21 种 β-内酰胺的快速检测。研究人员利用胶体金原理和侧流层析技术开发了针对四大类抗生素及黄曲霉毒素 M1 的快速检测试纸条，结合配套的信号读取设备可在 8min 内获得检测结果，如图 3.6 所示。该方法同时适用于实验室检测和现场快检，是目前市场上应用最为广泛的胶体金标记受体分析方法。

（四）生物传感器及应用

近几年来，生物传感器的优点被不断发掘出来。基于纳米材料的集成化、微型化生物传感器已成为未来现场快检发展的主流方向。与受体分析法相结合的生物传感器主要包括表面

图 3.6 抗生素检测试纸条（左）及信号读取设备（右）

等离子体共振（SPR）传感器和电化学传感器两种。研究人员在工作电极表面固定了青霉素结合蛋白，葡萄糖过氧化氢酶标记的抗生素与样品中残留的抗生素竞争结合受体，检测原理与上述其他方法类似。在整个检测过程中，培养、快速冲洗的时间为 2～4min，仪器检测需要 1～2min，青霉素 G 的检测限为 5μg/kg。除了青霉素 G 外，阿莫西林、β-内酰胺类抗生素、氨苄西林、头孢氨苄、头孢菌素类、邻氯西林等都可以用作检测药物。电化学传感器相较于光学传感器具有更高的分析灵敏度，结合阵列电极可实现多重靶标的同时检测。

## 思 考 题

1. 用于食品安全快速检测技术的酶主要有哪些种类？
2. 基于酶抑制的快速检测方法原理是什么？
3. 基于酶的快速检测方法构建策略有哪些种类？
4. 雌激素受体结构包括哪几个部分？
5. 农药残留的快速检测方法有哪些？

# 第四章 免疫学快速检测技术

【本章内容提要】传统的免疫学检测，即血清学实验，在鉴定病原体和检测血清抗体方面有出色表现。但传统方法的操作步骤烦琐、耗时较长、易受干扰而出现误判。为了克服这些缺点，人们不断改进血清学实验，并将分子生物学等各种科学理论和技术应用到免疫学检验中来，使免疫学快速检测技术得到了极大的发展。本章就抗原和抗体的基本性质、免疫学快速检测的策略构建，以及典型免疫学快速检测技术的应用，做了以下总结与阐述。

## 第一节　免疫学快速检测技术概述

免疫学检验（immunoassay）技术最早建立的是病原微生物与其相应抗体结合的血清学诊断技术。1896 年肥达（Widal）首先利用伤寒患者血清与伤寒杆菌发生特异性凝集现象来诊断伤寒病，此后利用抗原、抗体结合具有高度特异性和敏感性的原理，建立了凝集、沉淀、补体结合等多种经典的免疫学实验技术。同时，在此基础上建立的各种免疫标记技术大大增加了免疫学检测的敏感性，广泛用于检测各种微量物质。近年来，随着分子生物学技术及其他不同学科先进技术的融合，免疫学检验技术也得到飞跃，建立了免疫吸附、免疫层析、免疫 PCR 技术等。目前，免疫学检验技术正以其特异性强、敏感性高、稳定、简便和快速的优势，成为食品安全快速检测技术的重要组成部分，广泛应用于各种食品安全检测。

### 一、抗原和抗体的概念及特性

抗原是激发机体产生特异性免疫应答的物质，具有免疫原性和免疫反应性两个基本特性。抗体是机体免疫应答的重要产物之一，其基本结构是免疫球蛋白（immunoglobulin，Ig），由两条相同的重链和相同的轻链组成。了解抗原的特性、分类，掌握抗体的结构、功能和类型有助于理解免疫学检测原理。

#### （一）抗原的概念及特性

抗原（antigen）：一种能刺激机体免疫系统产生特异性免疫应答，并能与相应的免疫应答产物（抗体或效应淋巴细胞）在体内外发生特异性结合的物质。抗原有两种特性：①免疫原性（immunogenicity），刺激机体免疫系统产生免疫应答的能力。②免疫反应性（immunoreactivity），与相应的免疫应答产物在体内外发生特异性结合的能力。

#### （二）抗体的概念及特性

抗体是机体在抗原刺激下所产生的并能与相应抗原发生特异性结合反应的一类免疫球蛋白。抗体最主要的生物学功能是与相应抗原特异性结合，其特异性是免疫学分析技术广泛应用的基础，对于抗原的分析鉴定和定量检测极为重要。

## 二、抗原和抗体制备方法

### （一）抗原制备方法

自然界中的许多物质都可以作为抗原，但用作诊断试剂的抗原必须是单一特性的，即纯化的抗原，所以必须将所需的抗原从复杂的组分中提取出来，下面介绍一些主要的制备方法。

**1. 颗粒性抗原的制备**

颗粒性抗原主要指细胞抗原或细菌抗原。细菌抗原多用液体或固体培养物经过集菌处理后制得。有些虫卵、细胞膜成分也可制成颗粒抗原。

**2. 可溶性抗原的制备和纯化**

可溶性抗原主要包括蛋白质、细菌毒素、酶、补体等。但是这些抗原本身所处的环境比较复杂，免疫前需要纯化，常用的纯化方法有超速离心和梯度密度离心法、选择性沉淀法、亲和色谱、凝胶过滤和离子交换色谱等。纯化抗原的鉴定常用聚丙烯酰胺凝胶电泳法、结晶法、免疫电泳法、免疫双扩散法等。

**3. 人工抗原的制备**

真菌毒素、农药残留、兽药残留等小分子食品安全风险因子属于半抗原。半抗原具有抗原性而无免疫原性，不能诱导抗体产生，只有将它们与蛋白质或其他高分子量物质结合后制备成人工抗原，才能获得免疫原性，从而刺激机体产生相应的抗体。

### （二）抗体制备方法

随着细胞工程技术及生物技术的发展，抗体的制备技术也发生着革新，从最初的多克隆抗体制备技术，到细胞工程支持的单克隆抗体制备技术，再到生物工程技术支持的第三代基因重组抗体技术，抗体的种类也悄然发生着变化。

**1. 多克隆抗体的制备**

多克隆抗体（polyclonal antibody）是应用天然抗原（如病原体等）免疫机体（多为动物）所产生的抗体混合物。快速检测技术中，多克隆抗体显示出对待检测分子的高亲和性，多固定在固相界面，作为捕获抗体使用。制备多克隆抗体所选择的动物主要是哺乳动物和禽类，通常根据多克隆抗体的用途、所需剂量、抗原性质而定。

**2. 单克隆抗体的制备**

单克隆抗体（monoclonal antibody）是由 1 个 B 淋巴细胞克隆所产生、仅针对单一抗原表位、高度均质性的特异性抗体。免疫致敏后的 B 淋巴细胞具有分泌特异性抗体的能力，但其在体外不能长期存活，而骨髓瘤细胞可以在体外长期存活但不能产生抗体，将两种细胞杂交融合后，经分离、筛选和克隆就能获得既能在体外长期存活又能针对单一抗原决定簇产生特异性抗体的杂交瘤细胞。将可产特异性抗体的单克隆杂交瘤细胞进行培养，或注入亲本动物腹腔使之以腹水型方式生长，便可在培养液或腹水中分离出大量单克隆抗体。单克隆抗体具有纯度高、特异性强、效价高、来源稳定等特点，常作为检测抗体用于食品安全检测中，由于特异性好可极大避免交叉反应，从而提高检测方法的特异性及灵敏性。

## 三、抗原与抗体结合的原理及特点

### （一）抗原与抗体结合的原理

抗原表位与抗体分子超变区之间在化学结构和空间构型上相互吻合，呈互补关系，抗原表位能嵌入抗体超变区的沟槽，发生特异性结合，其关系如钥匙和锁。有四种分子间作用力参与并促进抗原、抗体的结合。

**1. 抗原和抗体的结合力**

抗原和抗体的结合为分子间结构互补的特异性结合，不形成牢固的共价键，只有在极短距离内才能发生，由静电引力、范德瓦耳斯力、氢键结合力和疏水作用力这四种分子间引力参与并促进其结合。

**2. 抗原和抗体的亲和力**

亲和力（affinity）是抗体分子上一个抗原结合点与对应的抗原表位之间的相适性而存在的引力，是抗原与抗体之间固有的结合力。亲合力（avidity）是指抗体结合部位与抗原表位之间结合的强度，是反应系统中复杂抗原与相应抗体之间的结合能力。亲合力与亲和力相关，也与抗体的结合价和有效抗原表位数目相关。抗体的亲合力越高，与抗原结合形成的复合物越牢固，越不易解离。

### （二）抗原与抗体结合的特点

**1. 抗原与抗体结合的特异性**

特异性（specificity）是指任何一种抗原分子，只能与由它刺激所产生的抗体结合发生反应的专一性能。特异性是抗原-抗体反应的基础，也是抗原-抗体反应最重要的特征之一。

**2. 抗原与抗体结合的可逆性**

可逆性（reversibility）是指抗原与抗体结合成复合物后，在一定条件下，可发生解离，恢复抗原、抗体的游离状态。由于抗原-抗体反应是分子表面的非共价键结合，所形成的复合物并不牢固，在低 pH、高浓度盐等条件下，可使抗原、抗体分子间的静电引力消失而导致解离。解离后的抗原或抗体分子，仍保持原来的理化特性及生物学活性。

**3. 抗原与抗体结合的比例性**

比例性（proportionality）是指抗原与抗体发生可见反应需要一定的量比关系。无论在一定量的抗体中加入不同量的抗原或在一定量的抗原中加入不同量的抗体，均可发现只有在两者浓度比例合适时才发生最强的反应，形成较大的抗原-抗体复合物，出现可见的反应现象。

# 第二节　免疫学快速检测的构建策略

## 一、免疫识别策略构建

### （一）常规识别

**1. 第一抗体与抗原的识别**

在抗原与抗体识别过程中经常涉及第一抗体及第二抗体的概念，其中第一抗体是指可直接和抗原结合，由抗原刺激产生的抗体。经由抗原刺激产生的多克隆抗体、单克隆抗体、基因工程抗体、多肽抗体均属于第一抗体（图4.1）。

**2. 第二抗体与第一抗体（抗原）的识别**

第二抗体（二抗）是指能和第一抗体（一抗）结合的抗体，即抗体的抗体，其主要作用是检测第一抗体的存在，间接检测抗原存在的一种抗体。第二抗体一般是将第一抗体的 C 区部分（图 4.2 框内区域）截取出来，免疫更高级的哺乳动物而产生的一种抗体，具有种源特异性，常被信号材料标记作为信号转化元件（图4.2）。

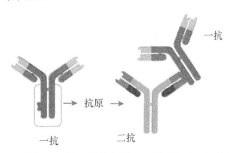

图 4.1　第一抗体与抗原的识别示意图　　　　图 4.2　第二抗体与第一抗体的识别示意图

**（二）吸附识别**

免疫学分析中，一般会将抗原（或抗体）固定到固相界面作为捕获剂捕获待检测样品中的抗体（或抗原），通过形成抗原-抗体复合物将待检测靶标固定到固相界面上，然后加入信号标记检测分子形成抗原-抗体-信号复合物，从而实现定性或定量检测。

## 二、信号输出策略构建

**（一）酶标记比色信号输出**

亲和识别检测技术中常用的信号标记为酶标记，在加入特定底物后，亲和识别截留的酶催化底物显色，从而产生与靶标物质量具有比例关系的比色信号，实现定性或定量信号输出。在基于抗原和抗体的免疫识别中，最常用的生物酶为辣根过氧化物酶（horseradish peroxidase，HRP）和碱性磷酸酶（alkaline phosphatase，AP）。此外，纳米酶（nanozyme）是一类具有类酶活性的纳米材料，它们与天然酶一样能够在温和条件下高效催化酶的底物，并且比天然酶具有更强的稳定性和活性，还兼具有易生产储存、易于化学修饰等特点，因此可以用来代替金纳米颗粒成为新型标记信号。常见的纳米酶有四氧化三铁纳米酶、铂钯纳米酶、铂金纳米酶等。

四甲基联苯胺（TMB）是最常用的色原底物。过氧化氢存在时，TMB 氧化成裸眼可视的蓝色阳离子根。降低 pH，蓝色的阳离子根转变为黄色的联苯醌，该氧化产物在波长 450nm处有最大消光系数，形成特征吸收峰。杂化吡啶（ABTS）也是 HRP 的一种高灵敏底物。在 $H_2O_2$ 存在下，ABTS 的氨盐转变为易发生歧化的绿色阳离子根。

**（二）胶体金标记界面堆积信号输出**

金纳米粒子（gold nanoparticle，GNP），也称为胶体金，是金盐被还原成金原子后形成的金颗粒悬液。胶体金颗粒由一个基础金核（原子金 Au）及包围在外的双离子层构成（紧连在金核表面的是内层负离子，外层离子层 H$^+$ 则分散在胶体间溶液中，以维持胶体金游离于溶胶间的悬液状态）。由于静电作用，金颗粒之间相互排斥而悬浮成一种稳定的胶体状态，形成带负电的疏水胶溶液，故称胶体金。胶体金作为信号标签时，主要通过抗原-抗体复合物在纸基界面堆积，聚集形成红色信号输出。

（三）金纳米标记液相比色信号输出

除了作为胶体金标记抗体，金纳米粒子还可以通过酶诱导聚集、形态和生长动力学控制、金属化和蚀刻 4 种途径，改变其表面电子的局域表面等离子体共振（LSPR），进而通过比色分析实现免疫学快速检测分析。

（四）基于核酸标记及扩增的信号输出

基于核酸标记及扩增的免疫学快速检测技术是在 ELISA 的基础上发展出来的一系列新型分析方法，主要是利用核酸标记及扩增技术代替 ELISA 中的酶标记催化显色反应，实现信号超灵敏输出的一系列新型免疫学快速检测方法。核酸扩增具有很强的放大能力，其可以定量地检测 DNA 或 RNA，具有非常高的敏感性和特异性，因此，将与抗原结合的特异抗体通过连接分子与 DNA 或 RNA 结合，再经核酸扩增，由此可高灵敏定量检测抗原。

（五）基于荧光标记信号输出

时间分辨荧光免疫测定（time-resolved fluorescence immunoassay，TRFIA）是荧光标记技术与时间分辨技术相结合的荧光分析技术。通常检测样品、试管及仪器组件等都可产生自发的非特异荧光，但其荧光寿命短，一般为 1～10ns。普通荧光素，如异硫氰酸荧光素（FITC）的荧光寿命只有 45ns，因此，普通荧光素发射的特异性荧光很容易受到非特异荧光的干扰。而镧系稀土元素铕（Eu$^{3+}$）、钐（Sm$^{3+}$）、铽（Tb$^{3+}$）等的整合物具有长寿命荧光，在紫外线（340nm）激发下，不仅发射出高强度的荧光（613nm），而且衰变时间也较长（10～1000μs）。利用时间分辨荧光分析仪延缓测量时间，待样品池和检品中蛋白质等自然发生的短寿命荧光（1～10ns）全部衰变后，再测量稀土元素整合物的特异荧光，即可完全排除非特异本底荧光的干扰。

荧光素经单一平面的偏振光蓝光（波长 485nm）照射后，可吸收光能跃入激发态；在恢复至基态时，释放能量并发出另一单一平面的偏振荧光（波长 525nm）。该荧光强度与荧光物质受激发时分子转动的速度成反比。利用这一现象建立了荧光偏振免疫分析（fluorescence polarization immunoassay，FPIA）。FPIA 的分析模式是均相竞争荧光免疫分析法，其优点是血清标本可直接测定，样本用量少，无须进行分离、提取，可快速、自动化进行，精密度高；荧光标记试剂稳定、有效期长。但这一方法的灵敏度低于非均相荧光免疫分析方法，通常不适用于大分子物质的测定，主要用于测定小分子抗原物质，如真菌毒素、农兽药残留等食品安全风险因子。

# 第三节　免疫学快速检测的典型技术及在食品安全快速检测中的应用

## 一、免疫前处理技术及应用

食品安全快速检测技术离不开高效的样品前处理技术支持,基于抗原-抗体反应的免疫前处理技术由于高特异性在待检物质的富集、纯化方面显示出独特的优势。其中较为常见的免疫前处理技术有免疫磁分离技术及免疫亲和柱净化技术。

### (一)免疫磁分离技术

免疫磁分离(IMS)技术是使用特异性抗体修饰到磁性粒子(MP)表面形成捕捉目标分析物的涂层。基于抗体的特异性识别和磁分离特性,可以通过 IMS 有效地将目标分析物从待检食品样品中分离出来。IMS 预处理可以提高目标分析物的浓度,从而缩短分析时间并提高检测灵敏度。

#### 1. 免疫磁分离原理

一般来说,免疫磁分离过程主要包括免疫捕获和分离两个步骤。IMS 的原理如图 4.3 所示。在此过程中,将适量的免疫磁性颗粒(IMP)添加到样品中,并充分混合,IMP 是通过将特定抗体分子通过活性基团有效固定在 MP 表面而制备的。通过免疫配体(如抗体)和目标物(如抗原)之间的特异性相互作用,形成"IMP 靶"复合物,并可利用磁场定向移动。然后,去除磁场,将"IMP 靶"复合物重新悬浮在小体积溶液中,这有利于目标物质的浓缩,并减少复杂背景的干扰。然后,将生成的样本与检测方法相结合,以评估食品样本的污染程度。

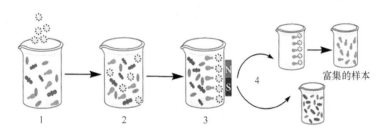

富集的样本

❀ IMP　　食物成分和其他非目标菌群

❀"IMP靶"复合物　　目标物质或微生物

图4.3　免疫磁分离原理图

1. 混合；2. 免疫捕获；3. 磁吸富集；4. 免疫磁分离

#### 2. 影响免疫磁分离性能的主要因素

免疫捕获和磁分离是免疫磁分离(IMS)过程中最重要的两个步骤。IMP 的捕获效率(CE)主要取决于磁性粒子(MP)的制备、抗体的固定化、操作参数,以及样品培养基。因此,应讨论一些关键参数,以生成有效的 IMS 流程。

1)MP 对 IMS 的影响　　目前,对于 IMP 的制备,基于 $Fe_3O_4$ 的 MP 是最常用的材料。

由于有机溶剂、系统酸碱性和温度条件的变化会破坏外部基质，降低 MP 的稳定性，并导致其膨胀、收缩、溶解和失去磁性，因此有必要对 MP 进行改性。目前常使用各种天然高分子材料或烯烃单体共聚物（牛血清白蛋白、明胶、葡聚糖、壳聚糖、琼脂糖、海藻酸钠、纤维素、聚苯乙烯）来实现 MP 和聚丙烯酸的改性，从而将各类活性基团（如—OH、—NH$_2$、—COOH、—CHO、—CONH$_2$、—SH 等）引入 MP 表面。

2）抗体固定化对 IMS 的影响　　抗体是由两条相同的轻链和两条相同的重链组成的三叶结构。两条链之间是二硫键和非共价键。其中抗原结合（Fab）域，包含抗原结合位点并决定抗体的特异性。因此，抗体的固定化应远离 Fab 域以确保其生物活性。目前，常用的抗体固定化检测方法有"物理吸附法"和"共价交联法"。

物理吸附法是抗体结合的最简单方法。一些化学试剂（戊二醛、环氧氯丙烷等）经常用作改性剂或交联剂，固定化过程通过各种非共价键进行，如范德瓦耳斯力、离子相互作用、氢键或疏水相互作用。在这个过程中，抗体在物理吸附作用下迅速结合到磁性微球上。由于这种结合过程是不可控和随机的，固定化可能会阻断活性位点，降低抗体的生物活性，甚至导致错位交联，获得的 IMP 生物活性低，对目标物体的识别能力弱。

共价交联法作为一种有效的抗体固定化方法，主要依靠固相载体活性基团与抗体活性位点之间的特异性反应。这一过程的关键是大大提高抗体在 Fc 区域的准确定向吸附，并保持其生物活性。这些方法可以有效地控制结合位点，提高抗体的稳定性，并确保 IMP 的分离效率。

**3. 免疫磁分离技术在食品微生物检测中的应用**

目前，IMS 已与多种检测方法相结合，如基于酶联免疫学的方法、基于核酸的方法、免疫荧光方法和生物传感器，以便在短时间内高效浓缩和快速检测目标分析物。

1）IMS 与基于酶联免疫学分析方法的结合　　酶联免疫吸附试验（ELISA）是一种成功的免疫学技术。IMS 与 ELISA 的结合已被广泛应用于食品中危害物的识别。IMS 系统的使用可以有效缩短分析时间，提高 ELISA 的灵敏度。

2）IMS 与基于核酸分析方法的结合　　由于 IMP 的优越性能，IMS 与 PCR、实时 PCR、多重 PCR 或逆转录 PCR 的结合已被广泛用于检测食品样品中的多种生物源危害物。IMS-PCR 程序通过免疫磁分离捕获样品中的生物源危害物，然后通过 PCR 对生物源危害物进行检测（图 4.4）。

3）IMS 与免疫荧光分析法的结合　　免疫荧光分析法（如荧光免疫分析法、荧光色素法和量子点法）与 IMS 结合取得了理想的分析效果。其中，量子点法和 IMS 的结合可以实现目标危害物的有效分离和发光检测。

4）IMS 与生物传感器的结合　　作为一种分析设备，生物传感器可以将生物反应转化为电信号。该程序有两个主要部分：目标物体的特定识别和将识别结果转化为可测量的、敏感的电信号。

IMS 技术作为一种很有前途的预处理方法，已成功地应用于食品样品中靶菌细胞的分离和富集。IMS 与检测方法的结合，提高了检测灵敏度，缩短了检测时间，这对确保食品安全至关重要。

## （二）免疫亲和柱净化技术

免疫亲和柱（immunoaffinity column，IAC）利用抗原与抗体特异性可逆结合的原理，将抗体与凝胶共价结合，然后填充柱子。将样品提取溶液过免疫亲和柱，通过抗原-抗体反应截留待纯化的目标分析物，而非目标分析物则沿柱流下，最后用洗脱缓冲液洗脱待纯化的目标分析物，从而得到纯化的目标分析物。其提纯效率很高，适用于各类复杂样品包括食品、饲料等多种基质，被认为是从复杂基质中一步纯化和浓缩目标分析物的最有效技术之一。

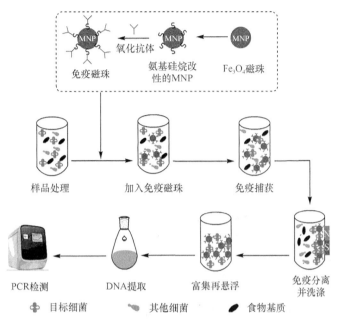

图 4.4　IMS-PCR 分离检测靶菌流程图

**MNP 为磁性纳米粒子**

**1. 免疫亲和柱的使用方法**

　　一般完整的免疫亲和柱由六部分组成：①柱管：分为 1mL 和 3mL 两种规格，不同规格的对应的柱容量不同；②固定相：琼脂糖凝胶；③包被在固定相上的抗体：琼脂偶联特异性抗体，为反应主体关键部分；④保护液：通常是缓冲溶液，保持琼脂润湿；⑤筛板：孔径 20μm；⑥上下顶盖：主要是防止保护液流失。IAC 的使用相对简单，将针对分析物产生的抗体（多克隆或单克隆）固定在凝胶上，通常为 0.2～0.5mL 的凝胶装入一个小塑料柱中。首先用磷酸盐缓冲盐溶液（PBS）对免疫亲和柱进行处理，然后以 1～2mL/min 的速度将粗样品提取物缓慢地滴加到免疫亲和柱上，样品可以在重力下或在正压下经亲和柱吸入（图 4.5）。IAC 的性能在很大程度上取决于抗体的质量，包括其特异性、结合能力（亲和力）和柱容量（可结合到柱凝胶上的抗体总量）。

**2. 免疫亲和柱净化技术的应用**

　　免疫亲和柱净化技术是一种既简单又非常有效的分离抗原技术，即将抗体共价结合到一种惰性的微珠上，然后将微珠与含有待纯化抗原的溶液混合。当抗原被交联在微珠上的抗体捕获后，通过洗涤去除无关的抗原，然后用洗脱缓冲液处理微珠，结合的抗原被洗脱，从而得到纯化的抗原（纯化抗原基本处于分离天然状态或近似天然状态）。在条件合适的情况下，应用免疫亲和柱净化技术通常只需一次就可以达到 1000～10 000 倍的纯化效果。使用性能特别优良的抗体或在洗脱条件最优时，也可以达到 10 000 倍以上的纯化效果。目前被广泛应用于被真菌毒素、农兽药残留污染的食品样品高效前处理中，常与高效液相色谱（HPLC）等高分析灵敏度的分析技术联用。需要注意的是不是所有的抗体都适用于免疫亲和柱净化，但一旦获得一种性能良好的抗体，纯化过程就简单、快速而且可靠。

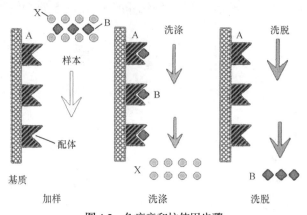

图 4.5 免疫亲和柱使用步骤

A 为固定抗体；B 为目标抗原；X 为无关抗原

## 二、酶联免疫吸附技术及应用

免疫分析是基于抗体的定量/定性分析方法。由于免疫分析的原理是基于特异性抗原-抗体反应，因此该分析已在世界范围内用于诊断、分析。伯森（Berson）和耶洛（Yalow）是最早开发免疫分析法的人，他们将其称为放射免疫分析法（RIA）。后期由于安全问题，放射性同位素逐渐被酶取代，形成酶联免疫吸附试验（ELISA）。

### （一）酶联免疫吸附试验

酶联免疫吸附试验（ELISA）是将抗原-抗体反应的特异性与酶催化放大作用相结合的一种微量检测技术。ELISA 可以对靶标分析物进行高度敏感和特异性的定量/定性分析，包括蛋白质、肽、核酸、激素、除草剂和植物次生代谢产物。为了检测这些分子，使用酶标记抗原或抗体，其中碱性磷酸酶（ALP）、辣根过氧化物酶（HRP）和 β-半乳糖苷酶是常用的。液相中的抗原固定在固相上，如由刚性聚苯乙烯、聚氯乙烯和聚丙烯组成的微量滴定板。随后，靶标分析物被允许与特定抗体反应，该抗体由酶标记的二级抗体检测。使用显色底物显色，显色度与抗原的存在相对。这些酶-底物反应通常在 30～60min 内完成，在体系中加入终止反应的溶液，如氢氧化钠、盐酸、硫酸、碳酸钠和叠氮化钠，反应就会停止。最后，使用微量滴定板读取器检测有色或荧光产品。

ELISA 具有以下优点：①操作简单；②由于是抗原-抗体反应，具有高度的特异性和敏感性；③效率高，无须复杂的样品预处理即可进行分析；④一般安全且环保，因为不需要放射性物质和大量有机溶剂；⑤由于使用了低成本试剂，因此成本效益高。然而，ELISA 具有以下缺点：①制备抗体需要大量人力和昂贵的费用，因为这是一项复杂的技术，并且需要昂贵的培养基来获得特异性抗体；②假阳性或阴性结果的可能性高，由于固定抗原的微量滴定板表面容易堵塞；③抗体不稳定，因为抗体是一种需要冷藏运输和储存的蛋白质。

（二）常见类型及应用

ELISA 可以用于测定抗原，也可以用于测定抗体。在这种测定方法中有三种必要的试剂：固相的抗原或抗体、酶标记的抗原或抗体、酶作用的底物。根据监测靶标分析物的类型，可分为不同类型的监测方法。

**1. 直接 ELISA**

直接 ELISA 适用于分析物（食源性致病菌、蛋白毒素等大分子危害物）的定性分析。首先，待检抗原或抗体通过物理吸附被固定在微量滴定板的表面，经其他蛋白质（如白蛋白、明胶、酪蛋白和脱脂牛奶）封闭后，加入相应的酶标记抗体或抗原与固定化靶标识别反应，将酶截留在微量滴定板表面，然后加入适当的底物显色。随着目标分析物数量的增加，信号增加。

**2. 间接 ELISA**

间接 ELISA 系统是在直接 ELISA 的基础上开发的，用于评估血清中抗体的存在（图 4.6）。该系统的关键步骤是待检抗体（第一抗体）和酶标记第二抗体（酶标二抗）的结合过程。一般会将抗原固定到固相界面作为捕获剂捕获血清中待检测抗体，通过形成抗原-抗体复合物将待检测抗体固定到固相界面上，然后加入酶标记的第二抗体，识别被捕获的抗体，将抗原-抗体复合物转化为可以定量的酶，从而实现定性或定量检测。

**3. 间接竞争 ELISA**

间接竞争 ELISA（icELISA）通常用于检测样品中含有的未知小分子抗原的量。这类小分子抗原的化学结构简单，通常表面有且只有一个抗原表位（抗原决定簇），如真菌毒素、农兽药等食品安全风险因子。间接竞争 ELISA 涉及间接识别和竞争识别。竞争识别一般是指人工抗原与待检测小分子抗原之间与抗体竞争性结合识别，其中人工抗原是将小分子抗原装载到大分子载体上（一般是共价偶联的形式）制备得到的。人工抗原具有大分子性质，便于通过物理吸附固定到固相载体表面，加入待测样品及检测抗体后，人工抗原会与样品中游离抗原竞争性地与检测抗体结合。经过洗涤后，与游离抗原结合的抗体会被洗涤走，部分抗体通过与人工抗原结合固定在固相界面上，通过加入信号标记的第二抗体与抗体结合，便可完成待检测小分子抗原的间接识别检测。特别需要注意，小分子抗原的单抗体竞争识别完成后，固相界面截留的信号是与待检小分子的量成反比例关系的，样品中待检小分子的量越多，被带走的抗体越多，截留的信号越少（图 4.7）。

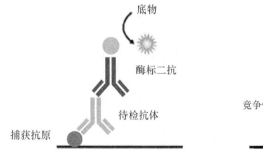

图 4.6 间接 ELISA 分析血清中待检抗体

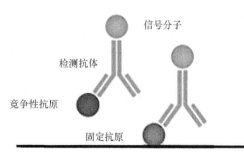

图 4.7 间接竞争 ELISA 示意图

#### 4. 夹心ELISA

当待检测分析物为具有两个及两个以上抗原表位（抗原决定簇）的大分子物质时（病原微生物、蛋白毒素等大分子食品风险因子），常使用双抗体夹心的检测方法，即夹心ELISA，

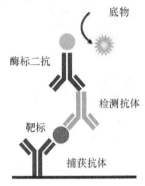

图4.8　夹心ELISA示意图

检测样品中含有的未知分析物的量。双抗体夹心识别，通常需要用到可以和抗原不同抗原表位结合的两种不同抗体。可以是两种不同的单克隆抗体或是一种单克隆抗体及一种多克隆抗体。一种抗体固定在固相界面，作为免疫吸附剂与样品中待检测抗原结合，将待检抗原固定到固相载体表面，另外一种抗体与标记物连接（辣根过氧化物酶或纳米酶标记信号），当待检测样品中存在目标抗原时，固相抗体与信号标记抗体通过抗原桥连在一起，形成抗体-抗原-抗体三元夹心免疫复合物。加入特异性底物显色，随着待检分析物的量增多，比色信号增强，从而实现定量分析（图4.8）。

图中标注：底物、酶标二抗、检测抗体、靶标、捕获抗体

### 间接竞争ELISA用于瘦肉精检测

"瘦肉精"学名克伦特罗，是美国氰胺（Cyanamid）公司化学合成的一种呼吸系统药物，临床用于治疗哮喘病。20世纪90年代，我国将其作为饲料添加剂开始引入并推广，以促进动物生长和提高瘦肉率。但在2001年和2006年，国内发生过数起、累计造成上千人"瘦肉精"急性中毒的事件后，我国农业部等相关部门多次发文，禁止生产和使用"瘦肉精"。然而为追求经济利益，饲料中违法添加"瘦肉精"的现象仍然存在，酶联免疫吸附试验（ELISA）是目前进行大规模检测饲料、畜产品，以及组织和动物尿液中"瘦肉精"最为常用的方法。其中食品检测与动物检疫的专业人士建议使用"克伦特罗试纸"，利用抗原-抗体反应来快速检测"瘦肉精"。

## 三、胶体金免疫层析技术及应用

### （一）胶体金免疫层析技术概念及原理

胶体金免疫层析技术（colloidal gold immunochromatography assay）是将免疫胶体金技术和免疫层析技术结合，以单克隆抗体技术和新型材料技术为手段发展起来的一种新型体外诊断技术。以胶体金为显色媒介，利用免疫学中抗原和抗体能够特异性结合的原理，在层析过程中完成这一反应，从而达到检测的目的。

胶体金免疫层析技术的反应原理如图4.9所示：将检测蛋白（抗原或者抗体）以线状包被在底层硝酸纤维素膜上的检测线（T线）部位，干燥的胶体金固定于吸水材料上，称为胶体金垫。将待测溶液加入样品垫时，液体样品通过毛细作用向右移动穿过胶体金垫，与胶体金垫内的金标试剂发生相互反应形成复合物，待测物与金标试剂的复合物移动到固定有抗体（或抗原）的检测线（T线）处，又与之发生特异性结合被截留住，在检测线（T线）堆积形成红色的检测带，余下的金标复合物与抗金标抗体结合产生第二条质控线（C线）色带，表明测试完成。基于抗原-抗体识别类型不同，胶体金免疫层析技术又可分为用

于检测大分子抗原的双抗体夹心法，用于检测抗体的双抗原夹心法及用于检测小分子物质的抗原竞争法（图4.9）。

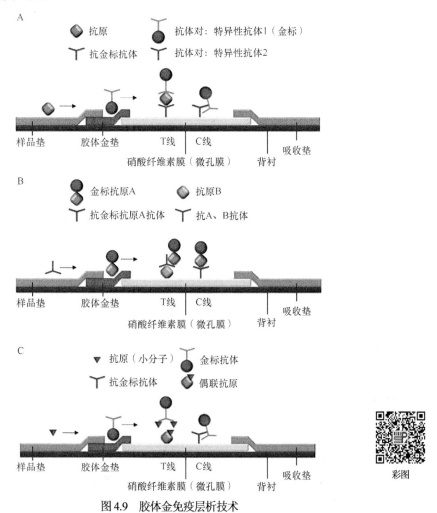

图4.9　胶体金免疫层析技术

A.双抗体夹心胶体金免疫层析技术；B.双抗原夹心胶体金免疫层析技术；C.抗原竞争胶体金免疫层析技术

## （二）胶体金免疫层析技术特点

胶体金免疫层析技术与其他检测方法相比，具有以下优点：①快捷迅速，大大缩短检测时间。免疫层析的检测时间仅仅取决于其毛细扩散的速度，一般15min内即可得到结果。而其他免疫检测方法，如ELISA、PCR等都需要几十分钟甚至数小时。②安全简便，不需要其他仪器和设备。在现代工业中已经大量标准化生产装配好的检测试纸，不需要操作者自行装配，也不需要其他任何仪器设备，可以在野外进行检测。其显色方法不需要放射性同位素或邻苯二胺等有害物质参与，金胶体本身化学性质稳定，具有其他检测方法无法比拟的安全性。③灵敏准确，结果受外因影响少。④成本低廉，所需试剂盒样本量少。⑤检测结果可以长期保存等。因此，胶体金免疫层析技术在真菌毒素、食源性致病菌、农兽药检测方面实现了广泛应用。

但胶体金免疫层析技术因其本身在设计上的问题，也具有以下缺点：①由于免疫层析是肉眼水平的免疫检测，仅能提供定性结果。②检测的准确度受所使用的抗体的质量限制，如果抗体质量不高，容易有假阳性结果。③抗体本身对储存要求较高。封装好的检测试纸虽然可以在室温保存，但是长期放置或者运输中最好保持在 4℃ 左右，以防抗体失效。从冰箱中取出后，在使用前恢复至室温方可使用。④操作者如果不正确操作会导致检测试纸无效。

## 四、基于免疫识别的新型生物传感技术及应用

### （一）基于免疫识别的生物传感器概述

基于免疫识别的生物传感器称为免疫传感器，作为一种新兴的生物传感器，以其鉴定物质的高度特异性、敏感性和稳定性受到青睐，它的问世使传统的免疫分析发生了很大的变化。它将传统的免疫测试和生物传感技术融为一体，集两者的诸多优点于一身，不仅减少了分析时间、提高了灵敏度和测试精度，也使得测定过程变得简单，易于实现自动化，在检测食品中的毒素和细菌、检测农药残留和滥用药物等方面有着广阔的应用前景。

### （二）免疫传感器的常见类型及应用

#### 1. 电化学免疫传感器

电化学免疫传感器是一种将生物反应转化为电化学反应的分析技术。靶标抗原与抗体结合后会导致电极表面和电解质溶液之间的电子转移速率发生变化，从而产生膜电位、阻抗信号或电流信号的变化。电流、电位和阻抗的变化值直接或间接反映了待检抗原的量。电化学免疫传感器具有高选择性、高灵敏度、小型化的可能性和低成本等优点，是进行现场快速检测的合适设备，已用于检测大量分析物。

#### 2. 光学免疫传感器

光学免疫传感器是基于生物分子识别过程导致光学信号变化的一种精确检测技术。根据标记与否，光学免疫传感器可分为标记型光学免疫传感器和无标记光学免疫传感器两种。前者有夹层光纤传感器、位移光纤传感器等；后者有表面等离子体共振（SPR）免疫传感器、光栅生物传感器、法布里-珀罗生物传感器等。其中发展最迅速的是光纤免疫传感器，它除了灵敏度高、尺寸小、制作使用方便以外，还在检测中不受外界电磁场的干扰。大多数光纤设备使用荧光标记或化学发光来监测免疫反应。

#### 3. 压电免疫传感器

利用抗体（或抗原）对抗原（或抗体）的特异性识别功能和压电晶体的高灵敏质量响应而制成的压电传感器称为压电免疫传感器。压电免疫传感器是一种将压敏材料与免疫识别结合的生物传感器，通常将抗体（或抗原）固定于晶体表面，加入待检样品时，与待检抗原（或抗体）产生免疫识别反应，形成抗原-抗体复合物使晶体表面质量负载增加，频率降低，频率值与样品中抗原（或抗体）含量成反比，从而完成各种大分子化合物和微生物的检测（图 4.10）。

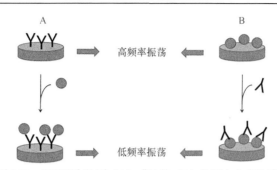

图 4.10　用于测定抗原（A）或抗体（B）的压电免疫传感器

压电晶体被描绘成圆盘；由于常见免疫球蛋白的典型外观，抗体呈 Y 形；抗原用球形表示

## 思 考 题

1. 请总结抗体的不同种类及其各自的特点。

2. 请总结抗原和抗体的制备方式。

3. 免疫学快速检测的信号输出策略有哪些？

4. 简述免疫亲和柱的原理及性能特征。

5. 请根据酶联免疫吸附技术原理设计一个完整的实验方案。

6. 举例描述一种基于免疫识别的生物传感器在实际检测中的应用。

# 第五章 核酸分子快速检测技术

【本章内容提要】核酸分子快速检测在食品安全监督管理及检测用中具有重要意义。本章主要介绍核酸分子快速检测的基本概念，包括基因及其结构、内标准基因及筛选步骤，DNA的快速提取，核酸分子变温及等温扩增快速检测技术的原理与应用实例，从而较全面地阐述核酸分子快速检测技术在食品安全中的作用。

## 第一节　核酸分子快速检测技术概述

核酸是脱氧核糖核酸（DNA）和核糖核酸（RNA）的总称，是由许多核苷酸单体聚合成的生物大分子化合物，为生命的最基本物质之一。在食品安全快速检测中，核酸由于易于获得，可体外合成，特异性好，检测成本低，灵敏度高，常作为检测的靶标物质。

### 一、基因及其结构

基因是产生一条多肽链或功能 RNA 所需的全部核苷酸序列。基因支持着生命的基本构造和性能，是控制生物性状的基本遗传单位，其化学本质是 DNA，极少数生物体的遗传物质是 RNA，朊病毒的遗传物质是蛋白质。

1953 年，沃森（Watson）和克里克（Crick）提出并建立 DNA 双螺旋结构模型，揭示了生物界遗传性状的奥秘。"基因"为 DNA 双螺旋分子中含有特定遗传信息的一段核苷酸序列。基因的功能通过 DNA 结构中所蕴含的两部分信息完成：一是可以表达为蛋白质或功能 RNA 的可转录序列，又称结构基因（structural gene）；二是为表达这些基本结构（合成 RNA）所需要的启动子、增强子等调控序列（regulatory sequence）（图 5.1）。

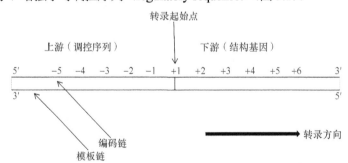

图 5.1　行使基因功能的基本结构（李刚等，2018）

**1. 原核生物的基因结构**

原核生物的基因（图 5.2）是由编码区和非编码区两部分组成的。原核生物基因的编码信息是连续的，能转录为相应的 mRNA，进而指导蛋白质的合成，其结构基因中没有内含子，转录生成的 mRNA 无须被剪接加工而直接作为模板用于指导合成多肽链。原核生物基因的调控序列中主要包括启动子（promoter）和转录终止信号，某些基因中尚有可被转录调控蛋白质（阻遏蛋白或激活蛋白）识别和结合的调控元件。启动子一般位于转录起始点的上游，不被转录，仅提供转录起始信号；启动子具有方向性和序列保守性，不同基因的启动子具有共有序列（consensus sequence）。除启动子元件外，某些原核生物基因的调控序列中尚存在正性调控元件，如正性调控蛋白质结合位点，以及负性调控元件，如操纵基因（operator，O）。正性调控蛋白质可识别并结合正性调控元件而加快转录的启动；阻遏蛋白（repressor）则识别并结合操纵基因，经阻止 RNA 聚合酶结合或移动而抑制转录的起始。

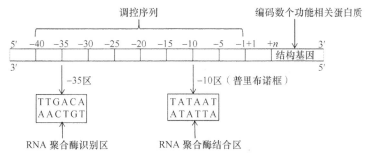

图 5.2　原核生物基因的基本结构（李刚等，2018）

### 2. 真核生物的基因结构

真核生物的基因（图 5.3）也包括编码区和非编码区。编码区是间隔的、不连续的，因此，真核基因也称作断裂基因（split gene），分为能编码蛋白质的外显子和不能编码蛋白质的内含子，且外显子被内含子隔开。真核生物基因的调控序列统称为顺式作用元件（cis-acting element），包括启动子、增强子、负性调节序列等。

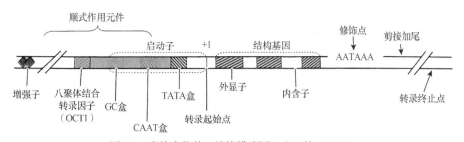

图 5.3　真核生物基因结构模式图（李刚等，2018）

启动子是位于结构基因上游的一段非编码序列，与转录起始密切相关。启动子序列包含其位于转录起始点上 25～30bp 处的核心元件 TATA 盒（TATA box）及其上游的 CAAT 盒和 GC 盒。

增强子（enhancer）可位于转录起始点上游或下游，甚至可位于本基因之外或某些内含子序列中，是真核生物基因中非常重要的调控序列。增强子是通过启动子来增强邻近结构基因转录效率的调控序列，其作用与所在的位置和方向基本无关，且无种属特异性，对异源性启动子也能发挥调节作用，但有明显的组织细胞特异性。增强子中含有多个能被反式作用因子识别并结合的顺式作用元件，反式作用因子与这些元件结合后能够增强邻近结构基因的转录效率。增强子主要通过改变邻近 DNA 模板的螺旋结构，使其两侧范围内染色质结构变得疏松，为 RNA 聚合酶和反式作用因子提供一个可与顺式作用元件相互作用的结构而发挥作用。

### 编码序列与外显子

编码序列能体现在成熟 mRNA 序列中，属于外显子。但是外显子与编码序列不等同，因为有些非编码序列也出现在 mRNA 序列中，如 mRNA 的 5′非翻译区（5′-UTR）和 3′非翻译区（3′-UTR）。内含子（intron）是指位于基因外显子之间的 DNA 序列，能体现在基因的初级转录产物中，在 mRNA 成熟过程中被去除。内含子的存在增加了基因表达调控的复杂性。

## 二、内标准基因

内标准基因是一段具有物种特异性、拷贝数恒定、不显示等位基因变异等特点的保守 DNA 序列。特定物种的内标准基因是该物种区别于其他物种的特异性标志之一。内标准基因的拷贝数最好是单拷贝，因为单拷贝基因突变率较低。对于拷贝数情况未知的内标准基因，只能用于定性 PCR 中判断检测体系是否正常及确定样品成分。内标准基因现已广泛应用在成分来源的鉴别、生物源掺伪判定、DNA 提取后的质量判定及定量 PCR 检测等方面。

### 转基因检测中的内标准基因

在转基因植物及其产品的 PCR 检测过程中，需要首先对该物种的内标准进行检测。在 PCR 检测时需要分析 PCR 体系工作的可靠性、制备的 DNA 样品是否适合于 PCR 反应，设立内标准基因作为实验的一个对照，以其 PCR 扩增体系正常与否来判断制备的样品 DNA 质量是否适合于进行 PCR 检测分析。此外内标准基因对于转基因定量检测起着决定性的作用。在定量检测中，需要通过分别扩增外源目的基因和内标准基因，来获得外源目的基因和样品基因组 DNA 的质量或拷贝数，从而计算出样品的转基因含量。

开发一个新的内标准基因时，应该首先通过 BlastN 分析在 GeneBank 中寻找物种特异性强、序列完整和拷贝数稳定的基因。然后在候选基因的外显子区域设计引物，定性引物的扩增片段在 200bp 以内，定量引物的扩增片段在 70~150bp。再通过 PCR 验证引物的物种特异性，最后选择特异性好、灵敏度高的引物组合作为研究对象。

### 引物二聚体及其减少方法

引物和引物间的相互作用会导致非特异产物的产生，即引物二聚体。PCR 反应中引物是高浓度存在的，引物之间会有微弱的相互作用。引物二聚体被认为是每个引物以其他引物为模板，碱基互补配对并延伸而产生的，即在引物的 3′端只存在一个核苷酸互补。引物二聚体在 30 个循环之后就会产生。有研究表明即使引物的 3′端不存在互补的核苷酸，引物二聚体也会在 40 个循环之后产生。因此引物二聚体的存在会影响 PCR 反应的灵敏度，提高 PCR 的灵敏度就要减少引物二聚体。减少引物二聚体的方法有，在引物设计的时候需要考虑其长度、GC 含量等参数，利用计算机算法筛除可以碱基配对并延伸形成引物二聚体的引物组；优化 PCR 反应的组分，如引物、脱氧核苷三磷酸（dNTP）、$MgCl_2$、PCR 缓冲液，以及 DNA 聚合酶的用量，适当提高退火温度；使用热启动的方式阻止反应成分在达到退火温度之前开始扩增；使用各种添加剂，如二甲亚砜、四亚甲基砜、甜菜碱、氯化四甲基铵、甲酰胺及其衍生物。虽然这些方法在不同程度上可以起到减少引物二聚体的作用，但是它们都有一个重要的缺陷，一旦引物的二聚体形成，就无法阻止引物二聚体的扩增。双启动寡核苷酸技术（DPO）和同源加尾无二聚体系统（HAND）能够阻止引物二聚体的扩增。

# 第二节　DNA 的快速提取

随着现代分子生物学技术高速发展，以 DNA 扩增、DNA 杂交和 DNA 测序为代表的分子检测技术在许多领域中发挥着越来越重要的作用。然而，所有分子生物学实验的开展首要解决的问题是如何从体系复杂的生物样本中高效提取高质量的基因组 DNA，基因组 DNA 的质量将直接影响后续分子生物学实验的成败。

## 一、DNA 提取的基本原理及步骤

1958 年，梅塞尔松（Meselson）和斯塔尔（Stahl）发明了实验室提取 DNA 方法的雏形——采用密度梯度离心的策略提取 DNA。由于 DNA 的完整性和质量都将会直接影响后续的实验研究，因此，位于科学研究上游的高质量 DNA 的获取方法显得尤为重要。

### （一）DNA 提取的原理

核酸是遗传物质，在生物体中核酸常与蛋白质结合在一起，以核蛋白的形式存在。在制备核酸时，通过研磨破坏细胞壁、细胞膜使核蛋白被释放出来。在 1.0～2.0mol/L 氯化钠溶液中，DNA 核蛋白的溶解度很大，RNA 核蛋白的溶解度很小；而在稀氯化钠溶液（小于 0.5mol/L）中，DNA 核蛋白的溶解度很小，RNA 核蛋白的溶解度很大。利用溶解度的差异，使用 1.0～2.0mol/L 氯化钠溶液将 RNA 核蛋白从样品中除去。分离得到 DNA 核蛋白后，需进一步将蛋白质等杂质除去。

常采用的去除蛋白质的方法有 3 种：①用十二烷基硫酸钠（sodium dodecyl sulfate，SDS）或十六烷基三甲基溴化铵（hexadecyl trimethyl ammonium bromide，CTAB）等去污剂破坏细胞膜，使更多的核蛋白被释放出来，同时使蛋白质变性，与核酸分离；②用含辛醇或异戊醇（4%）的氯仿振荡核蛋白溶液，使其乳化，氯仿混合物可使蛋白质变性，同时萃取大部分色素、酚等有机物质，然后离心除去变性的蛋白质，大部分有机物在氯仿中；③用苯酚处理，苯酚可使蛋白质变性，并萃取蛋白质和其他大部分有机物质，离心后 DNA 溶于上层水相，吸取上清注入 2 倍体积的 95%乙醇或无水乙醇中，可得到白色纤维状 DNA 沉淀。实际操作过程中通常采用其中两种方法结合去除蛋白质，一般采用①和②结合或①和③结合。为了彻底除去 DNA 制品中混杂的 RNA，可用 RNA 酶处理。生物材料中含有的脂肪物质和大部分的多糖在用盐溶液分离核蛋白和用乙醇或异丙醇分级沉淀时即被除去。

### （二）DNA 提取的方法

目前，从生物样品中获得高质量 DNA 的大多数方法一般包括以下三个步骤：①对生物样品或细胞进行裂解，使 DNA 释放；②将 DNA 从裂解溶液中的组织或细胞碎片中分离；

③纯化浓缩 DNA，去除蛋白质、糖类、酚类、脂类等污染物。以下介绍几种常用的 DNA 提取方法和步骤。

### 核酸提取方法的发现及发展

1869 年，瑞士医师弗里德里希·米歇尔（Friedrich Miescher）首次成功地进行了核酸提取。起初，他关注于组成白细胞的各种蛋白质，并指出蛋白质是细胞质的主要成分。但在随后的测试试验中发现，当加入酸性溶液时溶液中生成一种沉淀物，再加入碱性溶液时沉淀继而溶解消失。Miescher 成功从细胞中提取出 DNA 后，一些研究者纷纷效仿，并在材料、试剂的应用上进行了不断的探索，由此发展了许多核酸的生物分子提取技术。现如今，从硫氰酸胍盐-苯酚-氯仿提取法到柱纯化技术，已被广泛地用于 DNA 和 RNA 的提取。

### 1. CTAB 提取法

CTAB 提取方法是目前公认的从植物中获取高质量 DNA 的一种标准方法。CTAB 是一种阳离子去污剂，可以溶解植物膜细胞并与释放出来的 DNA 相结合。在高温（55～65℃）的条件下，当提取液中的氯化钠浓度高于 0.7mol/L 时，CTAB 还会与蛋白质和多聚糖形成不溶性复合物而沉淀下来。在该浓度下，CTAB 与 DNA 所形成的聚合物不会发生沉淀，而是继续溶解在溶液当中。接着依次加入氯仿和异丙醇以去除溶液中残留的蛋白质、酚类和多糖并将 DNA 沉淀出来。然后用 70%乙醇对所得到的 DNA 进行洗涤，去除残留的有机溶剂和盐离子。经过干燥后，将纯化的 DNA 重新溶解并储存在 TE 缓冲液（10.0mmol/L Tris-HCl、1.0mmol/L EDTA、pH 8.0）中。

### 2. SDS 提取法

SDS 能够在高温（55～65℃）条件下对细胞进行裂解，通过对蛋白质次级键的破坏使蛋白质发生变性，并结合多糖、蛋白质形成复合物，从而将基因组 DNA 释放出来。接着加入高浓度的乙酸钾，混匀并且冰浴。在冰浴的过程中，钾离子会置换 SDS 中的钠离子而形成溶解度很小的 SDS-蛋白质、多糖复合物。通过离心将 SDS 所包裹的蛋白质、多糖及细胞碎片一起清除。最后，往上清液中依次加入氯仿去除蛋白质，加入异丙醇沉淀纯化水相中的 DNA，用 70%乙醇对 DNA 进行清洗。待 DNA 干燥后，加入 TE 缓冲液重悬溶解 DNA。SDS 试剂常常和蛋白酶 K 一起搭配使用，大大提高了 DNA 的提取效率。

### 3. PVP 提取法

为了从含有较多的多酚及多糖的生物材料中提取 DNA，金（Kim）等首次提出了 PVP 提取法。在 DNA 提取过程中，氧化状态下的多酚即醌类物质会与 DNA 以共价键的形式结合，此时呈现褐色的 DNA 将不能用于下游的分子实验。聚乙烯吡咯烷酮（polyvinyl pyrrolidone，PVP）是一种高分子合成树脂，它能够吸附多酚类物质从而有效地阻止多酚与 DNA 的结合。PVP 还能有效地去除多糖。

### 4. 尿素提取法

尿素具有使蛋白质变性，使其丧失与 DNA 结合的能力，从而促进了 DNA 与蛋白质之间的分离。在尿素提取液中对植物组织进行研磨，通过苯酚或氯仿对匀浆溶液中的蛋白质进行抽提，分离上清液并加入异丙醇对 DNA 进行沉淀。通过 70%乙醇对 DNA 进行清洗，最后将干燥后的 DNA 溶解并且储存于 TE 缓冲溶液中。由于尿素提取法操作比较温和，不需要高温处理，不易导致 DNA 的变性降解。此外，尿素提取法也适用于真菌 DNA 的提取。

**5. 高盐低 pH 提取法**

由于 RNA 在高浓度的盐溶液中溶解度很小而 DNA 的溶解度很大，故二者能在高盐溶液中相互分离。低 pH（一般为 5.5）为防止酚类物质电离化和进一步的氧化提供了条件。同时，提取液中的成分也非常重要。例如，PVP 能够吸附酚类物质以防止 DNA 被褐化；SDS 能够在后面加入的高浓度钾离子的帮助下和蛋白质及多糖一起沉淀下来。随后，依次通过异丙醇和 70% 乙醇对 DNA 进行沉淀和清洗，待 DNA 干燥后，用 TE 缓冲液进行溶解和储存。此方法不使用或更少使用酚、氯仿等有毒的有机试剂，不仅有效保护 DNA 防止变性降解，而且对环境安全和人体健康也是友好的。

若组织细胞中含较多的多糖或其他次生代谢产物，如酚、酯、萜等，提取高纯度的 DNA 就相对比较困难，因此，需要对提取的核酸进行进一步纯化处理。现在市场上有许多商品化的核酸固相提取纯化试剂盒，与常规方法相比它能快速有效地提纯核酸。

此方法常用的固相基质有二氧化硅基质，磁珠和阴离子交换介质，其四个关键步骤是：细胞裂解、核酸吸附、洗涤和洗脱。首先，加入裂解液裂解细胞；其次，用特别的 pH 缓冲液调节柱子 pH，改变其表面或官能团，使其成为特殊的化学形式以吸附核酸；再次，用洗涤缓冲液洗涤以除去蛋白质等杂质；最后，用 TE 缓冲液或水洗脱柱子上的目的核酸，收集纯化的核酸。通常情况下，提取过程的洗涤和洗脱步骤都需要用到快速离心、真空过滤等步骤，对仪器设备有一定的要求。

## 二、DNA 快速提取方法

以上 DNA 提取与纯化的方法和步骤由于提取时间过长和 DNA 提取成本过高的原因，不适用于低成本的大批量样品的快速 DNA 检测实验。因此，开发出快速有效的 DNA 制备方案非常有必要。近三十年来，涌现出不少的 DNA 快速制备方法，包括煮沸法、碱裂解法、碱性溶液研磨法及载体转移法。

**1. 煮沸法**

煮沸法的原理是借助高温对生物样品的细胞进行破坏并将 DNA 释放出来，然后通过冰浴使在高温中变性的 DNA 快速复性，最后通过常温离心去除杂质，上清液即可作为模板 DNA 用于 PCR 扩增反应。煮沸法仅仅在 30min 内就可以完成对模板 DNA 的制备。煮沸法中所采用的缓冲溶液成分简单，一般是采用 TE 缓冲液（10mmol/L Tris-HCl，1mmol/L EDTA，pH 8.0）作为基础提取液。根据待测样品的类型，往提取液中加入 SDS，表面活性剂 TrionX-100 或者非离子型去垢剂乙基苯基聚乙二醇（NP-40）均可以提高煮沸法制备模板 DNA 的效率。

**2. 碱裂解法**

碱裂解法是在煮沸法的基础上往 TE 缓冲液中加入了强碱氢氧化钠。氢氧化钠能够破坏植物的细胞壁，煮沸法能破坏植物细胞，二者相结合能够有效地使植物细胞中的 DNA 裸露出来。蛋白质会在高温和强碱的双重作用下发生剧烈变性。随后加入 Tris-HCl 溶液中和碱液，三羟甲基氨基甲烷（trihydroxymethyl aminomethane，Tris）的离子活性将有助于 DNA 上的核蛋白与 DNA 分离。再次通过煮沸及离心去除杂质的步骤，取上清液即可作为模板 DNA 进行 PCR 扩增。

## 煮沸法进行 DNA 制备

煮沸法不单单局限于使用沸水，在没有沸水的情况下，也可以使用微波炉对待测样品的细胞进行破坏，但是 DNA 制备的效果没有使用沸水好。虽然煮沸法会导致基因断裂成不同长度的 DNA 片段，但是仍可以用于长度大于 1kb 的基因片段的扩增。史蒂文（Steven）等发现使用优化的 DNA 聚合酶还可以显著提高由煮沸法得到的 DNA 的扩增效果，可至少产生 1.35kb 的 PCR 扩增产物。煮沸法的缺陷主要是不能对细胞进行充分的裂解，导致 DNA 释放不完全，只能得到少量的 DNA。因此，由煮沸法得到的模板 DNA 在 PCR 反应中常需要高达 45 个扩增循环数。

### 3. 碱性溶液研磨法

碱性溶液研磨法的工作原理是对所挑取的少量幼嫩的植物组织，通过碱液对其细胞壁的破坏作用和研磨器械对细胞膜的裂解作用得到 DNA 粗提物，之后通过 pH 8 的 Tris-HCl 溶液对粗提 DNA 的 pH 进行调节并对粗提 DNA 中的杂质进行适当的稀释，就可以获得具有扩增能力的 DNA，整个过程不需要进行离心或加热的操作。

### 4. 载体转移法

该方法主要是借助具有吸附 DNA 能力的材料对生物样品或经过研磨的生物样品的 DNA 进行快速获取，随后通过洗脱液将核酸吸附材料上的 DNA 直接洗脱下来用于 PCR 反应或将经过杂质清洗液清洗的核酸吸附材料直接用于后续的核酸扩增反应。通过载体转移法制备 DNA 的速度非常快，制备时间常在 1min 以内，且不需要额外的加热离心等处理。经过碱处理的尼龙膜具有吸附生物样品 DNA 的能力。通过清洗液清洗残留在尼龙膜上的杂质后，吸附了 DNA 的尼龙膜可以直接用于 PCR 反应，也可以经干燥后储存起来。尼龙膜被广泛地应用于植物组织、细菌或真菌材料的 DNA 提取和储存。除尼龙膜之外，纤维素滤纸、脱脂棉签、聚乙烯醇材料等载体，也被开发用于 DNA 的快速提取。以上 DNA 的制备脱离了仪器设备的束缚，极大地促进了现场核酸快速检测。

## 三、DNA 免提取技术

DNA 免提取技术也称直接扩增技术或直接 PCR 技术，是将样本不经 DNA 提取或其他前处理步骤而直接加入 PCR 反应体系并获得扩增产物的操作。

在医学及食品等检测领域应用过程中，传统的 PCR 检测步骤包括采样、核酸提取、PCR 检测及 PCR 产物分析，过程烦琐，耗时长。直接 PCR 技术是在传统 PCR 技术的基础上，通过去掉核酸提取步骤，直接扩增待检测样本而建立起来的。相对于传统 PCR 技术，直接 PCR 技术可降低检测成本，缩短检测时间，提高检测通量，大大减轻了实验人员的负担。此外，还可以避免核酸提取过程中可能造成的核酸损失及交叉污染等问题，提高检测的准确性。

直接 PCR 检测是否成功，主要受直接 PCR 反应体系中 PCR 增强剂、PCR 抑制剂、模板 DNA 及耐热 DNA 聚合酶性能等因素影响。

### 1. PCR 增强剂

PCR 增强剂是提高 PCR 扩增成功率所添加到 PCR 反应体系的有机物或无机物。常见的

PCR 增强剂包括：1, 2-丙二醇、二甲基亚砜（DMSO）、甜菜碱、甲酰胺、聚乙二醇（PEG）、单链 DNA 结合蛋白、双链 DNA 结合蛋白、纳米金、海藻糖、明胶、RecA 蛋白、乙基苯基聚乙二醇（NP-40）、吐温 20、硫酸铵、牛血清白蛋白（BSA）、PVP、gp32 蛋白等。

**2. PCR 抑制剂**

与传统的 PCR 检测相比，直接 PCR 检测中的抑制剂浓度会更高。PCR 抑制剂是一类非特定的化学物质。一个特定的基质可能含有许多不同的抑制物质，在许多不同的基质中可以发现相同的抑制剂。按照抑制 PCR 的途径，PCR 抑制剂主要分为以下几种：①与模板核酸结合或改变核酸的化学性质，阻止 DNA 的延伸，如多酚类物质、腐殖酸、胶原蛋白、黑色素等；②与 DNA 聚合酶结合抑制其活性，如钙离子、胶原蛋白、血红素、IgG 抗体、黑色素、肌红蛋白等；③螯合金属离子，如 EDTA；④降低引物结合的特异性，如金属离子、清洁剂等。

**3. 模板 DNA**

模板 DNA 的含量直接影响着 PCR 反应结果，模板 DNA 含量过少可能导致 PCR 检测失败。如前文所述，核酸在细胞中总是与各种蛋白质结合在一起的。在直接 PCR 检测过程中，检测样本中所携带的蛋白质、多糖等物质可能会阻碍模板 DNA 与引物或 DNA 聚合酶的结合。因此，对于核酸释放较难的样本（如动物组织等），可以利用核酸释放剂处理后，再进行直接 PCR 扩增。常见的核酸释放剂成分包括 SDS、NaOH、蛋白酶 K 等。值得指出的是，大多数释放剂成分也是常见的 PCR 抑制剂。

**4. 耐热 DNA 聚合酶**

耐热 DNA 聚合酶是 PCR 反应体系的核心组分，其性能决定了 PCR 检测的灵敏度、特异性及扩增成功率。当前发现的耐热 DNA 聚合酶均属于 A 群或 B 群。A 群均来自真细菌，如 *Taq*（*Thermus aquaticus*）、*Tth*（*Thermus themmophilus*）、*Tfl*（*Thermus flavus*）及 *Tfi*（*Thermus filfomis*），B 群的耐热 DNA 聚合酶均来自古菌，常见的包括 *Pfu*（*Pyrococcus furiosus*）、*KOD*（*Thermococcus kodakaraensis*）及 *Tgo*（*Thermococcus gorgonarius*）等。其中来自 A 群的 *Taq* DNA 聚合酶是最先被发现并应用于 PCR 的耐热 DNA 聚合酶，也是目前应用最为广泛的耐热 DNA 聚合酶。因此，高效 *Taq* DNA 聚合酶的获得对于直接 PCR 技术的改进及应用拓展具有重要现实意义。

# 第三节　核酸分子变温扩增快速检测

随着现代科学技术的发展，越来越多的现代科学技术开始应用到市食品检测领域。核酸分子是生物体发育和正常运作必不可少的生物大分子。随着人们对生活质量要求的提高，PCR 技术等先进核酸分子检测技术在食品检测领域也得到广泛应用。本节将介绍核酸分子快速检测的典型技术与应用。

20 世纪 60 年代末 70 年代初人们开始致力于研究基因的体外分离技术，科拉纳（Korana）于 1971 年最早提出核酸体外扩增的设想。直到 1983 年，凯利・穆利斯（Kary Mullis）发明了聚合酶链式反应（polymerase chain reaction，PCR）。20 多年来，PCR 技术在高效和高保真方面都得到了全面的发展和完善，后来还出现了实时 PCR（real-time PCR）和数字 PCR 等。PCR 相关技术无疑给分子生物学带来了革命，它使扩增和克隆基因成为常规操作程序，也为

DNA 的定量、医疗诊断、DNA 鉴定、亲子和亲缘关系的鉴定成为可能。

## 一、聚合酶链式反应

聚合酶链式反应（polymerase chain reaction，PCR）是分子生物学中广为应用的体外核酸分子扩增技术。PCR 使用两种主要试剂——引物（它们是短的单链 DNA 片段，称为寡核苷酸，是目标 DNA 区域的互补序列）和 DNA 聚合酶。几乎所有的 PCR 应用都使用耐热 DNA 聚合酶，如 *Taq* DNA 聚合酶，这种酶最初是从嗜热细菌水生栖热菌（*Thermus aquaticus*）中分离出来的。如果使用的聚合酶对热敏感，它会在变性步骤的高温下变性。

通常，PCR 由 20~40 次重复的温度变化组成，称为循环（cycle），每个循环通常由 2~3 个独立的温度步骤组成（图 5.4）。每个循环中通常是 3 个温度步骤，变性（denaturation）、退火（annealing）和延伸（extension）。在每个循环中使用的温度和时长取决于各种参数，包括用于 DNA 合成的酶、反应中二价离子和 dNTP 的浓度，以及引物的解链温度（$T_m$）。

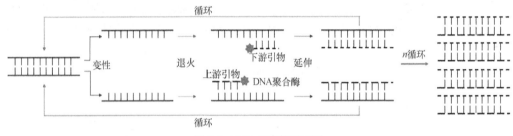

图 5.4　PCR 反应的原理图

### 核酸凝胶电泳

PCR 产物常通过核酸凝胶电泳的方法对产物进行验证。根据凝胶的类型，核酸电泳分为琼脂糖凝胶电泳或聚丙烯酰胺凝胶电泳。浓度不同的琼脂糖和聚丙烯酰胺可形成分子筛网孔大小不同的凝胶，可用于分离不同分子量的核酸片段。

琼脂糖是从海藻中提取出来的一种线状高聚物。将琼脂糖在所需缓冲液中加热熔化成清澈、透明的溶胶，然后倒入胶模中，凝固后将形成一种固体基质，其密度取决于琼脂糖的浓度。将凝胶置电场中，在中性 pH 下带电荷的核酸通过凝胶网孔向阳极迁移，迁移速率受到核酸的分子大小、构象、琼脂糖浓度、电压、电场、电泳缓冲液、嵌入染料的量等因素影响。在不同条件下电泳适当时间后，大小、构象不同的核酸片段将处在凝胶不同位置上，从而达到分离的目的。琼脂糖凝胶的分离范围较广，用各种浓度的琼脂糖凝胶可分离长度为 200bp 至 50kb 的 DNA。

聚丙烯酰胺凝胶通过丙烯酰胺单体、链聚合催化剂 *N*,*N*,*N*',*N*'-四甲基乙二胺（TEMED）和过硫酸铵及交联剂 *N*,*N*'-亚甲基双丙烯酰胺之间的化学反应而形成。丙烯酰胺单体在催化剂作用下产生聚合反应形成长链，长链经交联剂作用交叉连接形成凝胶，其孔径由链长和交联度决定。链长取决于丙烯酰胺的浓度，调节丙烯酰胺和交联剂的浓度比例，可改变聚合物的交联度。聚丙烯酰胺凝胶电泳可根据电泳样品的电荷、分子大小及形状的差别达到分离目的，兼具分子筛和静电效应，分辨力高于琼脂糖凝胶电泳。

在食品检测体系中，通过应用 PCR 技术，能够在很大程度上提高检测效率，能够将检测时间压缩到 1d 以内。目前 PCR 技术已经广泛应用于食源性致病菌检测、转基因食品检测、食品真实性检测等方面。

## 二、实时荧光定量 PCR

实时荧光定量聚合酶链式反应（real-time fluorescence quantitative PCR），或称为定量 PCR（quantitative PCR，qPCR）是一种基于聚合酶链式反应（PCR）的分子生物学实验室技术。其在 PCR 过程中引入了一种荧光化学物质，随着 PCR 反应的进行，产物不断增加，荧光信号强度也等比例增加，每经过一个循环收集到一个荧光强度信号，根据荧光强度的变化来监测产物量的变化从而得到一条荧光扩增曲线，实现对起始模板定量及定性分析。扩增曲线一般分为停滞期、指数增长期和饱和期，由于只有指数增长期的扩增曲线是存在线性关系的，所以选择在这一时期进行分析，它可以在 PCR 期间实时监测目标 DNA 分子的扩增，而不是像常规 PCR 那样在其结束时检测和验证。实时荧光定量 PCR 可用于定量（定量实时 PCR）和半定量（半定量实时 PCR，即高于或低于一定量的参照 DNA 分子）监测。

实时荧光定量 PCR 的步骤与 PCR 类似，但在每一轮循环后，实时荧光定量 PCR 仪能够用至少一个特定波长的光束照射每个样品，检测并记录被激发的荧光基团发出的荧光信号强度。根据不同类型荧光基团的特点，实时荧光定量 PCR 可以分为非特异性检测和特异性检测（图 5.5）。

非特异性检测：使用双链 DNA 荧光结合染料作为报告基因。DNA 结合染料可以与 PCR 中的所有双链 DNA 结合，从而提高染料的荧光量子产率。因此，PCR 期间 DNA 产物的增加会使得每个循环中测量的荧光强度增加。然而，双链 DNA 染料会与所有双链 DNA 产物结合，包括非特异性 PCR 产物。这可能会干扰或阻止对预期目标序列的准确监测。

特异性检测：使用荧光报告探针，常见的包括 TaqMan 探针和分子信标（molecular beacon）探针，它们仅检测含有与探针有互补序列的 DNA。因此，报告探针的使用显著提高了特异性，在存在其他双链 DNA 的情况下也能够运用该技术。此外，使用不同颜色的标记，荧光探针可用于多重检测，以监测同一反应中的多个目标序列。

### 逆转录 PCR 与实时荧光定量 PCR

由于英文名称的缩写有所冲突，在实时荧光定量 PCR 操作指南［"The minimum information for publication of quantitative real-time PCR experiments（MIQE）guidelines"］中建议，首字母缩略词"RT-PCR"通常表示逆转录 PCR，而不是实时荧光定量 PCR。

具体的，缩写 qPCR 用于指代实时荧光定量 PCR（real-time fluorescence quantitative PCR）；RT-PCR 用于指代逆转录 PCR（reverse transcription PCR）；RT-qPCR 用于指代逆转录实时荧光定量 PCR（reverse transcription real-time fluorescence quantitative PCR）。

21 世纪以来，实时荧光定量 PCR 技术逐渐开始应用于检测食品中致病菌、掺杂掺假、过敏原、寄生虫、抗性基因、可食用昆虫等。目前，实时荧光定量 PCR 技术在食源性致病菌的检测方面应用最为广泛，相对其他方面更为成熟。然而实时荧光定量 PCR 技术还存在一些不足，比如：①设备成本高；②检测所需的引物和探针价格较高；③需要培训专业技术人员来操作；④样品中可能存在抑制 PCR 进程的物质；⑤某些染料可能会与体系中非特异性 DNA 结合。但是实时荧光定量 PCR 技术在快速检测领域仍具有很大优势。

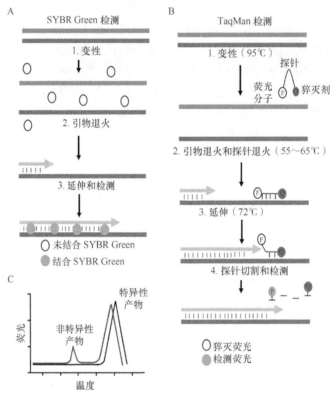

图 5.5　两种实时荧光定量 PCR 反应原理（Adams，2020）

A. 染料法；B. 探针法；C. 产物的溶解曲线

## 三、逆转录 PCR 和逆转录实时荧光定量 PCR

逆转录 PCR（reverse transcription PCR，RT-PCR），是 PCR 的一种广泛应用的变形。在 RT-PCR 中，一条 RNA 链被逆转录成为互补 DNA（cDNA），再以此为模板通过 PCR 进行 DNA 复制。逆转录 PCR 多用于检测 RNA 病毒，如新型冠状病毒、口蹄疫病毒、禽流感病毒、牛星状病毒等。

使用 RT-PCR 对 RNA 进行定量可以通过一步或两步反应来实现。两种方法之间的区别在于执行程序时使用的步骤数。两步法反应要求逆转录酶反应和 PCR 扩增在不同的试管中进行。两步法的缺点是由于更频繁的样品处理而容易受到污染。一步法则要求从 cDNA 的合成到 PCR 扩增的整个反应在一个试管中进行，降低了样品被污染的风险。然而，据报道，与两步法相比，一步法的准确度较低。

RT-PCR 也可以通过引入荧光基团来进行实时监测，称为逆转录实时荧光定量 PCR（RT-qPCR）（图 5.6）。

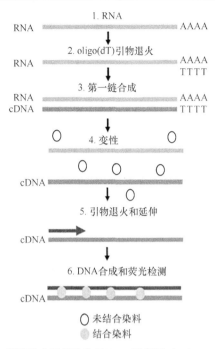

图 5.6 逆转录实时荧光定量 PCR 原理图（Adams，2020）

## 四、数字 PCR

数字 PCR（digital PCR，dPCR）（图 5.7），是继 qPCR 之后发展的高灵敏核酸绝对定量分析技术。相较于传统 qPCR 来说，数字 PCR 对结果的判定不依赖于扩增曲线循环阈值（Ct值），不受扩增效率的影响，能够直接读出 DNA 的分子个数，能够对起始样本核酸分子绝对定量。

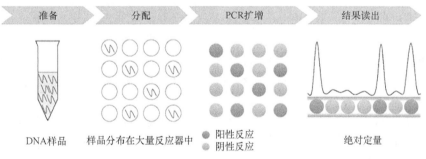

图 5.7 数字 PCR 流程原理图（李慧调等，2020）

数字 PCR 的原理是将反应体系分散成数万个小舱室，每个舱室独立完成 PCR 获得独立的信号，最后根据泊松分布计算检测目标的浓度。数字 PCR 检测及分析原理在 20 世纪 90 年代就被提出来了，但是无奈受限于当时的技术条件，样本稀释及分配都是靠手工来完成的，受到很多因素的干扰和限制；并且结果分析对于研究者来说也十分枯燥与烦琐，因此在很长一段时间 dPCR 发展停滞不前。后来由于微流控技术与微纳集成制造工艺的发展解决了 dPCR 过程中的几个关键技术问题，推动了 dPCR 的研究与商业化的发展。

作为新一代的 PCR 技术，与常规 PCR 方法相比，数字 PCR 有如下优势。

（1）能够绝对定量：定量 PCR 定量需要制定已知拷贝数的标准 DNA 曲线，但是由于待检样本与标准曲线不在统一体系，条件上会存在差异，另外加上 PCR 扩增效率的差异从而影响定量结果的准确性。而数字 PCR 不受标准曲线和扩增动力学影响，可进行绝对定量。

（2）样本需求量低：适用于珍贵样本或核酸降解严重的样本。

（3）灵敏度高：数字 PCR 是将传统 PCR 反应体系分割成数万个独立 PCR 反应，这些反应可以精确地检测很小的目的片段差异、单拷贝甚至低浓度的混杂样本。

（4）高耐受性：由于目的序列被分配到多个独立反应体系中，显著降低了背景信号和抑制物对反应的干扰，扩增基质效应大大减小。

目前，这项技术已被广泛应用于单细胞基因分析、肿瘤研究、产前诊断、病毒微生物分析、食品安全和环境检测、测序结果验证及基因编辑等领域。无须依赖标准曲线绝对定量，以及对低含量核酸样品检测的高准确度使数字 PCR 技术在食品安全检测领域具有十分广阔的应用前景，尤其在转基因、动植物源和微生物检测方面，较 qPCR 具有更高灵敏度并对抑制成分有更高的抗干扰能力。但与此同时，数字 PCR 也存在缺点，如成本高、通量有限、操作烦琐及系统的复杂性等，这些都阻碍了它的商业化发展。

## 五、多重 PCR

多重 PCR（multiplex polymerase chain reaction，MPCR）于 1988 年由张伯伦（Chamberlain）等研究人员提出，实现了迪谢内肌营养不良（Duchenne muscular dystrophy）基因外显子缺失的检测，目前多重 PCR 技术已广泛应用于医学、食品科学等领域，成为核酸分子检测的一项重要技术工具。

多重 PCR 技术又称多重引物 PCR 或复合 PCR 技术，是一种建立在常规 PCR 技术基础上，并进行改进的新型 PCR 技术。不同于常规 PCR 的单一引物扩增，在多重 PCR 体系中同时加入多对引物进行多目标 DNA 片段扩增，由于目标片段大小不同，经由多重 PCR 扩增后，凝胶成像即可直接进行分析。该方法相比常规 PCR 方法，因其在同一体系中同时进行多目标 DNA 片段的扩增，从而达到节约模板 DNA、节省时间和成本的优势。

多重 PCR 技术具有高效性：在同一反应体系、反应时间内可以同时检测多种病原菌或目标基因；系统性：对于同一食品或症状相同的病原菌可以进行同时检测；经济简便性：由于在同一体系内同时反应，可大大节约检测时间及检测试剂。

在食品安全检测领域中，多重 PCR 主要被应用于食源性致病菌的检测中。在同一体系中加入不同致病微生物目标片段的引物，即可完成在一次反应中多个目标片段的同时扩增，实现对一个致病菌的多个基因检测及多个致病菌的同时检测。目前已成功实现沙门菌的三种致病基因，A、B、C、D 四种金黄色葡萄球菌，鲜切果蔬中单核细胞性李斯特菌、鼠伤寒沙门菌、金黄色葡萄球菌和大肠杆菌 O157∶H7 的同时检测。此外，多重 PCR 技术还可应用于食品成分检测，在肉类掺假、动植物源性成分检测，甚至转基因成分检测上都显示出优异的检测效果。通过特异性引物的设计，能够实现普通牛肉和牦牛肉的混合检测，通过启动子、终止子和目的基因的扩增，能够实现多个转基因品系的同时检测。

# 第四节 核酸分子等温扩增快速检测

PCR 是分子生物学检测中广泛应用的一项技术，但传统的 PCR 反应需要经历高温变性、退火结合和延伸三个温度梯度，需要热循环仪器，这就给实际检验工作者快速检测造成了很大不便。等温扩增技术作为解决这一问题最直接的方案，已经取得了很大的应用突破。等温扩增（isothermal amplification），即 DNA 扩增反应保持一个反应温度不变，这种反应条件可以实现一个加热仪器完成扩增检测的要求。目前研究较为广泛的等温扩增技术主要有环介导等温扩增（loop mediated isothermal amplification，LAMP）、重组酶聚合酶扩增（recombinase polymerase amplification，RPA）、滚环扩增（rolling circle amplification，RCA）等。

## 一、环介导等温扩增技术

环介导等温扩增（loop mediated isothermal amplification，LAMP）是一种新型的等温扩增模式，2000 年由诺多米（Notomi）等开发。LAMP 方法依赖 4～6 条引物，在具有链置换活性的 DNA 聚合酶（*Bst* DNA polymerase，large fragment）的作用下完成扩增，整个扩增反应可在恒温条件（65℃ 左右）下完成。4～6 条引物的存在使得本方法具有较高的特异性，同时具有很高的扩增效率。该方法应用成本相对较低，借助一个水浴锅即可完成核酸扩增，可在现场实现准确快速灵敏的检测，是最有希望普及的核酸检测方法之一。

LAMP 方法在靶序列的 6 个区域设计 6 条引物：F1、F2、F3、B1、B2、B3，随后将其中的四条合并为两条：FIP，由 F1c 区段与 F2 区段组成；BIP，由 B1c 区段与 B2 区段组成。因此，引物是 LAMP 方法实现循环扩增的关键。双链 DNA 在 65℃ 左右时处于动态平衡状态，这时任何一个引物与双链 DNA 互补部分进行碱基配对延伸时，另一条链就会变成单链。因此，环介导等温扩增法不需要像 PCR 法一样必须从双链 DNA 变性成单链 DNA 才可进行反应。具体原理见图 5.8。

（1）正向内引物 FIP 的 F2 区段和目的序列上的 F2c 退火，以 F2 区段的 3'端为起点，在 *Bst* DNA 聚合酶的作用下，合成模板 DNA 的互补链（图 5.8A、B 和 C）。

（2）正向外引物 F3 与 FIP 外侧的 F3c 序列互补，以 F3 的 3'端为起点，通过 *Bst* DNA 聚合酶的作用，一边将 FIP 新合成的 DNA 链置剥离，一边合成新的 DNA 链，如此向前延伸（图 5.8D）。

（3）由引物 F3 合成的 DNA 新链将引物 FIP 合成的 DNA 链置换，并与模板 DNA 形成双链，从而形成一条单链，这条单链的 5'端含有互补的 F1c 和 F1 区段，会发生自身的碱基互补配对，形成环状结构（图 5.8E）。

（4）同时，反向内引物 BIP 与单链进行碱基配对，以引物 BIP 的 3'端为起点，合成互补的 DNA 链，并将环状结构打开延伸成直线结构，接着反向外引物 B3 从引物 BIP 外侧插入与靶序列进行碱基配对（图 5.8E 和 F）。

（5）以 B3 的 3'端为起点，通过 *Bst* DNA 聚合酶的作用，一边置换先前由引物 BIP 合成的 DNA 链，一边合成自身的 DNA 链，如此向前延伸。最终由引物 B3 合成的 DNA 链与模板链形成双链（图 5.8G，再次转至图 5.8C 并重复以上过程）。

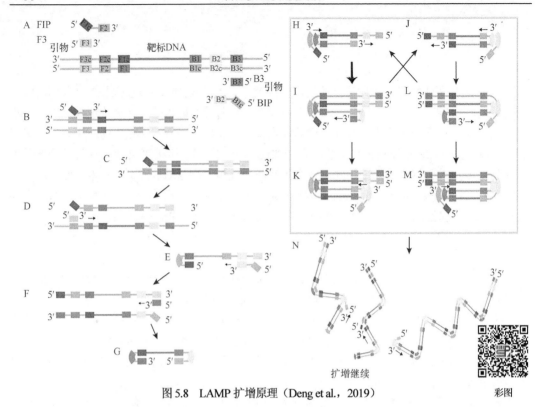

图 5.8　LAMP 扩增原理（Deng et al., 2019）　　　彩图

（6）由引物 B3 合成的 DNA 剥离出一条单链，这条单链的 3'端含有互补的 F1c 和 F1 区段，5'端含有互补的 B1c 和 B1 区段，所以以自身发生碱基互补配对，形成哑铃状结构。该哑铃状结构是环介导等温扩增法的扩增循环的起始结构（图 5.8G）。

（7）在哑铃状结构中，以 3'端的 F1 区段为起点，以自身为模板进行 DNA 合成延伸，5'端环状结构被剥离延伸。与此同时，3'端的 F2c 区段处于单链状态，引物 FIP 的 F2 区段与其进行碱基配对，以 F2 的 3'端为起点，启动新一轮链置换反应，一边将 F1 为起点合成的 DNA 链剥离，一边进行 DNA 延伸（图 5.8H）。

（8）由 F1 区段合成的 DNA 链被剥离成单链，该单链的 3'端存在 B1c 和 B1 互补序列，自身发生碱基互补配对形成环状结构，并以 B1 区段的 3'端为起点，以自身为模板，进行合成延伸。然后这条 DNA 一边剥离双链部分中 FIP 引物延伸得到的 DNA 链，一边继续延伸（图 5.8I、J 和 K）。

（9）FIP 引物延伸而得到的 DNA 链被剥离形成单链，其两端分别存在互补的 F1、F1c 区段和 B1、B1c 区段，自身发生碱基互补配对，形成哑铃状结构。此时形成的哑铃状结构和之前形成的哑铃状结构互补（图 5.8J）。

（10）以 B1 区段的 3'端为起点，以自身为模板进行 DNA 的合成延伸。与此同时，引物 BIP 的 B2 区段与环上单链 B2c 进行碱基配对，启动新一轮链置换反应，一边剥离 B1 区段延伸得到的 DNA 链，一边进行 DNA 合成延伸。经过相同的过程，又形成环状结构（图 5.8L、M 和 H）。

（11）引物一边对单链的区段进行碱基配对并剥离双链部分，一边进行 DNA 的合成延伸，结果在同一条链上互补序列周而复始形成大小不一的结构（图 5.8N）。

## LAMP 扩增产物的验证

核酸扩增产物可以通过琼脂糖凝胶电泳进行鉴定，但是 LAMP 是循环扩增，产物多样，故不能用对应目的基因长短的条带来判定产物是否存在。LAMP 扩增产物是大小不一的哑铃状 DNA 组成的混合物，因此，LAMP 的扩增产物在琼脂糖凝胶电泳结果呈现的是阶梯状条带。此外，琼脂糖凝胶电泳的操作烦琐、分辨率低、耗时长、存在有毒物质并且容易产生交叉污染。

在 LAMP 反应过程中，dNTP 中析出的焦磷酸根和镁离子结合产生焦磷酸镁白色沉淀，可以通过肉眼判断扩增反应。普通的 PCR 反应中也有焦磷酸根的产生，但是含量比较小，几乎不可能通过沉淀进行产物检测。所以，焦磷酸镁白色沉淀是 LAMP 反应的标志性产物，但由于视觉误差的存在，导致结果判定存在一定的误差。鉴于此，日本荣研研制出浊度仪，用于 LAMP 产物的检测。同时还有实时监控浊度仪，可以实现对 LAMP 全程监控，从而实现 LAMP 定量检测。但是浊度仪的稳定性和重现性较差，在定量检测方面还需进一步改进。

为实现快速准确地验证，核酸染料被用于产物鉴定，原理是利用染料与双链 DNA 结合从而发生颜色变化。最常用的染料有 SYBR Green Ⅰ、羟基萘酚蓝（HNB）及钙黄绿素。SYBR Green Ⅰ 染料与双链 DNA 的小沟嵌合后，发出的荧光比之前强 800～1000 倍，同时颜色会由橙色变成绿色。羟基萘酚蓝（hydroxy naphthol blue，HNB）是一种新型的核酸染料，可以加入反应体系中并不抑制反应，出现阳性扩增时，溶液颜色由紫罗兰色变为天蓝色，具有较高的灵敏度。在反应体系中添加钙黄绿素，染料中的锰离子在反应过程中被镁离子替代，从而激发出荧光，使得溶液颜色从绿色变化成黄色。

LAMP 技术的优点是高特异性、扩增速度快及简单方便的操作和结果验证。主要原因表现在：针对靶基因 6 个独立区域设计引物保证了该方法的高特异性，加入逆转录酶还可以直接应用 RNA 序列设计对应引物，从而实现从 RNA 到 DNA 的扩增（RT-LAMP）。同时，LAMP 能够在 1h 之内产生 $10^9$～$10^{10}$ 倍的靶序列产物，相对于现有的扩增效率最高的 PCR 体系高了 100～1000 倍。如果体系中加入环引物，能够显著加快扩增速率，时间可缩短至 15～30min。相对于普通 PCR 近乎 2h 的反应时间，LAMP 30～60min 的反应时间避免了反复升降温度的烦琐操作过程。另外，在 LAMP 反应中，扩增和监测同时在指数生长期完成，而不是平台期，因此可以避免平台期出现的假阳性反应而造成的低灵敏度。

LAMP 技术在食品安全中检测食源性致病菌、产毒真菌、转基因成分鉴定、生物掺伪等的应用已经得到了广泛的关注与认可，整体检测时间能够控制在 1h 之内，并且能够通过核酸染料分析实现可视化检测。作为普及度最高的等温检测方法，LAMP 已经实现了科技成果向市场的转化，如美国食品和药物管理局（FDA）批准上市的试剂盒中就包括 LAMP 沙眼衣原体检测试剂盒与结核分枝杆菌 LAMP 检测试剂盒。但是不可避免的，LAMP 也存在缺陷。由于其基本原理是基于链置换和链取代两种过程，LAMP 的扩增片段长度一般在 200～300bp，限制了 LAMP 在扩增长片段 DNA 方面的应用；另外，由于其高灵敏度，操作过程中极易发生污染从而产生假阳性结果；LAMP 在产物的回收、鉴定、克隆和单链分离等方面也存在很大的操作障碍。

## 二、重组酶聚合酶扩增技术

重组酶聚合酶扩增（recombinase polymerase amplification，RPA）由位于英国剑桥的生物技术公司 TwistDx（前身为 ASM Scientific）开发，被称为是可以替代 PCR 的新型等温扩增技术。该方法参照了 T4 噬菌体 DNA 复制机理系统，该反应系统中除了需要一种常温下能工作的 DNA 聚合酶外，还包含噬菌体 UvsX 重组酶和单链 DNA 结合酶 gp32，目前某些实验中还会加入辅助 UvsX 重组酶的 UvsY 蛋白。

RPA 的反应原理为重组酶与引物结合形成的蛋白质-DNA 复合物，能在双链 DNA 中寻找同源序列。一旦引物定位了同源序列，就会发生链交换反应形成并启动 DNA 合成，对模板上的目标区域进行指数式扩增。被替换的 DNA 链与单链 DNA 结合蛋白（SSB）结合，防止进一步替换。在这个体系中，由两个相对的引物起始一个合成事件。具体步骤如下（图5.9）：第一，重组酶 UvsX 在辅助因子 UvsY 的协助下与寡核苷酸上下游引物形成酶-引物复合体；第二，复合体与同源靶序列结合，寻找并结合到靶序列的特异性结合位点；第三，重组酶-寡核苷酸引物复合体解开双链，SSB 与被替换掉的母链结合，防止进一步替换；第四，在链置换 DNA 聚合酶的协同作用下，开始特异性片段的扩增过程，30min 内就可以把靶序列扩增到 $10^{12}$ 数量级。

目前 RPA 的引物设计都是参考 TwistAmp 反应试剂盒中的引物筛选指南结合目标基因的特异性序列对引物进行初步设计和筛选，这一点不同于 PCR 及其他等温扩增技术。RPA 技术不依赖高低温循环来扩增靶序列，取而代之的是完全依靠一系列的酶来进行整个扩增过程。因此，酶系在 RPA 扩增反应中扮演着至关重要的角色。RPA 技术主要依赖于三种酶：能结合单链核酸（寡核苷酸引物）的重组酶、单链 DNA 结合蛋白（SSB）和链置换 DNA 聚合酶。

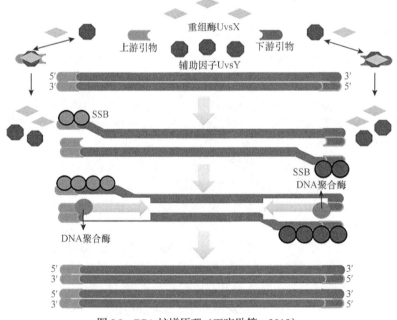

图5.9 RPA 扩增原理（王晓勋等，2018）

目前 RPA 技术被认为是最接近常温等温核酸扩增的技术,它彻底摆脱了对精密仪器的依赖,同时该技术具有反应时间短、操作简单、特异性好、灵敏度高的优越性,在食源性致病菌、转基因成分检测等领域显示出巨大潜力。与 PCR 相比,RPA 的引物和探针设计指南不太成熟,可能需要一定程度的反复试验。尽管最近的结果表明标准 PCR 引物也可以工作,但它们的引物长度短、重组率低,导致 RPA 不会特别敏感或快速,通常引物需要 30~38bp 才能保证较高的 RPA 性能。与常见的另一种等温扩增 LAMP 相比,后者需要使用大量引物,并受到额外的设计限制,因此 RPA 目前获得了广泛的应用。许多其他的扩增反应的反应混合物组成是免费公布的,研究人员可从许多供应商处购买不同的试剂,使用较低的成本完成检测,然而 RPA 技术已经被英国 TwistDx 公司申请专利,因此关于 RPA 的相关研究需要依托 TwistDx 研发的一系列试剂盒。

## 三、滚环扩增技术

滚环扩增(rolling circle amplification,RCA)建立于 1998 年,设想来源于自然界中环状病原体 DNA 分子的滚环复制方式,可利用两条引物在室温下实现扩增。RCA 技术具有高特异性、高灵敏度、高通量、多元性、简单易操作等优点,同时存在一定的缺陷,如锁式探针成本高和信号检测时有背景干扰。滚环等温扩增技术的基本原理是:设计一条与环状 DNA 序列互补的单一引物,体系中两者杂交互补后,引物 3′端在 Phi29 DNA 聚合酶的作用下发生延伸。RCA 的产物是大量串联的与模板 DNA 完全互补的重复序列,产物状态是链形单链。由于自身容易发生片段化,RCA 产物长度上长短不一,故而凝胶电泳图是泳道里一条弥散状条带。

传统的 RCA 扩增分线性 RCA 扩增和指数 RCA 扩增两种形式,两者主要区别就是前者是一条引物参与反应而后者是两条。线性 RCA 的原理(图 5.10A)即为 RCA 的基本扩增原理,其产物是大量长短不一的单链核酸。线性 RCA 只适用于环状核酸的扩增,如环状病毒、质粒和环状染色体等,长度限制在 200bp 以内。值得一提的是,线性 RCA 是产生与原始引物相连的单链扩增产物的唯一方法。指数 RCA(图 5.10B)的指数性扩增产物是通过第二条引物实现的,第二条引物的序列与环状 DNA 序列部分一致或者完全一致。在指数 RCA 循环中,此引物与第一次线性 RCA 产物结合并在 Phi29 DNA 聚合酶的作用下同样发生延伸,产物与第一条引物互补结合发生新的 RCA 循环,这样一来产物呈指数递增。随着技术的发展,RCA 又分化出多引物 RCA 和免疫 RCA。多引物 RCA 中添加了随机引物,在 Phi29 DNA 聚合酶的作用下产生多个复制叉,加快了反应速率并提高了产量,目前多用于长片段扩增。免疫 RCA 是在引物的 5′端标记抗体,抗原和抗体反应后,加入反应液和模板进行扩增,标有荧光素的探针与产物进行杂交,通过对荧光信号的检测鉴定结果。

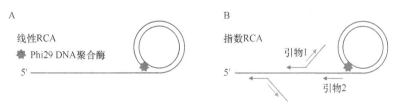

图 5.10 线性 RCA 扩增原理(A)和指数 RCA 扩增原理(B)

RCA 与其他核酸扩增方法相比有高灵敏度（$10^9$ 倍的扩增效率）、高特异性、多元性、高通量、简单易操作的优点。RCA 作为等温扩增，不需要热循环仪器，检测 RNA 时不需要对 RNA 进行逆转录。线性 RCA 用于核酸扩增时对靶核酸的结构要求较高，或者说是应用范围较窄，只能用于一些具有环状核酸的病毒、质粒和环状染色体等。但是在食品安全检测中，往往作为中间技术手段进行应用。例如，把靶标物数量的信号转换成核酸模式信号，再用 RCA 将核酸信号放大并转化为检测信号，进而构建生物传感器，实现了食源性致病菌、生物毒素、重金属和农兽药残留等危害因子的筛选或定量分析工作。

## 四、链置换技术

链置换扩增（strand displacement amplification，SDA）是利用内切酶活性和 DNA 聚合酶实现的扩增反应，由沃克（Walker）等于 1992 年首次提出。SDA 反应是一种建立在链置换原理上的等温体外核酸扩增技术，它具体的扩增方式是：限制性内切酶首先识别半硫代磷酸化的碱基对应的互补链，然后切割该位置产生单链切口；被切割部分的 5'端能够作为一条引物，在具有链置换活性的 DNA 聚合酶的作用下从 5'端向 3'端延伸扩增，从而剥离原本已经形成互补的 DNA 链；被取代下的单链 DNA 再与另一条引物结合，在相同原理下延伸形成一条新的双链 DNA。SDA 反应即是通过这种"切口—扩增—置换"的循环往复的过程，达到靶序列高效扩增的目的，一般其反应条件为 37～40℃，2h 循环后靶序列可得到 $10^8$ 倍的扩增量。

SDA 由于反应原理和反应体系的复杂性，不可避免地带来了很多缺点：①反应体系中必须加入非标准核苷酸才能提供切割切口需要的识别位点，这样不仅增加了反应的成本，而且由于修饰的核苷酸与标准核苷酸存在竞争关系，大大降低了扩增效率；②SDA 产物的两端必然带有引入的识别位点或残端，因而 SDA 产物不适合直接用于克隆，这使得其在基因工程方面没有优势；③SDA 的等温过程是两步法，需要先有变温过程打开双链与引物退火，这就需要酶体系在变温环节后添加，该步骤增加了外源污染的可能性。此外，SDA 可能因体系混合物的复杂性产生不明抑制现象，使检测不能反映真实扩增效率。

20 世纪 90 年代末期，美国 NEB 公司开发出一系列的切刻内切酶（nicking enzyme，也称为切口酶）。切刻内切酶是一种限制性内切酶，它能够识别特异性的核苷酸序列，并且在序列内部或首尾处发生单链切割；该过程对底物 DNA 没有要求，即不需要有任何化学修饰。这一发现为 SDA 技术的创新带来了希望，进而在 2006 年，杭州优思达生物技术有限公司的研究人员在 SDA 的基础上研发出一种全新的核酸等温扩增技术，即切刻内切酶介导等温核酸扩增（nicking enzyme mediated isothermal amplification，NEMA），摆脱了 SDA 中对特殊化学修饰的依赖，简化了反应体系，提高了反应效率。

NEMA 的基本原理分为"切割单链形成切口"和"链置换剥离旧链"两个过程。NEMA 的反应体系包括两对引物（剥离引物 B1/B2，切割引物 S1/S2）、一种具有链置换活性的 DNA 聚合酶、一种能够识别特异性切割位点的切刻内切酶、额外添加的镁离子，以及适宜的缓冲溶液。NEMA 技术是在 SDA 的原理基础上改进发明的，相较于 SDA 和其他目前开发的等温扩增技术具有一些潜在的优势：①酶体系和原材料体系的简单减少了抑制因子的干扰；②扩增迅速，反应时间短，在 1h 之内就能达到电泳凝胶的观察要求；③低成本，操作简单，对操作仪器的要求不高，为核酸扩增技术的推广创造了条件。

基于链置换原理，再次摆脱酶体系的依赖，实现链置换技术的再次升级，2004 年德克斯

（Dirks）和皮尔斯（Pierce）首次提出了不需要酶的链置换技术，即杂交链式反应（hybridization chain reaction，HCR）。在典型的 HCR 过程中，目标的识别会引发两个 DNA 发夹的交叉打开以形成 DNA 聚合物。简而言之，在没有激发链（I）的情况下，两种 DNA 发夹（H1 和 H2）可以亚稳态共存（图 5.11A）。在 I 存在时，通过立足点介导的链置换（toehold-mediated strand displacement，TMSD）反应打开 H1，其中 I 结合到 H1 的黏性末端（结构域 a）并经历分支迁移（图 5.11B）。H1 新暴露的结构域（c-b\*）作为另一个激发链，与 H2 的黏性末端（结构 c\*）相互作用，导致释放与 I 相同的 H2 序列 a\*-b\*，并且，随后打开 H1（图 5.11C）。最后，通过交叉打开两个 DNA 发夹直到 H1 或 H2 耗尽，可以生成 DNA 聚合物。此外，基于适配体识别，HCR 还展示出在检测三磷酸腺苷（ATP）中的广泛应用。与传统的 PCR 分析技术不同，HCR 是一种等温和非酶促扩增策略。因此，HCR 可以有效减少 PCR 中经常发生的假阳性结果和来自扩增子的交叉污染。

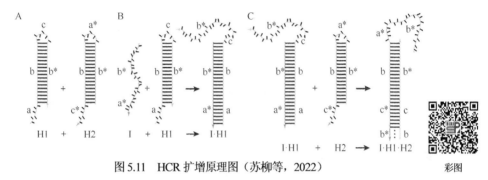

图 5.11　HCR 扩增原理图（苏柳等，2022）　　　彩图

　　鉴于 HCR 技术的特殊性，一般难以直接用于食品安全检测，目前应用较多的基于适配体的 HCR 技术，是指借助于被检测靶标的核酸适配体实现靶标的单链核酸转化，随后在适配体的触发下进行 HCR 反应，已成功用于蛋白质、微生物等的检测。

### 核酸适配体

　　适配体是采用指数富集配体系统进化（systematic evolution of ligands by exponential enrichment，SELEX）技术从人工构建的随机寡核苷酸文库中筛选出能与相应靶标高特异性及高亲和力结合的寡核苷酸序列，可以是 DNA 或是 RNA。适配体的功能类似于抗体，但相比抗体而言，适配体具有易修饰、稳定性好、易合成、操作简单、成本低廉等优点，并且能与金属离子、小分子、核酸、多肽、蛋白质、有机物甚至整个细胞等靶标物进行高特异性结合。适配体在医疗诊断、环境监测、食品安全检测等领域中展现出良好的应用前景。但是，仅利用适配体捕获靶标物产生信号的检测方法运用于分析检测中，其灵敏度较低。目前，很多研究者利用核酸扩增信号放大技术大幅提高适配体生物传感器的检测灵敏度。

### 快速检测与食源性致病菌

　　2020 年 8 月，美国接连爆发两起可能与家禽及洋葱相关的沙门菌感染事件。其中一起事件，全美 48 个州有 938 人可能因接触家禽感染沙门菌。一起可能与洋葱有关的沙门菌感染事件导致美国至少 31 个州近 400 人感染。两起事件总计感染人数达到约 1300 人，万幸的是没有造成人员死亡。

致病性大肠杆菌和沙门菌都是常见的食源性致病菌。其中沙门菌感染作为一种人畜共患病，几乎每年都有流行，以急性起病，发热、关节肿胀、腹泻为主要特征。沙门菌是一种革兰氏阴性杆菌，有 2500 多种血清型，其中 1400 多种可引起人类及畜禽类动物发病，比较常见的有猪霍乱沙门菌、鼠伤寒沙门菌、肠炎沙门菌、鸡沙门菌等。在我国，中华人民共和国国家标准 GB 29921—2021 和 GB 31607—2021 中规定沙门菌不得检出，但我国仍然发生过多起沙门菌中毒事件。GB 4789.4—2016 规定了食品中沙门菌的检验方法，通过生化检验和血清学检验来共同判断。但是常规的培养和生化鉴定耗时较长，难以实现现场的快速检测，不利于监管部门的日常抽查工作的实时开展。

快速检测技术的不断发展和革新，不但能够体现一个领域的创新能力，更能传达科研者打破传统思维的探索精神。例如，有科研工作者开发出一种基于 RPA 扩增的试纸条检测沙门菌的方法，能够在短时间检测沙门菌人工污染样品；还有科研工作者开发了一种 PCR 和 HCR 联用的方法，来检测大肠杆菌 O157：H7 的基因，并成功用于检测脱脂牛奶加标样品中的目标细菌。这些核酸快检技术为致病菌的现场快检提供了强有力的技术支撑。

## 五、CRISPR 技术

CRISPR-Cas 系统，即成簇规律间隔的短回文重复序列以及 CRISPR 相关蛋白系统，是来源于一类广泛存在于细菌及古菌中的适应性免疫系统。CRISPR-Cas 系统大致分为两大类（图 5.12）：1 类系统依赖于多亚基蛋白质复合物共同作用，而 2 类系统利用单个蛋白质。在这两类系统中，根据能够表达 Cas 蛋白的种类的不同，到目前为止可分为 I 型、II 型、III 型、IV 型、V 型和VI型，其中 I、III、IV 属于 1 类，II、V、VI属于 2 类。随着对细菌免疫系统基因组功能的不断挖掘，新型的 CRISPR-Cas 系统也逐渐被认识。

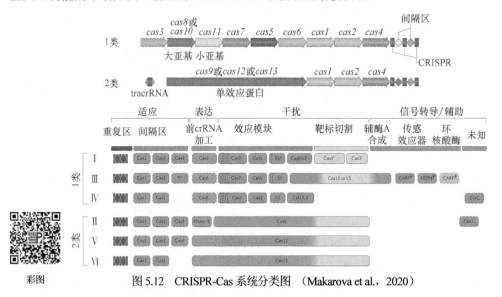

图 5.12　CRISPR-Cas 系统分类图 （Makarova et al.，2020）

## （一）CRISPR-Cas9

Cas9 蛋白是最为典型的 2 类 II 型 CRISPR 系统效应蛋白。Cas9 蛋白是一种功能十分强大的蛋白质，其基因座结构可分为三部分：5′端为反式作用 CRISPR RNA（*trans*-activating CRISPR RNA，tracrRNA）基因，中间为一系列 Cas 蛋白编码基因，3′端为由间隔序列和重复序列排列组成的 CRISPR 基因座。Cas9 蛋白具有两个核酸内切酶的结构域，位于蛋白质 N 端的 RuvC 和中部 NHN，分别负责切割外源 DNA 与间隔序列的互补链和外源 DNA 的另外一条链。在整个切割过程中，首先 tracrRNA 和前体 CRISPR RNA（crRNA）中的重复序列杂交，再与 Cas9 蛋白进行结合，通过核糖核酸酶（RNase）III 对 RNA 复合体进行切割，形成不同类型的成熟 crRNA-tracrRNA-Cas9 复合体。形成的成熟复合体再通过前间区序列邻近基序（PAM）序列识别进行外源 DNA 切割（*cis*-cleavage）。

## （二）CRISPR-Cas12

Cas12 蛋白属于 2 类 V 型 CRISPR 系统效应蛋白，是 RNA 引导的核酸内切酶，其家族成员主要包括 Cas12a～Cas12e。Cas12 识别双链 DNA（dsDNA）中富含 T 的 PAM 位点，识别 ssDNA 靶标序列时不依赖于 PAM 位点。Cas12 的 RuvC 结构域发挥核酸酶活性，切割 dsDNA 产生黏性末端。Cas12a（旧称 Cpf1）的 crRNA 成熟无须 tracrRNA 参与，大约 44nt 的 crRNA 与靶序列配对后即可激活核酸酶活性，crRNA 的二级结构影响与 Cas12a 的结合效率。Cas12b（旧称 C2c1）的 crRNA 成熟则需 tracrRNA 参与。Cas12a 在 crRNA 与靶标 dsDNA 或 ssDNA 结合后不但可切割特异性核酸序列，还可非特异性地切割体系中存在的 ssDNA，这一核酸酶活性被称为反式切割活性（*trans*-cleavage）。同样，Cas12b 也存在反式切割活性。

## （三）CRISPR-Cas13

Cas13 蛋白属于 2 类 VI 型 CRISPR 系统效应蛋白，是 RNA 引导和 RNA 靶向的核酸内切酶。Cas13 家族成员主要包括 Cas13a～Cas13d，具有两个 HEPN 结构域。Cas13 的 crRNA 成熟不需要 tracrRNA 参与，Cas13 本身即可对其加工处理。Cas13a（旧称 C2c2）具有中间种子序列，可耐受单碱基错配，但对 crRNA 靶序列之间的双碱基错配很敏感。靶序列 3′端的前间区侧翼位点（protospacer flanking site，PFS）对于 Cas13a 的识别效率有重要影响，与 A、U、C 相比，G 的出现频率通常较低。

## （四）CRISPR-Cas 扩增技术

不同的 CRISPR-Cas 系统识别不同类型的靶标，一般包括核酸扩增、特异性核酸序列识别及检测结果读取三个步骤。也就是需要通过核酸扩增技术对靶标进行放大，再利用产物作为新的靶标与 CRISPR-Cas 系统结合建立相应的核酸传感器检测平台。在核酸扩增阶段，样本中的 DNA 或 RNA 通过聚合酶链式反应（polymerase chain reaction，PCR）、重组酶聚合酶扩增（recombinase polymerase amplification，RPA）或环介导等温扩增（loop mediated isothermal amplification，LAMP）的方式进行扩增以供 Cas-crRNA 复合体识别。而核酸扩增技术根据温度依赖程度可以分为等温扩增和变温扩增，根据产物类型可以分为双链产物扩增和单链产物扩增，其中能够生成双链产物的等温扩增技术应用较多，典型代表是基于 RPA 的 SHERLOCK、DETECTR 等检测平台。在结果读取阶段，根据报告分子和检测信号的不同，通过荧光信号、免疫层析试纸条、比浊法和读取电信号等方法来确定是否存在待测靶标核酸分子。不同的核酸扩增技术能够生产不同类型的靶标产物，不同的信号分析方式能够展现不同的灵敏度，三者之间的组合能够充分发挥 CRISPR-Cas 系统的检测功能，目前已组装成多种类型的 CRISPR-Cas 核酸检测平台并广泛应用于各大检测领域。

目前，CRISPR-Cas 核酸传感器已逐步应用于食品安全的快速检测，如食源性致病微生物、生物毒素、金属离子、生物技术食品、肉类掺假，以及非法添加等方面。

### 金黄色葡萄球菌的快速检测

2010 年，日本爆发金黄色葡萄球菌乳制品污染事件。因食用日本雪印乳业公司大阪工厂生产的乳制品而中毒者已逾万人。据化验，该工厂生产的一些乳制品中含有黄色葡萄球菌，这种细菌可产生使人出现腹泻、呕吐症状的 A 型肠毒素。该厂乳制品染菌是生产设备没有按规定定期清洗而造成的。

当食品污染事件发生时，第一时间检测出是什么细菌感染是至关重要的。中华人民共和国国家标准 GB 4789.10—2016 规定了食品中金黄色葡萄球菌（*Staphylococcus aureus*）的检验方法。第一种方法是通过染色镜检和血浆凝固酶试验验证。第二种方法是平板计数法。第三种方法是最大概率数（MPN）计数法。

有科研工作者报道了用 Cas12a 快速检测金黄色葡萄球菌的方法，检测限（在最佳条件下）低至 75amol/L 的基因组 DNA，在纯培养物中检测到 $5.4 \times 10^2$CFU/mL 的金黄色葡萄球菌，且大大缩短了检测时间。该方法为快速准确检测食品中金黄色葡萄球菌感染提供了可能性。

### CRISPR 与新型冠状病毒快速检测

2022 年 1 月，Mammoth Biosciences 公司已获得美国食品和药物管理局（FDA）对其高通量新型冠状病毒测试的紧急授权，该技术的核心是基于 CRISPR 检测技术。之后，该公司开发了名为 Sherlock™ CRISPR SARS-CoV-2 kit 的快速检测试剂盒。检测原理是先经过 LAMP 等温扩增放大目标基因，再通过 Cas13a 技术进行检测。

这家公司的联合创始人、科学顾问委员会主席是 CRISPR 先驱和诺贝尔奖获得者詹妮弗·杜德娜（Jennifer Doudna）。

核酸分子等温扩增技术较传统的变温扩增最为典型的优势就是对温度依赖的降低，从而有效提升了扩增效率，缩短检测时间，是目前核酸放大的首选技术。随着新型识别手段的不断发现，将各类的食品安全风险因子进行识别转化是目前的研究主流，其中进行归一核酸转化是重要的研究领域，如应用适配体等能够将非核酸类风险因子转化为核酸信号进行检测。而核酸分子等温扩增技术恰好能够满足对核酸信号进行放大处理，将其与比色、荧光、电化学等生物传感器联用，能够进一步缩短整体检测时间，提高快检效率。

## 第五节　核酸分子快速检测技术在食品安全快速检测中的典型实例

### 一、野生食用菌的鉴定

野生食用菌鉴伪技术可主要分为三类：形态识别法、理化检测法和分子生物学检测法。形态识别法鉴定松茸产品具有很大的局限性，仅适用于外观形态保留较为完好的产品，如干制品、腌渍制品等。理化检测法容易受到采摘时间、气候、产地等因素的影响。

由于 DNA 提取操作简便、稳定性好，且检测手段方便经济，使得基于内标准基因的分子生物学检测技术在野生食用菌的鉴定中具有良好的应用。因为仅通过普通 PCR 扩增内标准基因，且扩增产物也不须通过测序比对，即可获得检测结果。基于内标准基因的筛选原则，已获得松茸（图 5.13）、鸡枞菌和美网柄牛肝菌的内标准基因，其种内和种间特异性良好，并建立了定性、定量 PCR 检测体系。

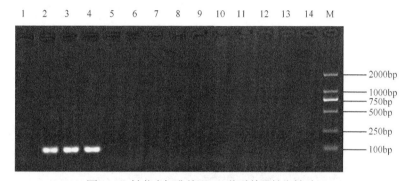

图 5.13　松茸内标准基因 *pol* 物种特异性定性验证

1. 阴性对照；2. 云南香格里拉松茸；3. 四川甘孜松茸；4. 吉林延边松茸；5. 青头菌；6. 黄谷熟；7. 小美牛肝菌；8. 鸡枞；9. 姬松茸；10. 茶树菇；11. 香菇；12. 杏鲍菇；13. 金针菇；14. 平菇；M. DNA marker DL 2000

### 二、肉制品的真伪鉴定

针对肉制品成分鉴定，传统检测方法是基于蛋白质分析，包括电泳技术、色谱分析和免疫分析法。但这些技术并不能准确地检测深加工食品，因为蛋白质在加热、强压、强酸、强碱、重金属盐等条件下容易变性。此外，该方法在区分亲源物种上灵敏性不高，因为相近物种间容易发生交叉污染。而基于分子生物学原理的检测技术由于其高特异性和高灵敏度应用效果良好，其中以聚合酶链式反应（PCR）、荧光定量 PCR、多重 PCR 等在肉制品快速检测领域发挥作用巨大。此外，在农业农村部 2018 年发布的农业行业标准《肉类源性成分鉴定　实时荧光定性 PCR 法》（NY/T 3309—2018）中，也开始使用核酸手段进行快速检测。

利用鸡的内标准基因 *Actb* 进行 PCR 分析（图 5.14A），能够有效区分出鸡与其他物种，同时利用定量 PCR 分析（图 5.14B），可以通过 Ct 值实现鸡与其他物种的区分。此外，通过多重 PCR 技术还能够同时进行多个物种的鉴定，如建立五重 PCR（图 5.15），实现猪、牛、羊、马、鸡的物种鉴定。

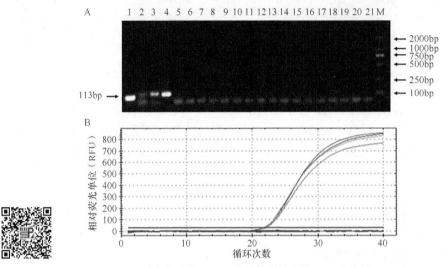

图 5.14　鸡内标准基因 *Actb* 物种特异性定性 PCR 和定量 PCR 验证

1. 普通家鸡；2. 野鸡；3. 火鸡；4. 乌鸡；5. 猪；6. 牛；7. 羊；8. 马；9. 驴；10. 鸭；11. 鹅；12. 狗；13. 兔；14. 鼠；15. 鱼；
16. 牦牛；17. 水牛；18. 骆驼；19. 貂；20. 鹿；21. 阴性对照；M. DNA marker DL 2000

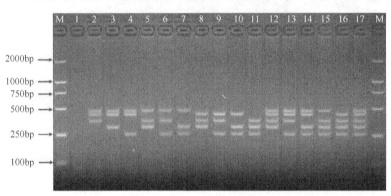

图 5.15　猪、牛、羊、马、鸡的五重 PCR 验证

1. 阴性对照；2. 马、猪、羊；3. 马、猪、牛；4. 马、猪、鸡；5. 马．羊．牛；6. 马、羊、鸡；7. 马．牛．鸡；8. 猪、羊、牛；9. 猪、
羊、鸡；10. 猪、牛、鸡；11. 羊、牛、鸡；12. 马、猪、羊、牛；13. 马、猪、羊、鸡；14. 马、猪、牛、鸡；15. 马、羊、牛、鸡；
16. 猪、羊、牛、鸡；17. 马、猪、羊、牛、鸡；M. DNA marker DL 2000

## 三、转基因成分的检测

遗传修饰生物体（genetically modified organism，GMO），又称转基因生物，是指使用基因工程的相关技术，人为地将一些基因片段插入生物的染色体内部，从而使亲本获得人类希望得到的性状（抗虫、抗病、抗除草剂、高产等），并且这些性状在后代可以稳定遗传。

转基因作物在研发过程中是人为地将外源基因序列插入到亲本植物的基因组内部，因此针对外源插入片段进行核酸检测就能快速实现转基因成分鉴定。目前常用的手段有 PCR、定量 PCR、数字 PCR、LAMP 等，并且形成了相应的检测标准。例如，GB/T 19495.5—2018 规定了大豆、玉米、油菜、水稻（大米）、棉花、马铃薯、甜菜、木瓜等植物及其产品中转基因品系含量的实时荧光 PCR 定量检测方法；《转基因植物产品数字 PCR 检测方法》（GB/T

33526—2017）规定了玉米、大豆、油菜、水稻、马铃薯、苜蓿、棉花等转基因植物及其产品的转基因成分数字 PCR 检测；SN/T 3767.2—2014 规定了出口食品中转基因成分环介导等温扩增（LAMP）检测方法等。

　　在转基因品系中，*CaMV35s* 启动子及 *NOS* 终止子两个筛选元件可以涵盖 95% 以上的国内批准的转基因品系。利用数字 PCR 检测（图 5.16），对玉米内参 *zSSIIb*、*CaMV35s* 启动子和 *NOS* 终止子进行分析，能够实现扩增效率和检测效果的最大化。此外，利用 LAMP 技术对 DP305423、GTS 40-3-2 和 *Lectin*（大豆内标准基因）进行分析（图 5.17），能够实现转基因大豆 DP305423 × GTS 40-3-2 品系的快速检测。将 LAMP 技术与侧流层析传感器进行联用，并对引物进行特殊标记，就能够得到一段标有通用半抗原标记［生物素（biotin）］、一端有特异性半抗原标记的扩增产物［FITC 或地高辛（digoxin）或六氯-6-羧基荧光素（Hex）］，分别代表了转基因事件 DP305423、转基因事件 GTS 40-3-2、大豆内标准基因 *Lectin* 的存在。通过侧流层析传感器进行分析，能够实现快速目视检测（图 5.18）。

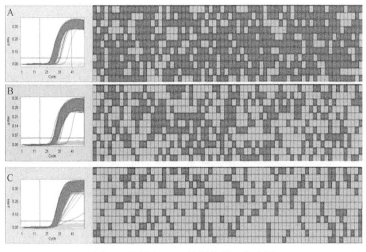

图 5.16　数字 PCR 扩增曲线及热点图

A. *zSSIIb*；B. *CaMV35s* 启动子；C. *NOS* 终止子

彩图

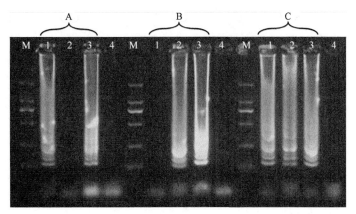

图 5.17　转基因大豆 DP305423 × GTS 40-3-2 的 LAMP 分析

A. DP305423 大豆基因模板；B. GTS 40-3-2 大豆基因模板；C. DP305423 × GTS 40-3-2 大豆基因模板

M. DNA marker DL2000；1. DP305423 引物；2. GTS 40-3-2 引物；3. *Lectin* 引物；4. 阴性对照

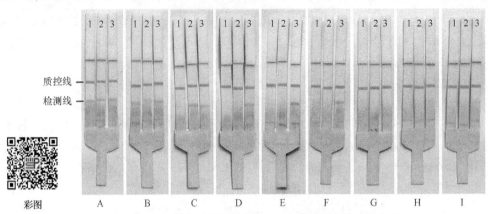

质控线
检测线
彩图

图 5.18　转基因植物样品的 LAMP 侧流层析传感器分析

A. DP305423 × GTS 40-3-2 大豆；B. DP305423 大豆；C. GTS 40-3-2 大豆；D. MON 87701 大豆；E. MON 89788 大豆；F. MON 87705
大豆；G. MON 863 玉米；H. GA21 玉米；I. Btl1 玉米

1. DP305423；2. GTS 40-3-2；3. *Lectin*

# 思　考　题

1. 对于一个物种来说，内标准基因是不是唯一的？其筛选原则是什么？

2. DNA 提取的基本原理有哪些？

3. DNA 提取的限速步骤是哪步？

4. qPCR 是如何实现定量检测的？

5. 实现等温扩增的核心是什么？如果开发新的方法，重点考虑哪些因素？

6. 如何实现 CRISPR 的核酸检测？

# 第六章 功能核酸快速检测技术

【本章内容提要】"功能核酸"的功能很多、应用很广，核酸的序列易被裁剪，通过适当的裁剪和修饰，功能核酸就有可能实现复杂的结构变化，激活各式各样的信号输出。因此，功能核酸是生物传感器领域中发展最为迅速的一个领域。本章对核酸除储存遗传信息以外的千变万化的结构、性质和功能进行简略的归纳、总结与介绍，并对功能核酸应用于食品安全快速检测的研究进展进行梳理。

## 第一节　功能核酸快速检测技术概述

核酸的二级结构不仅包含遗传信息，还由于可形成特殊的结构与某些物质高特异性、高亲和力结合，从而发挥特殊的生理功能、分子开关调节功能、催化功能、转化功能、识别功能。随着近年来体外筛选技术——指数富集配体系统进化（systematic evolution of ligands by exponential enrichment，SELEX）技术的发展，研究者可以根据实际功能或靶标物质需要，不需要借助生物体在体外进行多轮筛选，得到目标功能或结构的核酸。一旦通过测序获得序列组成，可以通过体外化学合成获得大量稳定的、性质均一的功能核酸。功能核酸是强有力的分析工具，可以替代抗体执行特异性的识别、转化功能，可以替代酶执行催化功能实现信号的扩增及输出，除本身具有丰富的结构及功能外，这些功能核酸组件可以通过核酸裁剪、编码、序列融合，形成更多结构与功能的新功能核酸元件，与各种类型的食品危害物作用、识别，将不同类型的靶标统一转化为可检测的信号。功能核酸元件的出现对解决不同类型食品安全风险因子检测方法繁杂的瓶颈问题有着重要的简化意义。本节通过介绍几种常见功能核酸的识别转化及信号输出形式，简单介绍基于生物传感的食品安全快速检测技术。

### 一、功能核酸的概念与特性

《功能核酸生物传感器——理论篇》一书对"功能核酸"一词进行了定义，即功能核酸是一类具有特殊结构功能、执行特定生物功能的核酸分子及核酸类似物的统称。从外延来看，它包括核酸适配体、核酶、核糖开关、发光核酸、四链体核酸、三螺旋核酸、功能核酸组装、功能核酸复合材料、核酸药物、核酸补充剂。功能核酸同样遵循 "序列-结构-性质-功能-用途"逐级决定的自然规律，其丰富多彩的结构成就了功能核酸的"全能性"。

### 二、适用于生物传感的功能核酸种类及特性

识别元件和信号元件是构建功能核酸快速检测技术的基本组成部分。识别元件可通过与待测靶标特异性识别结合将其按一定规律转换成核酸中间体或输出信号；信号元件可接收识别元件的转换能量，并对测量的信号进行输出。长期以来，生物学家一直将抗体、受

体等蛋白质分子作为识别元件，荧光蛋白、氧化还原酶、萤光素酶等作为生物信号元件构建生物传感快速检测技术。近几年发现，除了功能化蛋白质，功能核酸同样能够既作为识别元件，又作为信号元件进行理性化设计并用于快速检测技术的构建。按在生物传感快速检测技术中扮演的功能不同，可将功能核酸分为识别类功能核酸及信号类功能核酸两大类，具体分类如下。

## （一）具有靶标识别转化性的功能核酸

分子特异性识别是传感器设计及临床诊断工具和治疗方式开发的关键。核酸的特异性识别指的是核酸可以通过各种非共价键，如氢键作用、范德瓦耳斯力、静电作用、π-π 堆积和疏水相互作用等与核酸或其他物质进行高特异性的结合。根据序列的不同，核酸的结构也呈现出千变万化的姿态，而分子识别机制强烈依赖于其结构的灵活性，并且根据目标的特性而有很大差异。

### 1. 三螺旋核酸分子

核酸与核酸之间的识别，除了最典型的沃森-克里克（Watson-Crick）氢键形成的双链核酸外，还包括由胡斯坦（Hoogsteen）氢键介导的三螺旋核酸分子。三螺旋核酸首次发现于1957 年，科学家费尔森费尔德（Felsenfeld）与戴维斯（Davies）发现了多聚嘌呤链通过胡斯坦键（Hoogsteen bond）嵌入双链脱氧核糖核酸（deoxyribonucleic acid，DNA）的大沟中形成了三螺旋结构。近年来，基于三螺旋核酸独特的结构与功能，三螺旋核酸在生物传感与分析检测领域发挥了巨大作用，取得了令人瞩目的研究进展。

三螺旋核酸受外界刺激影响，可发生特异性响应，如 pH 响应性、金属离子响应性、化学响应性。酸性条件促进胞嘧啶（cytosine，C）质子化，促进胞嘧啶-鸟嘌呤（guanine，G）*胞嘧啶（C-G*C）碱基对的稳定形成，从而促进三螺旋核酸的稳定形成；中性条件促进胸腺嘧啶-腺嘌呤（adenine，A）*胸腺嘧啶（T-A*T）碱基对的稳定形成，从而促进三螺旋核酸的稳定形成，因此由 C-G*C、T-A*T 组装的三螺旋 DNA 结构具有 pH 效应，是三螺旋核酸最重要、最受关注的特性。也是设计识别响应元件的基本依靠特性。

目前，受三螺旋核酸序列特异性的限制，主要利用 C-G*C 与 T-A*T 为主要组成的 Y-R*Y 型三螺旋设计生物传感器进行体外应用。在今后的理论研究中，有必要扩展三螺旋核酸的序列设计，解析三螺旋核酸在体外的形成规律，更好地指导生物识别元件的设计。

### 2. 核糖开关

天然核糖开关是一类主要存在于细菌 mRNA 的 5′非编码区（5′-UTR）的顺式调节元件，它通过响应某些代谢产物产生构象变化改变下游基因的激活或抑制状态来调节各种代谢和信号传导途径。核糖开关是一类典型的功能核酸融合平台，通常核糖开关由适配体（aptamer）和表达平台（expression platform，即信号输出平台）两个功能域组成，能够实现可见的基因表达检测：适配体域特异性识别配体，进而诱发表达平台的别构作用通过转录起止、翻译起止和 mRNA 自剪接等机制控制基因的表达。核糖开关的这种属性也逐步被应用于生物传感器的构建中，特别是它的活性不依赖于其他蛋白质，减少脱靶效应同时能够更好地实现物种跨越。利用天然核糖开关构建的传感器已经能够成功响应酶辅因子、氨基酸、核苷酸和金属离子。

**3. 切割型核酶**

许多功能核酸结构的形成，依赖于特定的金属离子或外刺激物，切割型核酶是最典型的例子。切割型核酶可以在某些金属离子或细菌胞外分泌物存在的条件下，快速切割底物链，将非核酸靶标转化为核酸中间体链或其他可直接检测信号。核酸或者核苷酸与金属离子之间的识别依赖于含氮碱基，并且呈现出碱基依赖的趋势，不同碱基与不同金属离子的结合亲和力也不同。

**4. 错配型核酶**

自然界中 DNA 稳定存在的主要原因是 $\pi$-$\pi$ 堆叠、氢键、碱基之间互补及水溶液中亲水、疏水基团间的平衡。金属离子介导的碱基配对是通过过渡金属在核酸双螺旋内部代替原来的氢键形成稳定的配位键，并形成稳定的互补核苷酸链。自然界中存在的核苷酸或者人工合成的核苷酸（如嘧啶和嘌呤衍生物）也可以通过金属离子介导形成稳定的碱基配对，而且这种配对方式往往对某种金属离子具有较高的选择性。基于特定碱基与金属离子配位形成的错配型金属-碱基对，是用于检测金属离子的另外一种功能核酸，简称错配型核酶。通常，富含胸腺嘧啶（T）或胞嘧啶（C）的 DNA 可以选择性地结合 $Hg^{2+}$ 或 $Ag^+$ 以形成 T-$Hg^{2+}$-T 和 C-$Ag^+$-C 错配，从而将金属离子转化为核酸中间体。

**5. 适配体**

适配体是能与靶标分子结合并发生构象变化的核酸序列。得益于核酸适配体的出现，核酸还可以特异性识别从离子到小分子到蛋白质再到细胞和组织的各种靶标。适配体包括 DNA 和 RNA 两种，是通过称为指数富集配体系统进化（SELEX）的过程在体外选择的寡核酸，用于结合不同的靶标。目前对于凝血酶、ATP、可卡因及微生物的适配体研究较多，也包括一些与金属离子特异性结合的适配体，如利用荧光激活细胞分选技术（FACS）筛选得到高特异性的 $Hg^{2+}$ 和 $Cu^{2+}$ 适配体。随着适配体的出现，核酸在分子识别方面的应用向前迈进了一大步。

**（二）具有信号输出特性的功能核酸**

**1. 具有光学信号催化特性的 G 四链体**

G 四链体（G-quadruplex）是由 4 个鸟嘌呤（G）通过 Hoogsteen 氢键配对形成的 DNA 三维二级结构（图 6.1）。1962 年盖勒特（Gellert）等通过 X 射线证明了 4 个鸟嘌呤（G）可

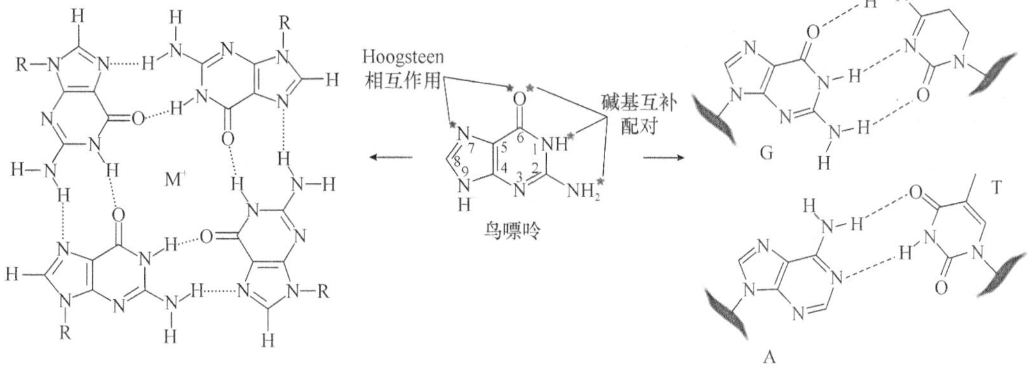

图 6.1 碱基氢键配对方式

以通过 Hoogeteen 氢键结合形成四分体的正方形平面结构。随后，研究人员通过 X 射线衍射又进一步证明了 poly（G）形成的 G 四分体（G-quartet）中每个鸟嘌呤之间通过 2 个 Hoogsteen 氢键结合，并且作用位点分别在碱基的 O6 和 N7 之间。而 2 个或更多个 G 四分体在阳离子（尤其是钾）配位的情况下，可以通过 π-π 堆叠形成 G 四链体结构（图 6.2）。

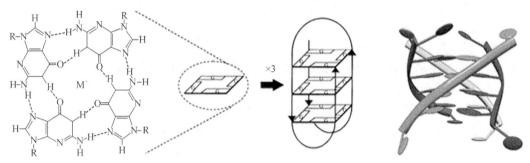

图 6.2　G 四链体的结构（由平面到立体）

G 四链体是一种与氯化血红素共孵育后具有类似过氧化物酶催化活性的核酸分子，也是由配体通过指数富集配体系统 SELEX 进化而来的，比蛋白质类的 HRP 酶具有更好的热稳定性和易制备性，在医学、生物学和材料科学领域都有应用。首先，G 四链体可以与氯化血红素共孵育后形成类过氧化物酶活性的高级结构，催化 ABTS、3, 3, 5, 5′-四甲基联苯胺（TMB）等物质发生颜色变化，进而完成比色信号的输出，扩展了 G 四链体在体外分析检测的应用。其次，G 四链体还可以和一些小分子物质结合发出荧光，如 N-甲基吗啡啉（NMM）、四氢噻吩（ThT）、噻唑橙（TO）等小分子物质，进而完成荧光信号的输出。此外，它还可以和电化学分子结合，通过自身构象变化引起电化学分子的变化，进而作为化学输出信号。

**2. 具有荧光特性的发光核酸**

一般核酸的光学特性主要反映在紫外区的吸收上。具有荧光特性核酸的发现是核酸分析的一个里程碑。核酸的发光特性指的是核酸自身或核酸复合物在一定波长激发下，具有荧光发射的特性。自 20 世纪末以来，人们就不断地合成非天然荧光碱基来研究 DNA 和 RNA 的结构，这些荧光碱基类似物可以作为天然碱基形成氢键并成为 DNA 和 RNA 的一部分。与核酸染料相比，它们更加稳定并具有结构依赖性荧光特性。与化学修饰的荧光团相比，修饰的碱基类似物和修饰的核碱基位置更加灵活，天然碱基与人工碱基之间的相互作用可以提供有关核酸结构的详细信息。

（三）功能核酸的生物传感特性

**1. 可编程性**

核酸的可编程性指的是核酸分子基于经典的沃森-克里克（Waston-Crick）碱基配对相互作用，杂交形成螺旋双链或更复杂基序的特性。该"编程"指的是碱基互补配对的过程，所创建的"程序"是具有可定制功能和精确寻址能力的纳米结构。功能核酸的可编程性使得其在生物传感的信号放大环节扮演重要角色。

**2. 可修饰性**

核酸的可修饰性就是核酸可以在核苷酸上（包括磷酸骨架、碱基、核糖和脱氧核糖）进行修饰或交联一些功能基团。通过在核酸的支架上引入额外的化学修饰，不仅可以丰富其结构和功能，而且可以提高核酸的稳定性，增强其与靶标分子的相互识别作用，甚至赋予核酸催化的功能作为信号输出元件，从而大大拓宽了核酸的应用范围。

**3. 可裁剪性**

核酸碱基序列决定其空间构象，进而影响其功能。核酸的可裁剪性指的是对于某些功能核酸而言，可对核酸序列进行适当的裁剪重新设计其构象，以增强与靶标的结合能力。对于功能核酸而言，其序列中的核苷酸并非都具有结合、形成或者维持核酸结构的作用。因此，经过裁剪来人为控制核酸的结构，可以降低成本，经裁剪后的核苷酸可以避免形成不必要的二级结构，从而破坏靶标结合构象。核酸的裁剪策略通过拆分、删除、添加、替换或融合几个核苷酸来创建新的核酸序列，以增强其与靶标的结合能力，从而优化靶标检测、靶标定向、信号生成或放大、生物传感器构建或药物输送。

## 三、功能核酸的筛选

功能核酸的体外筛选是基础，是开发各种应用和功能的前提，其主要是通过 SELEX 策略执行的。理论上讲，可以筛选得到任何靶标的特异性适配体，包括金属离子、生色基团、化学化合物、蛋白质、细胞和整个微生物。如图 6.3 所示，SELEX 技术主要包括以下几方面。①初始核酸库设计：合成序列数高达 $10^{13}\sim10^{15}$ 的随机文库，其中每个寡核苷酸的两端均包含固定引物序列，用于后续进行 PCR 扩增。②序列筛选分离、靶标制备：将靶标分子加入随机文库，并在结合缓冲液中孵育。待"潜在适配体"与靶标完全结合后，洗脱未结合的寡核苷酸以获得靶标-寡核苷酸复合物，然后洗脱并收集与靶标物质结合的核苷酸序列，这是筛选过程中最关键的步骤。③PCR 优化：使用洗脱的核苷酸序列作为模板进行 PCR 扩增，以形成用于下一轮筛选循环的富集文库。高特异性和高亲和力的适配体链通常在 6～20 个筛选周期后获得。如果是 RNA 适配体，在 PCR 扩增之前需要进行逆转录。④次级文库制备：单链 DNA 的生成（对于 DNA 适配体）和转录（对于 RNA 适配体）。⑤高通量测序后，进行序列比对和同源性分析，并经过系列的亲和力和特异性表征，最终获得特异性结合靶标分子的适配体。只有熟知 SELEX 技术的各个关键步骤，才有可能实现复杂体系中功能核酸的高效筛选，为后续的应用提供识别元件。

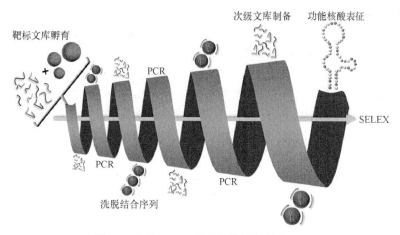

图 6.3 典型 SELEX 技术的关键步骤图示

然而，最初的 SELEX 程序是费时费力的。在过去的 30 年里，通过适应和整合材料科学和分析技术的进步，人们报道了各种 SELEX 变体，试图减少筛选时间（如 CE-SELEX、Flu-Mag-SELEX 和 in silico-SELEX），生成具有新颖设计和功能的适配体（如 μFFE-SELEX和 Capture-SELEX），或增加筛选通量（如 Sweep-CE-SELEX），以提高功能核酸的筛选效率。

# 第二节　功能核酸快速检测的构建策略

## 一、功能核酸识别策略构建

### （一）适配体识别

核酸适配体指的是能够与相应配体，包括但不限于小分子、大分子和细胞，特异性紧密结合的 DNA 或 RNA，由指数富集配体系统进化（SELEX）技术筛选得到。1990 年，图尔克（Tuerk）和戈尔德（Gold）及埃林顿（Ellington）和绍斯塔克（Szostak）分别发现了针对有机染料和噬菌体 T4 DNA 聚合酶的核酸序列，两者的结合特异性及亲和力极高，他们将这类核酸序列命名为适配体（aptamer）。适配体由拉丁文"aptus"（意为合适）及德文"meros"（意为部分、分离）两者结合衍生而来。追根溯源，适配体是在仿生学的基础上发展应用的，如 RNA 适配体，其实质是对非编码 RNA 的一种模仿。核酸适配体作为一种新型的识别分子，既可以是天然的生物大分子，又可以通过化学合成方法获得。

**1. 适配体的特点**

适配体作为"化学抗体"，其分子质量为 5~25kDa，与抗体等检测元件相比，适配体具有以下四个显著的特点：①筛选周期短。筛选适配体不需要进行动物实验，在体外即可获得目标序列。整个周期在 1~2 个月。而最近诞生的 Non-SELEX 技术筛选周期更短，可将筛选周期控制在 1d 左右。②高亲和性和高特异性。适配体解离常数可达 nmol 甚至 pmol 水平，与靶标的结合能力极强。同时，适配体通常会选择某个特异性组分作为筛选靶标，从根本上保证了筛选出的适配体具有特异性。③适用范围广。由于筛选适配体的文库容量极大，因此几乎所有的靶标都能从文库中找到能与其特异性结合的适配体序列。④对检测环境要求低。作为核酸类物质，适配体能耐高温、耐酸碱性，并且易于储存。与常规检测方法相比，适配体在使用时对检测环境要求低。再者，适配体具有标记稳定性，可在序列末端标记巯基、生物素等基团，因而广泛用于各类生物传感器的搭建。

**2. 适配体分子开关构建策略**

适配体是一种类似蛋白质抗体的核酸型抗体，可对小分子物质（ATP、氨基酸、核苷酸、金属离子、毒素等）、生物大分子（酶、生长因子、细胞黏附分子等）及完整的病毒、细菌、细胞和组织切片等进行高特异性亲和识别，是一种理想的生物识别工具。与适配体结合的靶标物质，可以统称为配基。

类似于抗原和抗体相互识别，适配体与从小分子到大分子不同靶标物质（配体）的结合，可以根据靶标分子的大小简单分为两类配置：单位点结合和双位点结合。这是由于小分子靶标的核磁共振（NMR）研究表明，它们通常被埋在适配体结构的结合袋内（图6.4A），与第二个分子的相互作用空间很小。由于这种局限性，小分子靶标通常使用单适配体单位点结合构型进行识别。目前有研究发现，将完整适配体劈裂成两半，仍具有单位点的结合活性，可以实现小分子物质的单位点"双劈裂适配体"夹心（图 6.4B）。相较于小分子物质，蛋白质类大分子靶标结构复杂，允许各种形式相互作用来识别（如叠加、形状互补、静电相互作用和氢键）。因此，可以通过单位点结合（图 6.4C）和双位点结合（图 6.4D）两种形式来检测蛋白质靶点。双位点结合既可以依赖于一对结合蛋白质不同区域的抗体和适配体的夹心，形成抗体-靶标-适配体三元杂交型结合物（图 6.4E），也可以利用双适配体的夹心（图 6.4D）。

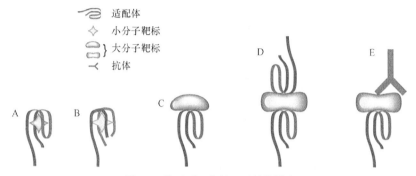

图 6.4 基于适配体的识别转化模式

A. 埋在适配体结构结合袋内的小分子靶标；B. 小分子靶标的单位点劈裂适配体结合模式；C. 大分子靶标的单位点结合模式；D. 与两个适配体的双位点（三明治）结合模式；E. 与适配体和抗体的杂交型"三明治"结合模式

### （二）切割型核酶识别

切割型核酶（cleavage DNAzyme, cDNAzyme）识别体系是指一部分具有催化活性的 DNA 分子单独存在时催化作用很弱，在特异性的辅助因子存在时激活其核酸酶的活性，表现出较强的催化活性。激活切割底物的核酶常见的辅助因子为金属离子或特定的微生物分泌物。当靶标物质为金属离子或特定微生物分泌物时，可以采用切割型核酶识别体系，将金属离子或微生物通过切割转化成单链核酸作为分子开关，与核酸扩增或信号输出体系关联，从而完成检测（图 6.5）。

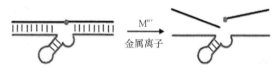

图 6.5 金属离子切割响应型核酶识别

### （三）错配型核酶识别

错配型核酶识别体系是指 DNA 的两个胸腺嘧啶碱和两个胞嘧啶可以错配分别结合 $Hg^{2+}$ 和 $Ag^+$ 形成稳定的"T-$Hg^{2+}$-T"和"C-$Ag^+$-C"结构（图 6.6）。当靶标物质为 $Hg^{2+}$ 或 $Ag^+$ 时，可以采用错配型核酶识别体系。错配型核酶识别体系可以与不同的核酸结构结合，形成不同类型的分子开关。例如，将 C-C 错配结构设计在 G 四链体序列中，银离子的存在与否会影响 G 四链体结构的形成。当环境中存在游离的银离子，G 四链体可以在氯化血红素存在时催化 ABTS 反应，实现可视化检测。

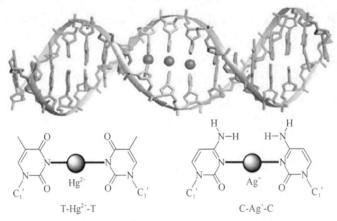

图 6.6　"T-Hg$^{2+}$-T" 和 "C-Ag$^+$-C" 错配结构

## （四）三螺旋核酸分子开关识别

按照碱基种类的差异，可将三螺旋核酸分为嘧啶-嘌呤*嘧啶型三螺旋与嘧啶-嘌呤*嘌呤型三螺旋核酸分子开关；按照形成方式的不同，可将三螺旋核酸分为分子内三螺旋与分子间三螺旋分子开关；按照核酸类型的差别，可将三螺旋核酸分为 DNA 三螺旋、RNA 三螺旋、DNA/RNA 三螺旋与肽核酸（PNA）三螺旋。其中 DNA 三螺旋由于高稳定性，在生物传感中应用较多。第三条 DNA 链以 Hoogsteen 氢键嵌入双链 DNA 的大沟中形成的三链 DNA 组装体（图 6.7A）是最常见的 DNA 三螺旋结构。意大利罗马大学的研究团队将标记有电化学信号分子（甲基蓝）的第三链标记在金电极上作为识别元件识别特异的双链 DNA 靶标。当且仅当双链 DNA 靶标存在时，靶标 DNA 与固定化的第三链形成 DNA 三螺旋结构，阻碍甲基蓝靠近金电极并转移电子，实现电化学信号的输出，实现了双链 DNA 在复杂血清样本中特异、灵敏（10nmol/L）的电化学检测，构建了一种无试剂化、可重复利用的 DNA 三螺旋的检测策略；但由于利用 C-G*C 与 T-A*T 的序列特异性有效识别靶标 DNA，使目标DNA 的检测缺乏广谱性与通用性。

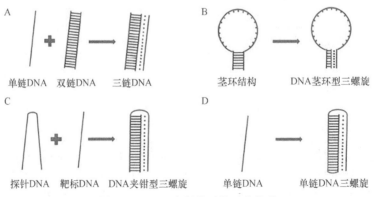

图 6.7　DNA 三螺旋核酸的四种类型

A. 三链 DNA 三螺旋；B. DNA 茎环型三螺旋；C. DNA 夹钳型三螺旋；D. 单链 DNA 三螺旋

　　DNA 茎环型三螺旋系受分子信标的结构启发，将茎环结构的环状（loop）区域改造成具有生物识别作用的单链核酸（如核酸适配体、单链 DNA 等），将茎部（stem）区域由 DNA 双链改造成 DNA 三螺旋的结构元件（图 6.7B）。在生物传感策略的设计中，利用 loop 区域的核酸与靶标的特异性分子识别诱导 DNA 茎环型三螺旋发生构象变化，发挥信号转换作用。

　　DNA 夹钳型三螺旋系以一条两侧末端具有对称序列的单链 DNA 为探针，与存在对称序列互补区域的 DNA 先以 Waston-Crick 氢键杂交，再以 Hoogsteen 氢键形成三螺旋组装体的 DNA 三螺旋结构（图 6.7C）。在形态方面，DNA 夹钳型三螺旋与 DNA 茎环型三螺旋相比，loop 区域只起到连接作用，非分子识别作用；在识别特性方面，由于 Waston-Crick 键与 Hoogsteen 氢键共同发挥分子识别作用，使 DNA 夹钳型三螺旋具有更优越的特异性。

　　单链 DNA 三螺旋系由一条 DNA 链先形成分子内的 Waston-Crick 键，再形成分子内的 Hoogsteen 氢键组装而成的 DNA 三螺旋结构（图 6.7D）。与 DNA 夹钳型三螺旋结构相比，单链 DNA 三螺旋的自组装提高了 DNA 超分子组装体的结合效率，避免了分子间形成非三螺旋核酸的可能性。

## （五）核糖开关响应识别策略

　　核糖开关（riboswitch）是一段多存在于 mRNA 5′非编码区（5′-UTR）或 3′非编码区（3′-UTR）的核苷酸序列，可特异性响应周围环境中小分子配体的浓度变化，实现对基因表达调控。

　　一个核糖开关由适配体和表达平台两部分组成，首先，需要适配体与小分子配基特异性结合，引起其构象改变，再进而导致与其相邻的表达平台二级结构对应产生变化，发挥类 RNA 传感器作用，并最终将这种构象的变化通过终止基因转录或是抑制翻译的启动，来实现改变相关基因表达的目的。根据作用类型划分，配体的结合可引起基因表达量上升的核糖开关为激活型（ON 型）开关，反之为抑制型（OFF 型）开关（图 6.9）。核糖开关作为功能核酸，具有更强的可编程性和可重复性，这令其可以根据实际需要采用突变、剪接、随机序列优化等多种方式进行调控元件的组装拼接，辅以计算机模拟、结构预测技术，对核糖开关进行合理及设计结构优化，从亲和性、特异性及功能性三个主要方面提升核糖开关的功能。

　　核糖开关具备精湛的分子识别能力，不仅可以检测细胞内抗生素、营养素等小分子的浓度，还可以检测环境中金属离子、负阴离子等小分子浓度。核糖开关除了可以响应单一的小分子，还可以通过多个核糖开关串联排列构建一个多输入的布尔逻辑门，产生一个更加复杂的调控模式，实现多靶标联合识别。

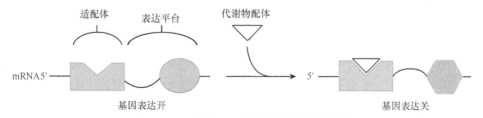

图 6.8　ON 型及 OFF 型核糖开关组成示意图

## 二、功能核酸信号输出策略构建

### （一）基于 G 四链体催化活性的多模式信号输出策略

#### 1. 基于过氧化物酶活性的比色信号输出策略

G 四链体（G-quadruplex）于 1994 年首次合成。在稳定金属离子存在的情况下，富含鸟嘌呤的序列可以与血红素结合（一种含铁的卟啉）折叠成 G 四链体并显著增强血红素的催化活性。G 四链体与氯化高铁血红素（G 四链体-hemin）共孵育后具有类过氧化物酶活性，可以催化 2, 2'-联氮-双（3-乙基苯并噻唑啉-6-磺酸）二胺盐[2, 2'-azino-bis（3-ethylbenzothiazoline-6-sulfonic acid）diammonium salt，ABTS]、3, 3', 5, 5'-四甲基联苯胺（3, 3', 5, 5'-tetramethyl benzidine，TMB）等物质发生颜色变化，进而完成比色信号的输出。

#### 2. 作为配体与小分子结合的荧光信号输出策略

G 四链体还可以和一些小分子物质结合，输出荧光信号。伴随着人类对活细胞基因组中 G 四链体拓扑结构的进一步探索研究，细胞成像技术不断发展且日趋成熟，实现了对 G 四链体动态形成的实时监测和单分子可视化操作，具有内在荧光的 G 四链体配体也被广泛发掘并应用于生物成像和检测领域。例如，G 四链体可与黄连素-双喹啉复合物、N-甲基吗啡啉（NMM）、四氢噻吩（tetrahydrothiophene，THT）、噻唑橙（thiazole orange，TO）、结晶紫（CV）、三苯甲烷（TPM）、三苯胺（TPA）等小分子物质结合发出荧光。

#### 3. 基于 G 四链体的电化学信号输出策略

除了最常见的比色信号，G 四链体-hemin 还可以通过自身构象变化引起电化学分子的变化，进而产生化学发光及电化学信号。光电化学系统是基于 G 四链体-hemin 催化鲁米诺-$H_2O_2$ 体系产生化学发光，然后激发光活性材料产生电信号以实现靶标检测。该方法可实现 fmol/L 水平上的超灵敏检测。

基于 G 四链体复合物的信号输出策略具有简单、易操作、灵敏、无须标记等诸多优点。目前，G 四链体主要通过碱基序列融合与识别元件进行偶联，依靠识别元件构象变化，诱导 G 四链体复合物形成实现信号输出。此外，还可以通过装载到金纳米粒子等高比表面积纳米材料表面，实现信号扩增输出。在基于功能核酸的生物传感分析技术中，还可通过具有长单链 DNA 积累性质的指数级扩增反应（EXPAR），具有长单链 DNA 产物积累性质的滚环扩增反应（RCA），以及具有尾端单链尾巴的双链 DNA 产物积累性质的隔断聚合酶链式反应（PCR），进行具有 G 四链体功能序列的大量积累，实现信号的扩增输出。

### （二）基于发光核酸的荧光信号输出策略

发光核酸（FFNA）指的是具有荧光性质的核酸或核酸复合物。狭义的发光核酸仅包含适配体-荧光染料复合物，但是可以与核酸相互作用并改变其荧光性质的物质不限于此。通过与非核酸配体（通常是小分子或金属离子、缀合物）的共价修饰或非共价相互作用而具有荧光性质的核酸或核酸复合物都可以称为发光核酸。根据核酸和配体的不同形式，发光核酸可分为 8 种类型（表 6.1）。在生物传感方面，利用发光核酸的荧光信号输出实现对靶标的定量或定性检测。

**表 6.1　8 种 FFNA 的核酸结构、配体及特性**

| FFNA | 核酸结构 | 配体 | 特性 |
|---|---|---|---|
| 荧光核苷酸碱基类似物和修饰的碱基 | dsDNA 或 RNA | 碱基类似物、修饰的核苷酸 | 荧光是溶剂（黏度、pH）依赖和结构响应的 |
| AP 位点结合分子的 FFNA | 带有 AP 位点的 dsDNA | 生物碱类小分子 | 非共价的探针，荧光响应强烈依赖于对侧碱基、侧翼碱基和 DNA 高级结构 |
| 选择性发光适配体-荧光团 FFNA | 由 ssDNA 或 RNA 形成的不规则构型 | 小分子 | 荧光强烈依赖于核酸序列的活性口袋，适配体序列可以被裁剪 |
| 兼容的 G 四链体-荧光团 FFNA | 各种 G 四链体 | 小分子、$Tb^{3+}$-Tb 复合物 | 荧光响应与 G 四链体结构相关，特异性依赖于分子结构，与 G 四链体的结合位点因分子不同而不同 |
| 金属纳米团簇 FFNA | ssDNA、RNA | Ag、Cu 和 Au 原子的纳米级团簇 | <2nm，荧光响应是序列依赖的，温和的合成条件，良好的活细胞相容性 |
| 多吡啶配体 $Ru^{2+}$ 配合物 FFNA | dsDNA、三链的 DNA/RNA | 多吡啶基配体 $Ru^{2+}$ 配合物 | 结合能力取决于配体，辅助配体影响光物理性质 |
| DNA 敏化的 Ln FFNA | ssDNA、G 四链体、dsDNA、核苷酸 | $Tb^{3+}$、$Eu^{3+}$、Tb-Eu 络合物 | 结合亲和力与发光增强能力无关，富 G 单链具有敏化作用，磷酸盐和碱基对敏化发光都是必需的 |
| 传统的 FFNA | 所有构型的核酸 | 有机染料 | 荧光染料嵌入或荧光团标记 |

　　其中，金属纳米团簇（如金、银、铜）是核酸和金、银、铜离子通过配位作用相互结合，在还原剂下还原为金属原子，并进一步生长为金属纳米团簇。由于不同的碱基与不同的金属离子的亲和力不一样，所以金属纳米团簇的荧光发射可由核酸调控，特别是 DNA 模板化的银纳米团簇，荧光发射范围可从蓝色到近红外区域。多吡啶配体钌（Ⅱ）配合物水溶液在室温下不表现出荧光，但与核酸链结合后可以表现出较强的光致发光。镧系金属离子，尤其是 $Tb^{3+}$ 和 $Eu^{3+}$，本身就具有发光特性，但却难以直接激发，导致其发射强度较低；与核酸或者核苷酸配体结合，如鸟嘌呤，可以实现荧光增强。传统的发光核酸分别是荧光染料嵌入的核酸链和荧光分子标记的核酸链。最常用的四种荧光染料为：溴化乙锭（EB）和 SYBR 系列荧光染料（SYBR Green Ⅰ、SYBR Green Ⅱ 及 SYBR Gold）。

　　发光核酸作为信号元件与识别元件对接组建生物传感分析技术的策略与 G 四链体的构建策略相似。可以通过识别元件诱导的构象变化或核酸扩增反应，诱导发光核酸与配体结合发出荧光。

### （三）基于酶标记的信号输出策略

　　除通过具有酶学催化性质的 G 四链体或荧光性质的发光核酸作为信号输出元件外，酶标记也是分析技术中常用的信号构建策略。在加入特定底物后，亲和识别截留的酶催化底物显色，从而产生与靶标物质量具有比例关系的比色信号，实现定性或定量信号输出。比较常用的酶有辣根过氧化物酶（horseradish peroxidase，HRP）和碱性磷酸酶（alkaline phosphatase，AP）等蛋白酶标记，以及具有类酶活性的无机纳米酶标记。

### （四）基于贵金属纳米材料的信号输出策略

　　贵金属纳米颗粒（如金、银等）在可见近红外光谱范围内的光吸收和散射使其具有局域表面等离子体共振（LSPR）特性，而金属纳米颗粒的尺寸、形态、组装等局部环境的细微改变都会导致微观上 LSPR 峰的变化，同时宏观体系的颜色也随之发生改变。因此，贵金属纳米材料是一种良好的信号标记材料，常与识别元件配伍用于信号输出。其中，金纳米粒子可以通过功能核酸识别元件与靶标的结合，在纸基界面堆积，形成红色堆积信号输出。此外，还可通过酶诱导的纳米粒子的聚集、形态和生长动力学控制、金属化和蚀刻方式改变 LSPR，从而带来比色信号变化。

# 第三节　功能核酸快速检测的典型技术
## 及在食品安全快速检测中的应用

## 一、化学性风险因子的功能核酸快速检测技术

本节选取第一章绪论中提及的化学性污染因子，如农用化学物质（农药、兽药、激素）、滥用食品添加剂，违法使用有毒化学物质（如苏丹红、孔雀石绿等），有害元素（如汞、铅、镉、砷等），食品加工方式或条件不当产生的有害化学物质（如多环芳烃类、丙烯酰胺、氯丙醇、$N$-亚硝基化合物、杂环胺等），进行功能核酸快速检测技术应用介绍。

### （一）农用化学物质风险因子的功能核酸快速检测技术

基于核酸适配体的生物传感器由两部分组成，一部分为分子识别元件，即核酸适配体，用于识别待检测靶标物质；另一部分是电信号或者光信号转换装置，如金属纳米粒子（MNPs）、氧化石墨烯（GO）、碳纳米管、二硫化钼纳米片等纳米材料及纳米复合材料等，它们将化学、生物、物理反应的信号转化成易于传输和可见的电信号或光信号。其原理是根据适配体与靶标结合引起构象变化从而激活生物传感器信号。与抗体相比，适配体作为识别元件具有合成成本低、灵敏度高、亲和力高和信号传导灵活等优点。根据不同的传感策略，大致可以将生物传感器分为荧光、比色、电化学这三类。

#### 1. 适配体荧光传感器

荧光传感器主要是基于体系荧光性能与适配体结合的靶标浓度之间的变化来检测兽药残留的一种检测方法，具有灵敏度高、选择性好等优点。荧光变化的主要手段包括引入通用荧光猝灭剂、荧光共振能量转移（FRET）、荧光内滤效应（ITE）等。

氯霉素（CAP）是一种广谱抗生素，广泛应用于兽药中，会影响人体健康，如再生障碍性贫血、白血病和骨髓抑制。基于适配体结构转换诱导信号改变设计了一个简单快速检测氯霉素的方法（图 6.9）。适配体通过与荧光团（FAM）和猝灭剂（BHQ1）的互补链结合，实现了 BHQ1 对 FAM 荧光的有效猝灭。当存在氯霉素（CAP）时，适配体结构改变识别 CAP 体系中荧光恢复。该方法简单、灵敏、成本低，检测限为 0.7ng/mL，线性范围为 1～100ng/mL。

利用荧光基团标记适配体可以荧光法测定氧氟沙星（ofloxacin，OFL）的含量，OFL 适配体具有结合 SYBR Green I 染料（SG-I）产生强烈荧光的特性。当 OFL 存在时，OFL 会与适配体结合形成稳定配合物，SG-I 被释放到溶液中，荧光强度下降。荧光强度在 1.1～200nmol/L 范围内呈现线性下降，检测限为 0.34nmol/L（图 6.10）。

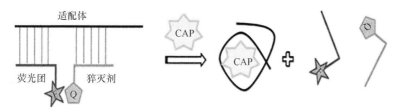

图6.9 适配体结构开关控制信号检测 CAP

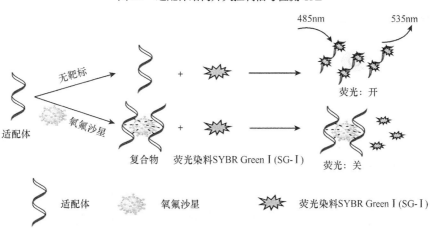

图6.10 适配体和 SYBR 荧光法测定氧氟沙星

四环素（tetracycline，TC）作为广谱性抗生素，在畜产养殖业中常因使用不当或滥用致使奶乳制品中出现抗生素残留，对人类健康造成严重威胁。三螺旋分子开关（triple-helix molecular switch，THMS）和 G 四链体结合无须荧光标记，可快速、可视化检测四环素（TC）（图6.11）。该方法的检测限低至 970.0pmol/L，线性范围为 0.2～20nmol/L。

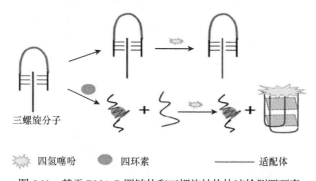

四氢噻吩 四环素 适配体

图6.11 基于 DNA G 四链体和三螺旋结构快速检测四环素

此外，基于功能核酸理性裁剪，将单价适配体进行融合升级，设计了四环素双价适配体非酶标记传感器（图6.12）。该传感器设计的双价适配体可以和硫黄素 T（ThT）结合形成 G 四链体-ThT 复合物，发出荧光信号。当四环素存在时，四环素优先与双价适配体结合，从而抑制与 ThT 的结合，荧光信号降低。根据荧光信号降低值可以实现四环素定量检测，检测限低至 96pmol/L。该传感无须额外标记，在 20min 内可实现对牛奶样本中四环素的快速检测，特异性良好。

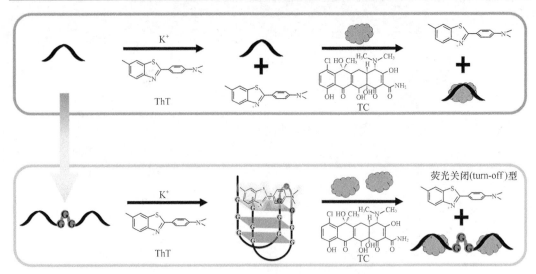

图6.12 基于四环素双价适配体的非酶标记传感器

### 2. 适配体比色传感器

比色传感器是以产生有色化合物反应为基础的，通过比较或测量颜色深度或溶液组成的变化来确定分析物的含量。与其他方法相比，比色生物传感器的最大优点就是检测结果可由肉眼直接观察，不需要任何复杂的仪器，操作简单。

适配体在金属纳米材料辅助下可视化比色检测环丙沙星（ciprofloxacin，CIP）（图6.13）。金纳米粒子（AuNPs）修饰两条单链DNA，并通过两条单链DNA的部分序列互补连接CIP适配体，形成花状的包覆层。未加入CIP时，AuNPs上的花状包覆层可以防止其还原4-硝基苯酚，使溶液保持黄色。当加入CIP时，适配体与环丙沙星特异性结合后会游离到溶液中，AuNPs发挥其催化活性，使溶液从黄色变为无色，由此通过颜色的改变来检测目标物质。该方法的检测限为0.5μg/L，成功应用于水、血清和牛奶中CIP含量的检测。该方法优势是可以直接通过肉眼观察到颜色变化而无须采用仪器检测，更有利于实现野外样品的原位和实时检测。

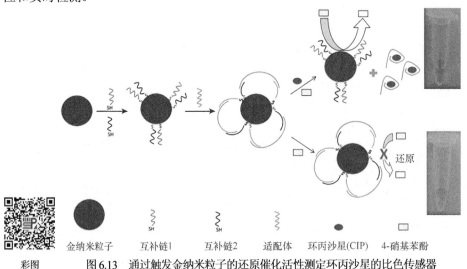

金纳米粒子　　互补链1　　互补链2　　适配体　　环丙沙星(CIP)　　4-硝基苯酚

彩图　　图6.13 通过触发金纳米粒子的还原催化活性测定环丙沙星的比色传感器

此外，适配体（Apt）与金纳米粒子结合，在镧系金属离子辅助下还可免标记、快速比色检测氯霉素（CAP）（图 6.14）。该传感器工作原理是利用金属镧（$La^{3+}$）离子有效地诱导单链脱氧核酸链（ssDNA）修饰的 AuNPs 聚集。在传感过程中 $La^{3+}$ 作为桥联剂，与 Apt-AuNPs 探针表面的磷酸基团牢固结合从而诱导 AuNPs 聚集，使 AuNPs 溶液的颜色从红色转变为蓝色。当氯霉素（CAP）加入检测系统中后，适配体（Apt）能特异性地与 CAP 结合形成刚性的 Apt-CAP 复合物，致使 Apt 无法与 AuNPs 结合，$La^{3+}$ 的桥联作用随着 Apt 的解离而失效，AuNPs 保持分散状态，颜色呈现紫红色。另外，该比色适配体传感器还表现出较强的选择性和抗干扰能力，可成功地运用于牛奶和鸡肉样品中的 CAP 的检测，有效促进了即时检测的发展。

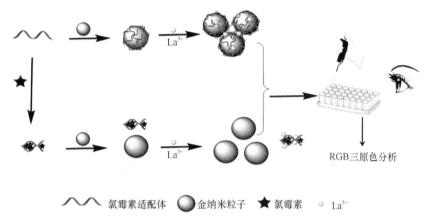

图 6.14　基于 $La^{3+}$ 辅助 AuNP 聚集和智能手机成像的无标记比色适配体传感器用于氯霉素检测的示意图

为了解决小分子靶标只有一个结合位点难以夹心捕获的难题，研究者将核酸适配体劈裂成两个片段，搭建了一种劈裂适配体夹心比色传感器用于恩诺沙星小分子靶标的检测（图6.15）。该传感器中劈裂适配体 1 修饰在磁珠表面，劈裂适配体 2 修饰在金纳米粒子表面，在恩诺沙星存在的情况下特异性结合形成三元复合物，三元复合物暴露出的核酸末端具有 3′—OH 基，可以在脱氧腺嘌呤（dATP）存在时形成 poly（A）启动链，启动等温 RCA 反应产生大量辣根过氧化物酶标记的 cDNA 探针（HRP-cDNA）结合序列，锚定 HRP，催化底物 TMB 显色，实现比色检测。劈裂后的两个单独寡核苷酸缺乏二级结构不能形成完整适配体，因此不会产生假阳性或非特异性信号。只有当恩诺沙星存在时，两个劈裂的适配体片段才会相互结合产生阳性信号。

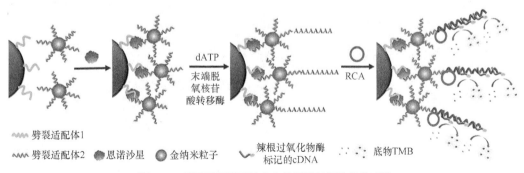

图 6.15　基于劈裂适配体夹心的恩诺沙星比色传感器

**3. 适配体电化学传感器**

根据电化学原理的不同,电化学传感方法可分为循环伏安法(CV)、交流伏安法(ACV)、电化学阻抗谱(EIS)、方波伏安法(SWV)、分差脉冲伏安法(DPV)、光电化学法(PEC)和电化学发光法(ECL)。当分析物存在时,适配体与分析物结合产生相应的电化学信号。电化学传感的优点是检测可以在几分钟内进行,具有相当高的灵敏度,甚至在某些食品样品没有预处理的情况下也能进行检测。

为满足牛奶中氨苄青霉素(AMP)高效检测的需要,以纳米磁珠为载体,适配体与氨苄青霉素特异性结合为基础,构建了氨苄青霉素适配体电化学传感器(图6.16)。采用碳二亚胺交联法制备修饰有氨苄青霉素的磁珠,该磁珠可与待测样中的氨苄青霉素共同竞争反应体系中的适配体和辣根过氧化物酶,随后利用磁性玻碳电极将上述磁珠吸附于电极检测表面进行电化学测定。最佳条件下,该传感器在 $1.0×10^{-12}$~$1.0×10^{-8}$mol/L 浓度范围内传感器响应电流与氨苄青霉素浓度呈现良好的反比例线性关系,检测限可达 $1.0×10^{-12}$mol/L。

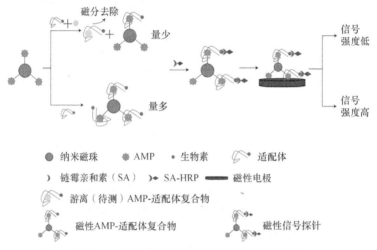

图6.16　适配体传感器检测氨苄青霉素原理图

为满足牛奶中四环素(TET)高效检测的需要,将多壁碳纳米管(MWCNTs)修饰在玻碳电极(GCE)上固定抗 TET 适配体建立了一种电化学传感器(图6.17)。该电化学传感器依靠适配体与 TET 结合形成复合物阻碍 $Fe(CN)_6^{3-}$ / $Fe(CN)_6^{4-}$ 氧化还原对靠近电极表面,从而使得循环伏安曲线的峰值电流降低实现电信号输出检测。该传感器的检测限为 $5×10^{-9}$mol/L,成功应用于加标牛奶样品中 TET 的测定。

**(二)违法使用有毒化学物质的功能核酸快检技术**

孔雀石绿(MG)对鱼类或鱼卵的寄生虫、真菌或细菌感染特别有效,常用在水产养殖中,但孔雀石绿过量残留会对人体造成危害。为满足孔雀石绿检测要求,基于理性设计,融合孔雀石绿劈裂适配体和劈裂 G 四链体,搭建了一款无标记适配体传感器(图6.18)。该传感器根据硫黄素 T(ThT)能诱导劈裂 G 四链体重组装形成 G 四链体-ThT 复合物(紫色部分)产生荧光,而待检物质孔雀石绿存在时,诱导孔雀石绿适配体重组形成适配体-孔雀石绿复合物(黄色部分),进而抑制 G 四链体-ThT 复合物形成荧光减弱,实现孔雀石绿简便、快速、低成本、超灵敏的检测,该研究将孔雀石绿 RNA 适配体改造为 DNA 适配体,亲和性和稳定性大大提高,检出限为 4.17nmol/L,具有理想的特异性和灵敏度。

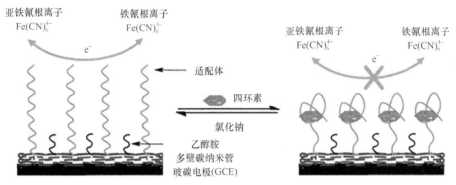

图 6.17 电化学适配体传感器在四环素检测中的应用

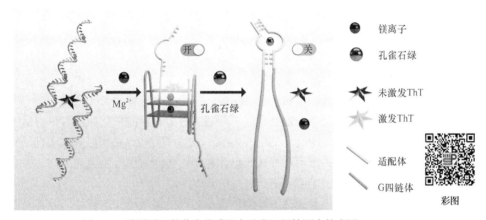

图 6.18 劈裂适配体荧光传感器在孔雀石绿检测中的应用

### (三)有害元素的功能核酸快检技术

**1. 基于切割型核酶的重金属离子功能核酸荧光传感技术**

荧光传感技术大体可以分为两种:标记荧光基团的传感技术和无标记荧光基团的传感技术。无标记荧光基团的传感技术主要依靠 DNA 染料嵌入或 DNA 荧光纳米簇生成,产生荧光信号。

1)标记型重金属离子功能核酸荧光传感技术 标记荧光基团的传感技术需要将荧光基团和猝灭基团通过共价键链接在酶链或底物链上,通过靶标催化核酶(DNAzyme)底物链切割,实现荧光基团和猝灭基团的距离调控发生不同的荧光共振能量转移(FRET),从而实现荧光信号强弱变化输出。以基于 8-17 DNAzyme 的 $Pb^{2+}$ 荧光传感器为例,切割型核酶底物链的 5′端以荧光基团 FAM 标记,酶链的 3′端以猝灭基团 Q 标记。当无 $Pb^{2+}$ 时,酶链和底物链碱基对通过 Watson-Crick 键连接,导致荧光猝灭。当 $Pb^{2+}$ 存在时,8-17 DNAzyme 催化底物切割,切割底物从酶链上脱落,使荧光基团与猝灭基团的距离增加从而使荧光强度增加,从而实现金属离子的检测(图 6.19)。

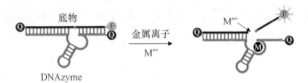

图6.19　基于切割型核酶的荧光传感器在孔雀石绿检测中的应用

除了在酶链和底物链的终端修饰荧光基团外，也可以在序列的内部进行修饰。基于切割型核酶的标记型荧光传感器可以达到大型精密仪器同级别灵敏度的同时，还兼具高选择性。例如，特异性核酶39E DNAzyme对$UO_2^{2+}$的选择性较其他金属离子特异性高100万倍以上。

此外，除了依赖有机荧光染料-猝灭基团间的FRET外，还有报道利用量子点替代有机荧光染料，金纳米粒子代替猝灭材料完成标记型荧光传感器的搭建。

2）非标记型重金属离子功能核酸荧光传感技术　　由于标记荧光基团的传感技术价格相对昂贵，构建过程复杂，而且增加的荧光基团可能会对功能核酸的活性产生影响。因此，无标记荧光基团的荧光传感器受到人们的广泛关注。它主要包括DNA嵌合荧光染料、G四链体催化发光、DNA为模板的金属纳米簇。

最常用的SYRB Green I染料、Picogreen染料能与双链核苷酸嵌合发出较强的荧光，而与单链荧光发出的荧光较微弱。依靠有害元素诱导的切割型核酶底物链切割反应，切割型核酶由双链转化为单链产物，不与荧光染料结合，荧光值较低；而当有害元素不存在时，荧光染料与双链切割型核酶结合，发出较强的荧光，从而实现无标记荧光检测。

此外，G四链体不但可以与血红素结合形成类过氧化物酶催化ABTS和TMB显色，还可以与鲁米诺、三苯甲烷（TPM）、苯乙烯硫酸（SQ）等结合。$Cu^{2+}$以poly（T）序列为模板，在合适还原剂存在情况下，还可以形成铜纳米粒子，进而发出红色荧光。

**2. 基于切割型核酶的比色传感技术**

虽然荧光传感技术对于金属离子检测能提供较高的灵敏度和选择性，但其仍需要设备进行信号输出，实际应用中即使是体积较小的可提式荧光计也不便于原位和实时监测，而且荧光基团的标记周期和费用相对于比色传感技术也没有优势。因此，比色传感技术检测重金属是理想的方法，具有操作简单、价格低廉，且可通过直接的颜色变化进行半定量等特点，对于具有实时原位检测要求的样品更具意义。

比色传感技术也可以分为标记型和非标记型两种。标记型比色传感技术通常是利用核酶的酶链断裂，调控金纳米粒子（AuNPs）的聚集及分散状态，实现比色信号输出。13nm AuNPs的分散和聚集状态分别对应红色和蓝色。非标记的比色传感技术主要是依赖于金纳米粒子对单双链DNA的吸附能力不同建立的。

此外，还有研究依靠T-$Hg^{2+}$-T错配夹心识别，结合横流层析技术搭建功能核酸纸基传感器（图6.20），实现痕量$Hg^{2+}$检测。该传感器通过链霉亲和素-生物素桥联系统将富T单链DNA（TSP）固定到检测线（T线）上，另外设计DNA探针（2）固定到纤维素膜上作为质控线（C线）。巯基化DNA探针（1）通过Au—S键固定到金纳米粒子（AuNPs）上得到AuNPs-DNA探针（1），预先装载到金标垫上。当待检样品不存在$Hg^{2+}$时，样品溶液通过毛细管作用迁移并通过金标垫，AuNPs-DNA探针（1）与TSP杂交，使得AuNPs在T线上聚集呈现红色，多余的AuNPs-DNA探针（1）继续迁移并与DNA探针捕获（2），从而在C线上形成

第二条红色带。在 $Hg^{2+}$ 存在下，DNA 探针（1）与 $Hg^{2+}$ 之间竞争与 TSP 结合，$Hg^{2+}$ 与 TSP 结合，减少了 AuNPs-DNA 探针（1）能与 TSP 杂交的共轭物，导致红色强度变弱。样品中 $Hg^{2+}$ 含量越多，T 线上的红线越弱，依靠比色分析便可实现汞离子定量分析。

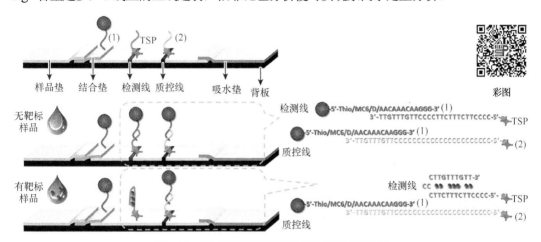

图 6.20　基于碱基错配的银离子比色传感示意图

## 二、生物性风险因子的功能核酸快速检测技术

本节选取第一章绪论中提及的微生物及其有毒代谢产物（毒素）、病毒等典型的生物性风险因子为例，阐述功能核酸快速检测技术的应用案例。

### （一）微生物菌体的功能核酸快速检测技术

细菌污染一直是主要的公共问题之一，因为它可能对食品安全、水质和临床诊断构成严重威胁。基于 DNA 适配体及 DNA 银纳米簇（DNA-AgNCs），在 Exo Ⅲ 扩增辅助下，建立了一种新型发光核酸快速检测技术，用于检测鼠伤寒沙门菌（图 6.21）。生物素化的适配体（biotin-Apt）通过链霉亲和素-生物素（SA-B）桥联系统固定到链霉亲和素修饰后的磁珠（SMBs）表面，与互补 DNA（cDNA）杂交形成分子开关。在靶标鼠伤寒沙门菌存在时，适配体与靶标菌结合诱导链置换，结合磁分离释放出 cDNA。加入发夹探针（HP），HP 含有一个富含胞嘧啶的寡核苷酸环（C-rich loop）可沉积 $Ag^+$ 在还原剂存在下形成 DNA-AgNCs。释放后的 cDNA 与 HP 杂交结合，启动 Exo Ⅲ 的循环消化将富含 C 的 HP 发夹环转变为线性 DNA，导致 DNA-AgNCs 无法合成，荧光降低。基于 DNA-AgNCs 的荧光变化，该方法对牛奶样品中鼠伤寒沙门菌检测限达到 $6.6×10^2 CFU/mL$，且具有良好的线性范围，表明该方法在复杂食品样品中具有很好的实用性。

通过体外筛选靶向天然毒素降解片段的 DNA 适配体，设计了一种全印刷折纸作为比色传感器，用于检测艰难拟梭菌。该传感器由两块纸片制成，第一块纸片为传感区（S 区），喷墨打印有所筛选的适配体（Dapt 1T）与其互补的 DNA 序列（DP1）的杂交体（3D DNA/DP1），其中 DP1 的 3′部分被设计为 DNA 引物，可引发 RCA 反应。第二块纸片含有控制区（C 区）和测试区（T 区），两个区域的 RCA 产物均被设计为具有类过氧化物酶活性的脱氧核酶，可在 $H_2O_2$ 和 TMB 存在的情况下产生比色信号。通过设计，C 区始终具有比色信号，而只有当靶标存在时，DP1 才会被释放并触发 T 区 RCA 反应，产生比色信号。此外，核糖核酸酶 H2（RNase H2）是一种普遍存在的核酸结合蛋白，在原核生物中作为单体蛋白存在。以艰难拟梭菌 RNase H2（CDH2）作为靶标，通过在 SELEX 每轮中降低靶标和文库浓度增加筛选的压力，可以在不需要反筛选的情况下获得 CDH2 的高特异性适配体用于艰难拟梭菌的检测。

　　研究者利用依靠体外筛选技术得到的可以特异性响应大肠杆菌 O157：H7 胞外分泌物的切割型核酶（DNAzyme），结合磁分离技术、等温扩增技术及铜纳米簇（CuNCs）发光搭建了一种功能核酸荧光传感器（图 6.22）。该传感器以 DNAzyme 作为识别探针，通过大肠杆菌粗细胞内分泌物（crude intracellular mixture，CIM）催化 DNAzyme 自身切割，转化为单链核酸启动等温滚环扩增反应（RCA），扩增出具有重复 DNA 单元序列的长单链，实现信号扩增。重复 DNA 单元序列可以特异性沉积 $Cu^{2+}$ 在还原剂抗坏血酸存在情况下，核酸金属化形成成千上万个铜纳米簇发出荧光信号，实现信号输出。此外，该传感器的所有反应在磁珠界面进行，依赖磁分离，提高反应特异性及效率。

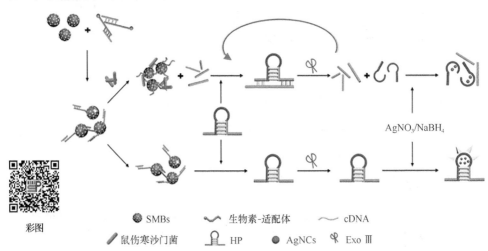

图 6.21　基于适配体链置换及 DNA 荧光银纳米簇合成的鼠伤寒沙门菌检测示意图

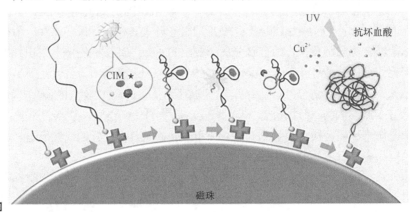

图 6.22　基于微生物核酶及 DNA 荧光铜纳米簇合成的大肠杆菌检测示意图

（二）微生物毒素的功能核酸快速检测技术

对食品安全影响较大的微生物毒素主要以细菌分泌的大分子蛋白毒素和真菌次级代谢的小分子真菌毒素为主，本节主要介绍这两大类食品安全风险因子的功能核酸快速检测技术。

参考传统的双抗体夹心 ELISA，可依靠双适配体夹心结合核酸扩增及酶标记技术，建立功能核酸比色传感器检测大肠杆菌内毒素脂多糖（LPS）。该方法利用双适配体夹心捕获大肠杆菌脂多糖将其转化为单链激发探针，并通过 DNA 非酶自组装，将单链激发探针扩增转化为 HCR-HRP 酶串信号体，实现信号极大扩增（图6.23A~C）。由于目标识别和信号扩增可以同时进行，极大缩短分析周期。最终可对 1.73ng/mL 脂多糖实现超灵敏检测。

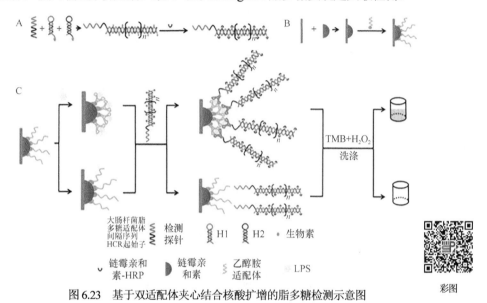

图 6.23 基于双适配体夹心结合核酸扩增的脂多糖检测示意图

彩图

除了在金纳米粒子辅助下实现重金属离子比色传感分析外，还可依靠核酸理性设计设计分子开关，结合等温扩增技术及酶标记手段实现脂多糖内毒素的比色检测（图 6.24）。有研究设计了特异性识别脂多糖的灯泡状三核酸分子开关（BTTS）作为高效分子识别兼信号转换元件，通过 BTTS 环状区域嵌入的适配体（红色序列部分）与脂多糖结合引起的构象变化，破坏 BTTS 分子开关释放单链 DNA 探针（黄色部分），进而被固定在酶标板上的捕获 DNA 探针（immobilized CP）抓获，促发非酶等温杂交链式反应（HCR）扩增得到具有大量链霉亲和素-辣根过氧化物酶（SA-HRP）结合位点的长双链 DNA，进而利用生物素-亲和素标记的辣根过氧化物酶显色系统可视化输出检测信号，实现了大肠杆菌脂多糖的可视化检测。

（三）病毒的功能核酸快速检测技术

2019 年由新型冠状病毒（SARS-CoV-2）引起的冠状病毒病（COVID-19，现称为新型冠状病毒感染）暴发。冠状病毒疾病检测的金标准是 RT-PCR，具有较高的特异性和敏感性。然而，由于该方法耗时费力，在现场检测中存在一定的局限性。针对刺突（S）或核衣壳（N）

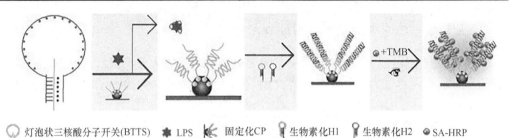

图 6.24　基于灯泡状三核酸分子开关及等温扩增的脂多糖检测示意图

彩图

病毒蛋白的抗原检测被认为是一种补充工具。尽管抗原检测在敏感性和特异性方面存在缺陷，但仍可用于检测具有高病毒载量的潜在传染性个体。目前，有报道基于核酸适配体双夹心检测 SARS-CoV-2 S 蛋白的方法（图 6.25）。该方法详细研究了核酸适配体与 S 蛋白受体结合域的结合特性，成功制备可以和 S 蛋白不同区域结合的核酸适配体对，与 S 蛋白形成三明治复合物，够检测出 21ng/mL（270pmol/L）的 S 蛋白，与其他已知的人类冠状病毒的交叉反应性可以忽略不计。

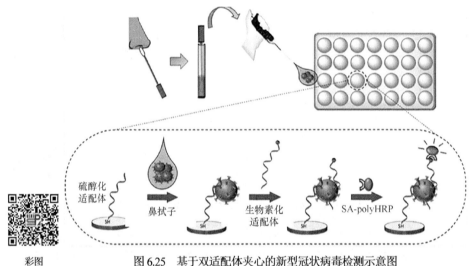

彩图　　　　　　　图 6.25　基于双适配体夹心的新型冠状病毒检测示意图

除了参考 ELISA，依靠酶标记进行双夹心检测，适配体还可通过静电吸附到金纳米粒子（AuNPs）形成纳米检测探针。欧洲 Achiko AG 公司利用该探针制备了一种获得 CE 认证的 COVID-19 快检试剂盒 AptameX。该试剂盒将吸附有适配体的 AuNPs 制备成均匀、稳定的胶体溶液，当溶液中没有 SARS-CoV-2 刺突蛋白存在时，适配体吸附在 AuNPs 表面，为纳米颗粒提供额外的电荷，增强了抗 NaCl 盐稳定性，金纳米粒子保持分散状态，呈现红色，出现金纳米粒子特征等离子吸收峰。而当有 S 蛋白存在时，S 蛋白与适配体结合，夺去 AuNPs 表面的 DNA 适配体，高浓度盐 NaCl 可以中和纳米探针表面电荷诱导其团聚，金纳米粒子的特征等离子吸收峰消失（图 6.26）。进一步借助手机分析软件（Teman Sehat）或紫外可见分光光度计可实现新型冠状病毒的快速定量检测（图 6.27）。

AptameX 是一种创新的快速检测方法，使用 DNA 适配体而不是抗原来检测 SARS-CoV-2 病毒。AptameX 于 2021 年年中获得印度尼西亚卫生部的产品和注册批准，并于 2022 年 5 月在欧盟获得 CE 标志。

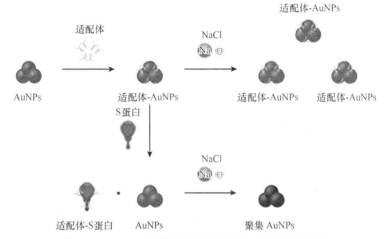

图 6.26　AptameX 新型冠状病毒试剂盒检测原理示意图

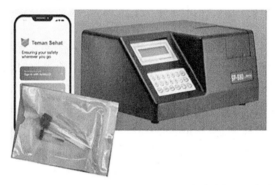

图 6.27　已获 CE 认证的 COVID-19 DNA 适配体金纳米测试试剂盒　AptameX

## 思 考 题

1. 用于生物传感的识别类功能核酸有哪些？
2. 用于生物传感的信号类功能核酸有哪些？
3. 如何获得目标分析物的功能核酸？
4. 何为发光核酸，其具有哪些性质？
5. 横流层析试纸的组成是什么？

# 第七章 分子印迹快速检测技术

**【本章内容提要】**本章主要介绍了分子印迹技术的概念、分子印迹聚合物的制备方法，以及分子印迹技术在快速检测中的应用进展；阐述了分子印迹技术的基本原理和识别机制；系统地概括了国内外分子印迹前处理技术和分子印迹仿生免疫快速技术、分子印迹电化学传感技术、分子印迹表面增强拉曼光谱技术等快速检测技术的研究现状及应用进展。

## 第一节 分子印迹技术概述

### 一、分子印迹的概念与特性

分子印迹技术（molecular imprinting technique，MIT）起源于预防医学中的免疫学，是模拟生物抗原与抗体特异性结合的一种新型技术。1949 年，迪基（Dickey）实现了染料在硅胶中的印迹，首次提出了"分子印迹"的概念。1972 年由伍尔夫（Wulff）研究小组首次成功制备出对糖类化合物有较高选择性的共价型分子印迹聚合物。1993 年莫斯巴赫（Mosbach）等报道了关于茶碱分子印迹聚合物（molecularly imprinted polymer，MIP）的研究，其普遍适用性和可预定的专一识别性受到人们的关注及重视。21 世纪，分子印迹协会（Society for Molecular Imprinting，SMI）的成立，标志着分子印迹已成为高分子范畴的研究热点。迄今，在分子印迹机理、制备方法，以及在食品样品前处理、天然活性分子定向萃取、生物大分子特异性识别筛选、各种生物传感器等各个方面和多个领域中均取得显著的研究成果，尤其是分子印迹技术在食品快速检测方面的应用令人瞩目。

#### （一）分子印迹概念

分子印迹技术（MIT）是为获得在固相空间结构和结合点位上对某一分子（通常称为模板分子）完全匹配的聚合物实验制备技术。分子印迹聚合物（MIP）是指通过分子印迹技术合成对特定目标分子及其结构类似物具有特异性识别和选择性吸附，具有固定尺寸形状和空穴，以及确定排列活性功能团的高分子聚合物。分子印迹聚合物通过形状大小和活性功能团对目标物进行吸附，在食品快速检测领域具有极高的应用前景。

根据模板分子与单体的相互作用，可以把分子印迹技术分为两种基本类型。一类叫共价法（预先组织法），其过程是模板分子与功能单体之间通过共价键结合，然后通过交联剂聚合后再用化学方法打断与模板分子连接的共价键，最后将模板分子洗脱出来，即可得到对模板分子具有特异性识别能力的聚合物。共价法具有空间位置固定的优点，但由于共价键作用力较强，模板分子自组装和识别过程中结合和解离的速度较慢，难以达到热力学平衡，不适宜快速识别。另一类叫非共价法（自组装法），其过程是模板分子与功能单体和交联剂混合，通过非共价键结合在一起，制成具有多重作用位点的分子印迹聚合物。这些非共价键包括离子键、氢键、金属配位键电荷转移、疏水作用及范德瓦耳斯力等，其中以氢键应用最为广泛。由于非共价作用的多样性，在印迹过程中可同时使用多种功能单体，以及用简单的萃取法便可除去模板分子等特点，使得该法比共价法更常用。

目前，分子印迹技术主要以非共价法为主，通过选择合适的功能单体与目标模板分子通过疏水作用、氢键、范德瓦耳斯力、离子键作用、金属螯合作用及静电作用进行识别预组装，从而形成最适空间匹配，继而通过聚合反应将功能单体交联为整体，然后除去模板分子，形成尺寸、形状、识别基团可与模板分子相互匹配的空穴，从而制备出对目标模板分子具有高选择能力的高分子聚合物，即分子印迹聚合物。分子印迹聚合物具有易于大量制备、结构更稳定、价格低廉、易储藏、靶标多样性等优势而应用更为广泛，目前已成功应用于固相萃取、膜分离、传感器、生物医药，以及食品安全等领域，显示出了巨大的应用价值和发展前景。

（二）分子印迹的特性

分子印迹聚合物应具备以下性质：①具有适当的刚性，聚合物在脱去印迹分子后，仍能保持空穴原来的形状和大小；②具有一定的柔性，使底物与空穴的结合能快速达到平衡，对快速检测和模拟酶反应很重要；③具有一定的机械稳定性，此性质对制备高效液相色谱（HPLC）及毛细管电泳（CE）中的固相填充材料具有重要意义；④具有热稳定性，在高温下其结构性质不会被破坏，仍能发挥正常作用。

分子印迹聚合物具有三大特点：①构效预定性（predetermination），即模板分子和功能单体形成的自组装结构在聚合之前可预定形成，故可按照既定目标制备不同的分子印迹聚合物，以满足不同的需要；②特异性（specificity），即分子印迹聚合物是按照印迹分子定做的，它具有能识别印迹分子的特定识别空腔和识别位点，可专一性识别印迹分子；③广泛实用性（practicability），即它可以与天然的生物分子识别系统，如酶与底物、抗体与抗原、受体与激素相比拟，由于它通过化学合成方法制备，因此又有天然分子识别系统所不具备的抗恶劣环境的能力，从而表现出高度的稳定性和长的使用寿命。分子印迹聚合物成本低是分子印迹技术的另一优点。而且印迹分子可以回收、重复使用。这些优点表明分子印迹技术具有非常诱人的发展前景。

## 二、分子印迹技术的作用原理

（一）分子印迹基本原理

分子印迹技术基本原理（图7.1）是仿照抗体的形成机理，通过选用能与模板分子（印迹分子）产生特定相互作用的功能单体，在交联剂的作用下，以共价或非共价方式进行聚合得到固体介质，采用合适的溶剂除去模板分子后，在聚合物的网络结构中留下与模板分子在尺寸大小、空间结构、结合位点相匹配的立体孔穴。

这种孔穴可对印迹分子或与之结构相似的分子实现高度的特异性识别。MIP 的制备过程一般分为以下三个步骤，一是功能单体和模板分子之间通过共价键或通过处于相近位置的非共价键而相互结合形成单体-模板分子的复合物；二是功能单体在适当交联剂的作用下，互相交联形成共聚物，从而使其功能基团在空间排列顺序和方向上固定下来；三是通过索氏提取、超声洗涤等方法将印迹分子除去，这样便在共聚物中留下了与印迹分子在空间结构上完全匹配的，并含有与模板分子专一结合作用位点的立体空穴，这一空腔可以精准地"记住"模板的结构、尺寸及其他的物化性质，并能有效而有选择性地去键合模板（或类似物）分子。

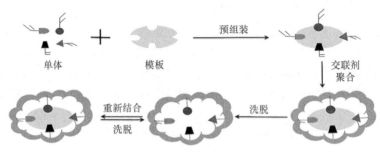

图 7.1　分子印迹技术原理图

## （二）分子印迹识别机理

目前，分子印迹技术已经在各个领域得到了广泛的应用，但关于分子印迹技术的理论和定量研究较少。通过研究分子印迹识别过程，可以进一步阐明 MIP 形成方式和 MIP-配体识别的物理机制及其特点，解决分子印迹技术的缺点，进一步提高分子印迹技术应用效率。

### 1. 分子印迹热力学研究

近年来，人们通过对分子印迹热力学的研究，阐述了基于模板结构的记忆效应和构效关系及热动力学，并通过计算机模拟得到了验证，目前已经应用于分子对接、蛋白质结构分析等相关研究。分子印迹过程的热力学原理包括：MIP 形成方式的物理机制和 MIP-配体偶联的物理性质。关于印迹制备中的物理性原则，现在已经开展了很多的研究工作。威廉斯（Williams）研究小组进行了关于键能量变化的详细研究，提出了关于热动力学的观点，通过公式（7.1）可以更好地理解识别过程中的问题，解释 MIP 合成过程中的印迹效应和配体-MIP 键合反应。

$$\Delta G_{bind} = \Delta G_{tr} + \Delta G_{r} + \Delta G_{h} + \Delta G_{vib} + \sum \Delta G_{p} + \Delta G_{conf} + \Delta G_{vdw} \qquad (7.1)$$

这里吉布斯自由能的变化包括：$\Delta G_{bind}$：形成复合物自由能的改变；$\Delta G_{tr}$：转化和循环中的自由能的改变；$\Delta G_{r}$：转子受到复合体的限制时的自由能；$\Delta G_{h}$：不溶于水的物质间所发生的相互反应释放能量；$\Delta G_{vib}$：残留的软振动模式自由能；$\sum \Delta G_{p}$：相互反应的两个极性基团作用的自由能总和；$\Delta G_{conf}$：构象逆转的自由能；$\Delta G_{vdw}$：范特霍夫相互作用自由能。

当混合物在分子水平上发生聚合时，这些变量共同决定了聚合过程的完成，如 $\Delta G_{bind}$，决定了结合位点的数量和受体位点的不均匀程度。构成 MIP 分子记忆效应的基础是不同种聚合反应混合物中溶解的模板-功能单体，模板-功能单体复合物越稳定越规则，生成的 MIP 受体数量和忠实度（重现精度）就越高，两者匹配程度不仅取决于聚合混合物中所出现的每一种化学组分的性质，还取决于其物理环境（温度和压力）。同时，单体-单体，模板-模板，溶剂-溶剂，溶剂-单体之间的相对反应强度也会影响功能单体-模板相互作用的程度。在可逆的共价功能单体-模板的相互反应中，复合物的稳定性必须得到保证。

对于公式（7.1）中所涉及的其他变量，如 $\Delta G_{vib}$（振动模式的程度）对聚合物的均一性作用，受到聚合过程中温度的影响；在公式（7.1）中的 $\Delta G_{conf}$（有关构象的变量）和 $\Delta G_{vdw}$

（有关范特霍夫相互作用的变量），这些与能量相关的变量可以反映出模板构象与有效溶剂化学效应而形成的聚合物。总之，每种热力学变量都会对聚合物的稳定性和均匀性产生影响。因此，通过对这些变量的控制，能够较大程度地提高模板选择性识别位点的忠实度。

**2. 离散型吸附平衡等温线模型——朗缪尔模型**

朗缪尔（Langmuir）吸附平衡等温线模型是目前分子印迹领域最常用的模型，在分子动力学的基础上推导得出，具有较为扎实的理论基础。Langmuir 模型的应用必须满足以下四个假设条件：①固体表面是均匀的，吸附位点只固定于固体表面且吸附位点之间能量相同；②吸附分子间不存在相互作用；③每个吸附位点只能与一个吸附分子结合，在固体表面形成均匀单分子层；④在一定条件下，吸附速率与解吸速率相等，达到吸附平衡。

Langmuir 模型平衡方程：

$$Q_{eq} = \frac{KQ_{max}C_{eq}}{1+KC_{eq}} \quad 或 \quad \frac{1}{Q_{eq}} = \frac{1}{KQ_{max}C_{eq}} + \frac{1}{Q_{max}} \tag{7.2}$$

其中，$Q_{max}$——MIP 对模板分子的最大吸附量（μmol/g）；$Q_{eq}$——MIP 对模板分子的平衡吸附量（μmol/g）；$C_{eq}$——溶液中模板分子的平衡浓度（μmol/L）；$K$——吸附平衡常数（L/μmol）。

Langmuir 理论是一个单分子层吸附理论，而分子印迹材料是不均匀的，表面上各部分的吸附能也不相等，在实际情况下很难满足其四个假设条件。因此，这种模型在不均匀的表面只能对应一个能级，只能适应于仅存在一种类型结合位点的聚合体系。

**3. 连续型吸附平衡等温线模型——弗罗因德利希模型**

分子印迹聚合过程中存在诸多因素会对结合位点产生影响，从而导致同一种印迹材料存在多种结合方式，因此清水（Shimizu）等研究认为弗罗因德利希（Freundlich）模型更能表现出印迹吸附的连续特性。

Freundlich 模型的经验公式为

$$\ln Q_e = \ln K + \frac{1}{n}\ln C \tag{7.3}$$

其中，$Q_e$——MIP 对模板分子的平衡吸附量；$K$——吸附平衡常数；$1/n$——吸附强度（$1/n$ 在 0.1～0.5 时，吸附容易进行；当 $1/n > 2$ 时，吸附很难进行）；$C$——吸附溶液原始浓度。

Freundlich 吸附等温线模型适合多层异质性吸附系统的描述，而不再局限在单分子层吸附行为。

**4. 斯卡查德吸附模型**

斯卡查德（Scathcard）方程可判断 MIP 的吸附类型，确定 MIP 吸附结合位点的种类及分布情况。如果 MIP 的吸附结合位点分布均匀，可计算出饱和吸附量及解离常数：饱和吸附量越大，MIP 在单位质量上的吸附能力越强；解离常数值越小，MIP 的亲和力越高。

Scatchard 吸附模型公式：

$$\frac{Q}{C} = \frac{Q_{max}-Q}{K_d} \tag{7.4}$$

其中，$K_d$——平衡解离常数（μmol/L）；$Q_{max}$——MIP 最大饱和吸附量（μmol/g）；$Q$——MIP 对模板分子的吸附量（μmol/g）；$C$——吸附平衡浓度（μmol/L）。

## 三、分子印迹聚合物的制备方法

### （一）分子印迹聚合物制备体系

典型的 MIP 合成体系包含模板分子、功能单体、交联剂、致孔剂和引发剂。在制备具有优异性能的 MIP 时，聚合反应受多种因素的影响，如单体、交联剂、引发剂和溶剂的类型和用量，以及聚合反应的温度和时间等。

### 1. 功能单体

功能单体是通过提供官能团与模板分子形成配合物。因此，合适功能单体的选择是非常重要的，其可以与模板相互作用并在聚合之前形成特定的预聚合复合物。表 7.1 列举了典型的功能单体。其中，非共价单体甲基丙烯酸甲酯（methyl methacrylate，MAA）由于它的氢键供体和受体特性而成为"通用功能单体"。由于分子印迹技术中功能单体的数量是有限的，在某种程度上阻碍了分子印迹技术的发展和应用。因此，设计和合成与模板形成相互作用的新功能单体是非常重要的。功能单体由两种单元组成：识别单元和可聚合单元，如乙烯基和硅羟基。因此，研究者们设计合成了一些由乙烯基和硅羟基修饰的复合功能单体。同时，为了制备具有比色或荧光信号的 MIP，2013 年瓦格纳（Wagner）等设计了萘酰亚胺的荧光指示剂功能单体，使用 4-氨基取代的萘二甲酰亚胺（NI）发色团作为可聚合单元，尿素功能基作为识别单元。β-环糊精（β-CD）是具有亲水外部和疏水空腔的环状低聚糖，已作为分子印迹的特殊单体引起人们的关注。常用功能单体如表 7.1 所示。

**表 7.1　分子印迹技术中常用功能单体**

| 功能单体 | 名称 | 结构 |
|---|---|---|
| 共价 | 1. 4-乙烯基苯硼酸<br>2. 4-乙烯基苯甲醛<br>3. 4-乙烯基苯胺<br>4. 叔丁基乙烯基苯基碳酸酯 | |
| 非共价 | 1. 丙烯酸<br>2. 甲基丙烯酸<br>3. 三氟甲基丙烯酸<br>4. 甲基丙烯酸甲酯<br>5. 对乙烯基苯甲酸<br>6. 衣康酸<br>7. 4-乙基苯乙烯<br>8. 苯乙烯<br>9. 4-乙烯基吡啶<br>10. 2-乙烯基吡啶<br>11. 1-乙烯基咪唑<br>12. 丙烯酰胺 | |

续表

| 功能单体 | 名称 | 结构 |
|---|---|---|
| 非共价 | 13. 甲基丙烯酰胺<br>14. 2-丙烯酰胺基-2-甲基-1-丙磺酸<br>15. 2-羟乙基甲基丙烯酸酯<br>16. 反式-3-（3-吡啶基）-丙烯酸<br>17. 3-氨丙基三乙氧基硅烷<br>18. 甲基乙烯基二乙氧基硅烷 | |
| 半-共价 | 3-异氰酸丙基三乙氧基硅烷 | |
| 配体交换 | 1. Cu（Ⅱ）-亚氨基二乙酸酯衍生<br>　的乙烯基单体<br>2. Fe²⁺-MAA 络合物 | |

## 2. 交联剂

在反应过程中，交联剂可以将功能单体固定在模板分子周围，从而在除去模板分子后形成高度交联的刚性聚合物。交联剂的用量和种类对 MIP 的选择性和结合能力有很大的影响。通常，交联剂太少会因交联度太低而导致机械性能不稳定。交联剂太多将减少 MIP 的识别位点数量。目前，自由基聚合和溶胶-凝胶聚合方法常用的交联剂如表 7.2 所示。

表7.2　分子印迹技术中常用交联剂

| 交联剂 | 名称 | 结构 |
|---|---|---|
| 共价 | 1. 三烯丙基异氰脲酸酯<br>2. 双[1-（叔丁基过氧化）-1-甲基乙基]-苯<br>3. 过氧化二异丙苯 | |
| 非共价 | 1. 乙二醇二甲基丙烯酸酯<br>2. N, N-亚甲基二丙烯酰胺 | |

续表

| 交联剂 | 名称 | 结构 |
|---|---|---|
| 非共价 | 3. 二乙烯基苯<br>4. 1,3-二异丙烯基苯<br>5. N,N-1,4-亚苯基二丙烯酰胺<br>6. 2,6-双丙烯酰胺吡啶<br>7. N,O-双丙烯酰苯丙氨醇<br>8. 3,5-双（丙烯酰氨基）苯甲酸<br>9. 1,4-丙烯酰哌嗪<br>10. 四亚甲基二甲基丙烯酸酯<br>11. N,O-双甲基丙烯酰乙醇胺<br>12. 甲基丙烯酸缩水甘油酯<br>13. 三甲基丙烷三甲基丙烯酸酯<br>14. 季戊四醇四丙烯酸酯 | |
| 溶胶-凝胶法 | 1. 四甲氧基硅烷<br>2. 四乙氧基硅烷<br>3. 苯基三乙氧基硅烷<br>4. 苯基三甲氧基硅烷<br>5. 二苯基二乙氧基硅烷 | |
| 配体交换 | 1. 马来酸松香乙二醇丙烯酸酯 | |

续表

| 交联剂 | 名称 | 结构 |
|---|---|---|
| 配体交换 | 2. 乙二醇马来松香酸酯丙烯酸酯 | $H_2C=HCCOH_2CH_2COOC$ $COOCH_2CH_2OCCH=CH_2$ ... HOOC 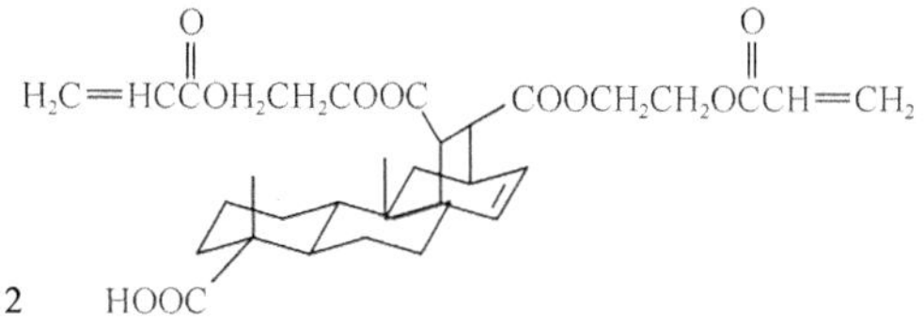 |

### 3. 致孔剂

致孔剂在聚合过程中作为分散介质和成孔剂。因此致孔剂在反应过程中也具有很大影响。通常，用于 MIP 合成的溶剂有氯仿、N, N-二甲基甲酰胺（DMF）、四氢呋喃（THF）、二氯乙烷和甲苯、2-甲氧基乙醇、甲醇、乙腈。致孔剂的性质会影响模板分子和功能单体之间的相互作用，因此聚合物的吸附性能和形态会受到致孔剂类型和用量的影响。在非共价聚合体系中，通常使用非极性和极性较小的有机溶剂，如甲苯、乙腈和氯仿以获得良好性能的MIP。此外，室温离子液体（RTIL）因具有独特的性质而受到广泛的关注。RTIL 极小的蒸气压可以减少 MIP 收缩的问题，从而加速聚合过程。

### 4. 引发剂

多数 MIP 通常通过自由基聚合（FRP）、光聚合和电聚合制备。FRP 可以通过热化学或光化学方式引发，可用于各种官能团和模板结构。除过氧化物外，偶氮化合物也被广泛用作引发剂，如表 7.3 中化合物 1、2 和 3。其中，偶氮二异丁腈（AIBN）可在 50～70℃下分解使用。为了确保聚合反应的顺利进行，在聚合之前控制聚合溶液中的氧气非常关键。

**表 7.3 分子印迹技术中常用引发剂**

| 名称 | 结构 |
|---|---|
| 1. 偶氮二异丁腈 <br> 2. 偶氮二甲基戊腈 <br> 3. 4,4'-偶氮（4-氰基戊酸） <br> 4. 过氧化苯甲酰 <br> 5. 苯基二甲基缩醛 <br> 6. 过硫酸钾 | (化学结构图 1–6) |

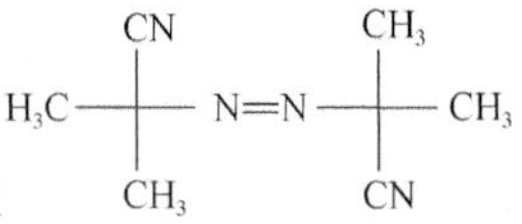

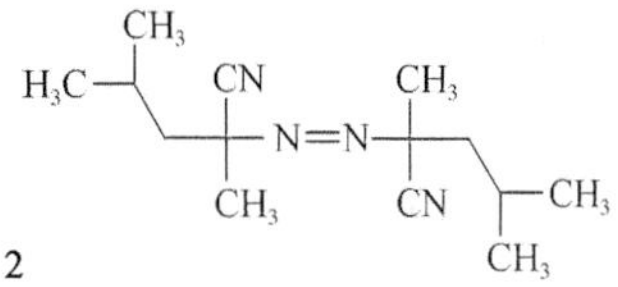

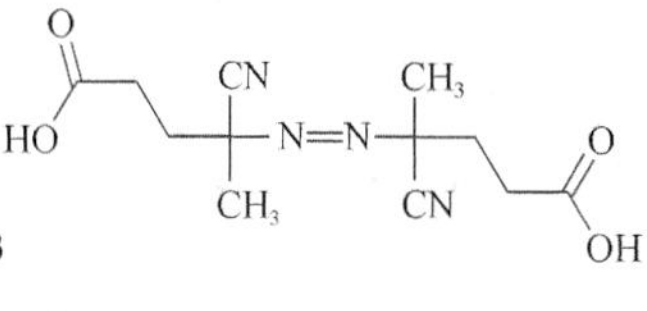

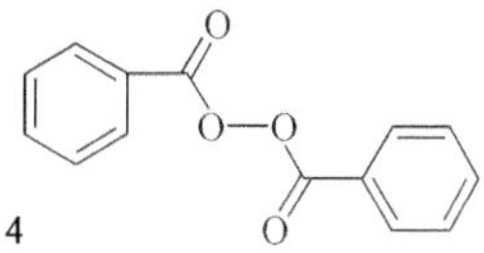

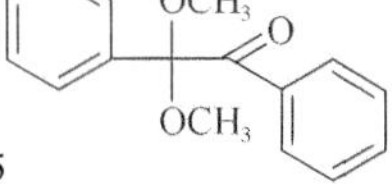

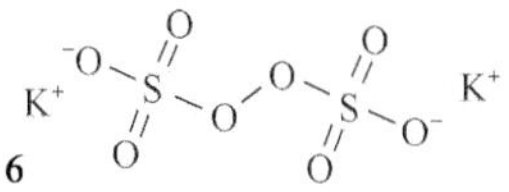

### （二）分子印迹聚合物制备方法及其特点

为了解决分子印迹技术的缺点，提高分子印迹技术的应用效率，近年来MIP 的制备方法有了很大发展，目前报道的聚合方法主要有本体聚合、沉淀聚合、悬浮聚合、表面印迹聚合法等技术，合成聚合物的种类也出现了无定型粉末、整体柱、微球、纳米球和膜等多种形态。

**1. 本体聚合法**

本体聚合法（bulk polymerization）是目前最常用的、也是最经典的一种方法，其合成过程是将印迹分子、功能单体、交联剂和引发剂按一定比例溶解在适当的溶剂体系中，然后置入具塞瓶中，超声后充氮除氧，密封，通过热聚合或光聚合一定时间得到的块状聚合物，即为MIP。然后经粉碎、研磨、过筛获得合适大小的微粒，再经索氏提取洗脱除去模板分子，真空干燥后备用。

**2. 沉淀聚合法**

沉淀聚合法（precipitation polymerization）是最近被广泛采用合成分子印迹微球的一种方法。沉淀聚合又称非均相溶液聚合，在引发剂的作用下，反应产生自由基引发聚合成线型、分支的低聚物，接着低聚物交联成核从介质中析出，相互聚集而形成聚合物粒子，这些聚合物粒子与低聚物及单体最终形成高交联度的聚合物微球。沉淀聚合的特点是实验过程简单，无须研磨。但为了避免团聚，合成一定粒径的微球通常只能在低黏度的溶剂中进行，因此对溶剂的黏性要求较高。

**3. 悬浮聚合法**

悬浮聚合法（suspension polymerization）也是目前制备球型分子印迹聚合物的常用方法。近年来，许多学者利用各种新型分散剂制备分子印迹聚合物微球取得了新的进展，其反应体系一般由单体、脂溶性引发剂、分散剂和水组成，其过程首先用有机溶剂将单体溶解，加到溶有稳定的水或其他强极性的溶剂中，高速搅拌获得悬浊液，然后加入引发剂，引发聚合获得分子印迹聚合物微球。尽管悬浮聚合方法获得的聚合物吸附效果较好，但其制备过程较为复杂，通常需要昂贵的分散剂和惰性分散体系。

**4. 表面印迹聚合法**

表面印迹聚合法（surface imprinting ploymerization）的技术起源于硅胶表面处理和衍生的方法，也是在固体表面进行分子印迹聚合的技术。表面印迹聚合技术是先将模板分子与功能单体在一定的有机溶剂中反应，形成加合物然后将其与表面活化后的硅胶、三羟甲基丙烷三丙烯酸酯（TRIM）粒子和玻璃介质反应嫁接形成聚合物。表面印迹聚合法获得的聚合物有以下特点：合成的MIP解决了传统方法中对模板分子包埋过深或过紧而无法洗脱下来的问题；由于载体具有较高的孔度和表面积，形成的聚合物可以使底物更容易接近活性点。此外，由于该方法能单独改变载体树脂的交联度，也可以对孔结构进行调整，从而很容易地得到小粒径和窄分布的载体，可应用于色谱柱中。目前，许多学者利用表面印迹聚合法取得了较好的效果。

**（三）分子印迹聚合物新型合成技术**

为了进一步得到性能更好的MIP，其合成方法不断应用和改进，但MIP仍然存在诸多问题，如模板泄漏、结合能力低、材料形状不规则、在水性介质中不相容等，这极大地阻碍了分子印迹聚合物的发展和使用。因此，一些新型合成技术陆续得到广泛的发展。

**1. 表面分子印迹合成技术**

表面分子印迹合成技术是通过某种方式将MIP合成在某种支撑物的表面，让识别位点尽可能暴露在支撑物的外部，促使模板分子的解离与吸附，提高传质速率。现有的载体主要有磁性微球、二氧化硅和膜载体等，传感器响应部件表面有电极表面、表面等离子体共振芯片表面等。

**2. 中空多孔聚合物合成技术**

中空多孔聚合物合成技术是在表面分子印迹技术基础上发展起来的新型技术，通过化学溶解或刻蚀的方法将表面 MIP 中的核除去，得到中空结构的 MIP。中空结构优于核-壳结构或其他块状材料，这是由于通过开放的内表面，可以完全去除模板分子而形成的内表面附近的大量结合位点，这有利于目标分子轻松扩散到空心球的内部位置，增加传质速率及结合率。例如，以三硝基甲苯（TNT）为模板制备的印迹中空聚合物微球，该空心球的结合能力几乎是核-壳颗粒聚合物的 2 倍。并且还发现内表面上或内表面附近的印迹位点在增强空心球的再结合能力中起关键作用。

**3. 活性/可控自由基聚合技术**

对于常规的 MIP 自由基聚合制备方法，由于不能控制链增长速率，导致不能控制其大小。为了解决这个问题，近年来出现一种新型聚合方法——活性/可控自由基聚合（LCRP）技术，该技术通过热力学控制聚合物链增长过程，从而合理地控制 MIP 分子量的分布，得到更加均一、可控的印迹网络结构。

**4. 固相合成技术**

与使用传统的可溶性模板不同，固相合成方法依赖于固定在固体支撑物表面的模板，将载体置于含有单体和引发剂混合物的反应器中，并在固相载体上合成 MIP。用此方法得到的 MIP 的结合位点都在 MIP 表面的相同方向，有助于提高传质速率、增加结合位点数目，更重要的是合成和纯化过程都可以进行智能化控制，有利于减少劳动力使用，促进工业化生产。2013 年，豪普特（Haupt）等利用该技术制备了胰蛋白酶的聚合物，首先通过键合的方式将胰蛋白酶作为模板固定在玻璃珠上，并原位进行纯化，所得聚合物具有聚合位点，同时具有同向且传质速率高的特点。

**5. 虚拟模板印迹策略**

为了解决模板渗漏的问题，在 1997 年，安德森（Andersson）首次提出利用模板分子的结构相似物作为印迹模板。近年来，虚拟模板印迹策略越来越得到重视，主要有以下两个原因：①原始模板非常昂贵或不安全；②原始模板容易降解或目标分析物在聚合过程中溶解度低。例如，2001 年，研究者用苦味酸代替不易得到和危险的 TNT 制备了识别 TNT 的 MIP，结果显示，其对 TNT 具有良好选择、吸附和富集能力。

**（四）分子印迹聚合物合成的新策略**

目前，作为辅助设计分子印迹聚合物的工具，多种理论和计算模型已经被引入分子印迹技术中。对于计算机辅助设计分子印迹预组装体系，主要集中在两个研究方向：为特定的模板分子筛选出最优功能单体；筛选与印迹材料结构特征相关的大分子模型。

计算机模拟辅助技术以计算机技术作为载体，并结合了量子力学和统计力学的理论基础，通过计算和比较分子间相互作用的形式与能量之间的关系，来模拟分子的静态结构和动态运动的变化，有效地解释了分子水平上的作用机制。该技术大大降低了在 MIP 聚合过程中进行条件优化的成本。此外，它还可以有效地预测模板与单体之间更稳定的构象组成，甚至可以模拟和计算模板分子、功能单体、交联剂和引发剂的类型与比例。

目前，用于各种 MIP 设计的理论计算和模拟的方法有量子力学（QM）、分子力学（MM）和分子动力学（MD）。量子力学、分子力学可以描述真空状态、绝对零度的分子结构，同时能描述分子体系的势能；分子动力学可以用于计算温度效应与时间效应相关的玻璃化转变、结晶过程、膨胀过程，以及在外力场中的形变过程等。

**1. 量子力学（QM）理论**

量子力学理论是基于量子力学的分子模拟理论，可以计算分子结构中的电荷密度、键序、轨道、能级等参数与分子性质的关系。主要的 QM 模拟计算方法是从头计算方法和半经验计算方法。

从头计算方法基于分子轨道理论[哈特里-福克（Hartree-Fock）理论]，使用一些最基本的物理常数作为已知的参数（普朗克常数、电子静止质量和电量）并采用数学方法计算，而不引入任何经验参数。从头计算方法并不局限于小分子的结构，因为它还可以计算大分子系统的静态和动态特性，包括分子内和分子间的相互作用。它广泛应用于计算电子激发能、平衡几何形状及扭转势，提供有关立体结构和构象的信息。

半经验计算方法是通过实验数据拟合得到经验参数，替代从头计算法中的许多积分，从而实现算法简化的一种方法。它采用了价电子近似，即假定分子中各原子的内层电子看作对分子不极化的原子实的一部分，这样只处理价电子，进一步缩短了计算时间，计算的效率高于从头计算方法。

**2. 分子力学（MM）理论**

分子力学理论是在分子水平上解决问题的非量子力学方法，它基于分子内部应力，能够在一定程度上反映分子结构的相对位能大小，广泛应用于计算化合物的分子构象、谱学参数和热力学参数，确定分子结构的相对稳定性。

MM 利用位能函数，包括键长、键角和二面角的变化及非键相互作用，来计算由分子结构的变化引起的分子内能的变化。MM 方法可以对数千个原子系统的分子静态结构进行优化；进行分子结构优化、系统动力学和热力学计算；并在空间结构中选择最小的能量和最稳定的分子构象。

**3. 分子动力学（MD）理论**

分子动力学理论运用经典力学方法研究微观分子的运动规律，可以阐明粒子在动态运动中的宏观性质。该方法旨在通过牛顿力学和统计力学建立粒子系统，计算分子的速度和位置，获得分子的运动状态，并对系统的动力学和热力学性质进行分析。它以分子力学为基础，考虑温度、压力等外部环境的影响，计算运动中分子的分子结构（结晶、膨胀、压缩、玻璃化和变形等）和热力学参数。MD 可以建立一个 MIP 预聚合体系，预测合成相应聚合物所使用的组分和浓度，并观察到分子间的相互作用和构象变化。

**4. 分子模拟软件**

1）NAMD　　NAMD 是基于 Charm++并行编程模型，应用于大规模并行计算、模拟大分子体系的分子动力学软件，由美国伊利诺伊大学厄巴纳-香槟分校理论与计算生物物理研究组和并行程序设计实验室联合开发。

NAMD 用于模拟原子及分子组成的粒子系统的运动，粒子的轨迹通过求解牛顿运动方程给出，其中粒子间的力及场作用力由具体的分子力场决定。NAMD 软件能模拟各个尺度的体系，包括微观、介观或跨尺度，用于替代传统的分子动力学模拟软件如 X-PLOR 和 CHARMM。

2）GROMACS　　GROMACS 是一款功能强大的分子动力学模拟软件，基于 GROMOS

力场进行分析，在模拟大量分子系统的牛顿运动方面具有很大的优势。GROMOS 是第一个基于从头计算方法的分子力场，它可以准确地预测分子的结构、构象、振动，以及分子热力学分离、凝聚的性质。GROMOS 力场也是第一个统一了有机分子系统和无机分子系统的分子力场，它可以模拟有机和无机的小分子、大分子、金属离子、金属氧化物等。GROMOS 力场通过一系列的量子化学计算和现有的数据库，保证了参数的准确性。

GROMACS 不仅应用于玻璃和液晶、聚合物、晶体和生物分子溶液，也可以用于分析构象，模拟溶液或晶体中的任意分子，进行分子能量的最小化。它的操作界面相比同类的模拟软件简单且功能丰富，软件能够实时地监控模拟的过程，提供分析数据的程序，使得对模拟结果的处理比较容易。

3）GAUSSIAN　　GAUSSIAN 是一个功能强大的量子化学软件，主要基于半经验和从头算法。它可以用于研究分子的能量和结构、化学键和反应能量、分子轨道、原子电荷和电势、振动频率、热力学性质和反应路径等，也是研究取代效应、势能面和激发态能量、反应机理的工具。

GAUSS View 是与 GAUSSIAN 配套使用的图形用户界面软件，主要用于观察分子、设置和提交 GAUSSIAN 计算任务、显示 GAUSSIAN 计算结果。因此，在 GAUSS View 的辅助下，GAUSSIAN 可应用于化学、化工、生物化学、物理化学等化学相关领域。运用 GAUSSIAN 进行分析之前，首先要构建分子结构图，其合理性将直接影响计算结果的准确性。分子结构图主要通过 GAUSS View 和 ChemDraw 3D 等绘图软件进行构建，利用软件构建分子结构图时，一定要注意键长、键角、空间结构和对称性等方面的准确性。

# 第二节　分子印迹快速前处理技术

分子印迹聚合物（MIP）是一种具有较强分子识别能力的新型高分子仿生材料，具有预定性、识别专一性、实用性等特点，制作简单、成本低廉、坚固耐用、适用范围广。MIP 与模板分子的作用，可以根据既定的要求"度身定做"，具有良好的选择性。因此，MIP 具有从复杂样品中选择性提取目标分子的能力，适合作为固相萃取（SPE）填料、固相微萃取涂层及分子印迹薄膜传感器。近 20 年来，分子印迹聚合物在固相萃取等样品前处理方面得到了广泛的应用，具有显著的特点和优势。

## 一、固相萃取材料

传统的固相萃取通常是利用被分析物与固相吸附剂间的极性差异、电荷差异等相互作用力差异完成分离过程，由于它们之间的作用力是非特异性的，因此复杂样品中的多种组分很难达到理想的分离状态，只能分开保留性质有很大差别的化合物，吸附率及回收率都不高，而且存在重复性差、一次性使用、操作烦琐等一系列局限性。因此，固相萃取技术的应用发展就需要依赖于发掘更加高效的填料。通常，固相萃取填料主要为键合材料，如 C8、C18 等，选择性不强，在富集分析物的同时不能较好地除去基质和干扰物质，从而影响后续的仪器分析，抗体、适配体等生物识别材料虽然也具有较高的特异性，但存在着制备过程复杂、耗时、稳定性差和对操作性要求较高等缺点。

分子印迹聚合物与传统的固相萃取填料相比，具有更好的选择性和更高的机械强度。其作为一种固相萃取吸附剂，以填料的方式制备成固相萃取小柱，具有快速、简单等特点，大大缩短了预处理时间；既可以在有机相中使用，又可在水相中使用。与其他萃取过程相比，分子印迹固相萃取减少了溶剂的大量使用和暴露，符合绿色化学的原则，可克服生物或环境样品体系复杂、预处理手续繁杂等不利因素，为样品的采集、富集和分析提供了巨大的便利。近年来，分子印迹固相萃取技术已经广泛应用于尿样、血液、土壤、环境，以及植物提取物等复杂基质中有效成分的选择性萃取。

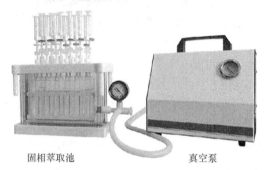

分子印迹固相萃取柱

固相萃取池　　　　真空泵

图7.2　固相萃取装置

分子印迹固相萃取柱（MIP-SPE 柱）包括柱管、筛板、分子印迹颗粒三个组成部分，一般采用干法装填或者湿法装填两种方法制备。在使用时，一般要搭配固相萃取池，必要时需要真空泵施加负压以合理控制流速（图7.2）。分子印迹固相萃取柱的使用一般分为四步（图7.3）：第一步，选择合适的溶剂对柱子进行活化，充分激活 MIP 填料上的特异性结合位点；第二步，上样，使样品溶液中的目标成分吸附在填料上，其他干扰物质

随上样液流出；第三步，选择合适的淋洗液进行淋洗，进一步清除其他干扰物质；第四步，选择合适的洗脱液对目标成分进行解吸，收集洗脱液，待测。

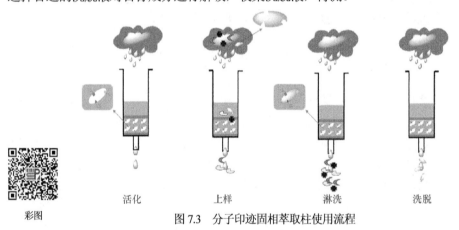

活化　　　　上样　　　　淋洗　　　　洗脱

彩图

图7.3　分子印迹固相萃取柱使用流程

MIP-SPE 柱具有耐压、耐热、耐酸碱等特性，性质稳定，室温下可存储很长时间，与常规的 SPE 柱相比具有明显的优势。MIP 可预定性、可重复性等诸多优点，决定了它非常适合用作固相萃取填料来分离富集复杂样品中的痕量目标物，可克服环境、生物及医药样品体系复杂、预处理烦琐等不利的因素，达到分离纯化的目的，从而降低方法检测限制，提高分析的准确性和精密度，为痕量组分的富集和分析提供极大的便利。

2015 年，佘永新等采用本体聚合的方式，选择莠去津为模板分子，甲基丙烯酸作为功能单体，三羟甲基丙烷三甲基丙烯酸酯为交联剂，合成了三嗪类农药分子印迹聚合物，该聚合物对三嗪类农药呈现出良好的特异性吸附作用，以此作为填料制备的 MIP-SPE 柱与市售 Oasis 亲水亲油平衡（HLB）柱相比，能有效分离富集玉米、小麦及棉花基质中 8 种三嗪类农药，回收率范围在 61.%~107.6%，相对标准偏差小于 11%。

## 二、分子印迹基质分散固相萃取技术

分散固相萃取技术（DSPE）由阿纳斯塔西亚迪斯（Anastassiades）于 2003 年首次提出并成功应用在农药残留的检测方向。近年来，由于 DSPE 的有机溶剂消耗量少且节省时间的优点，因此被广泛应用于药物、食品和环境分析。DSPE 可以直接将萃取剂添加到样品溶液当中进行吸附，或通过离心等手段进行分离，因此，分子印迹聚合物作为萃取试剂可以与样品基质混合，通过选择性富集和特异性分离，逐渐成为分散固相萃取技术的一个主要发展方向。随着表面印迹技术的发展，在磁性纳米粒子表面进行印迹制备磁性分子印迹材料，不通过离心即可实现快速分离。目前，常用的磁性纳米粒子主要是 $Fe_3O_4$，在其表面进行氨基化、羧基化、羟基化，以及包覆 $SiO_2$ 修饰后进行印迹聚合反应。磁性纳米粒子的加入，使分子印迹颗粒具有了磁性，通过外部磁场的磁吸作用即可达到分离的效果，同时，表面印迹也进一步提高了材料的吸附性能，简化操作流程，提高工作效率。

随着基质固相萃取分子印迹填料的快速发展，在复杂样品中快速检测应用越来越广泛。2017 年，赵风年等采用表面分子印迹技术（图 7.4A），以三唑酮为模板，在 $Fe_3O_4$ 磁壳表面制备了 $Fe_3O_4$—$NH_2$@MIP/NIP 及 $Fe_3O_4$—$CH$=$C_2H_4$@MIP/NIP，证明丙烯基化的聚合物分散性好、球状均匀；$Fe_3O_4$—$CH$=$C_2H_4$@MIP 最大表观吸附量可达 9202.9μg/g，明显高于沉淀聚合法制备的普通分子印迹聚合物；基于磁分离技术，建立了黄瓜基质中 20 种三唑类农药的分子印迹-分散固相萃取-液相色谱-串联质谱（MI-DSPE-LC-MS/MS）检测方法（图 7.4B），该方法对三唑类农药的回收率在 87.9%～110.3%，相对标准偏差不大于 11.2%（n=3），有效提高了三唑类农药的前处理速度。

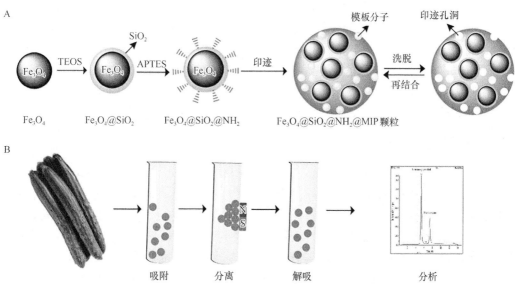

图 7.4 磁性分子印迹材料基质分散固相萃取应用（赵风年等，2017）

TEOS 为正硅酸乙酯；APTES 为 3-氨丙基三乙氧基硅烷

## 三、分子印迹固相微萃取

固相微萃取（SPME）技术是一种广泛使用的样品前处理技术，涂层是固相微萃取技术的核心部分。目前商品化的涂层缺乏选择性，易受基质干扰，不适合复杂环境基质中痕量有机污染物的分析。分子印迹聚合物是一种具有强大分子识别功能的材料，具有高效的选择特异性，将其作为固相微萃取涂层，可提高其选择性，扩大其应用范围，是目前固相微萃取涂层的研究热点之一。

分子印迹固相微萃取（molecularly imprinted solid phase micro-extraction，MISPME）将MIP作为SPME萃取涂层，克服商品化SPME涂层选择性差的缺点，使其既具有SPME高效萃取的优点，又具有MIP强大的分子识别能力，从而提高复杂环境基体中痕量目标物分析的适用性。

目前报道的MISPME装置制备方法主要有涂渍装填法、原位聚合法和分子印迹溶胶-凝胶法。涂渍装填法主要用于制备In-Tube SPME装置。由于该种方法须将MIP粉碎、研磨等，会对聚合物的空腔造成破坏，降低其选择性，因此目前很少使用该种方法制备MISPME装置。原位聚合法是目前制备MISPME装置的主要方法。该方法将MIP通过化学作用直接合成在毛细管内，使涂层与支撑材料结合更加牢固，从而延长了MISPME涂层的使用寿命。目前使用分子印迹溶胶-凝胶法制备MISPME涂层的报道还比较少。分子印迹溶胶-凝胶法利用溶胶-凝胶过程把模板分子引入无机网络结构中，形成一种刚性材料。分子印迹溶胶-凝胶材料兼顾了溶胶-凝胶和分子印迹二者的优点，克服了分子印迹有机聚合物的刚性与惰性较差的缺点。由于制备MIP涂层的方法简便、价格低廉，并且制备出的涂层具有化学稳定性、热稳定性及很强的选择性，MISPME 与液相色谱（LC）和气相色谱（GC）均可联用，适用范围较广。

近年来，MISPME技术发展迅速。但是，MISPME也存在一定的缺陷。首先，MIP涂层的识别位点与模板分子之间的作用力主要靠氢键作用，因此在水溶液或极性溶剂中萃取目标物时，容易受到干扰，影响萃取效率。其次，目前所用于制备MIP的交联剂和功能单体有限，MIP涂层的种类还比较少。虽然MIP制备方法较多，但制备MISPME涂层的方法较少，采用一种简单的制备方法来控制涂层厚度的问题还有待进一步研究解决。总之，虽然MIP涂层有一定的缺点，但是由于其在萃取选择性方面具有其他涂层无法比拟的优势，新型的MIP涂层及萃取装置依然具有一定的研究价值。

## 四、分子印迹膜技术

分子印迹膜（molecular imprinting membrane，MIM）是一种融合了分子印迹技术与膜分离技术双重优点的新兴技术。它既具有普通滤膜的过滤功能，同时又具备分子印迹材料的特异性吸附能力，为将特定目标分子从其结构类似物的混合物中分离出来提供了有效可行的解决途径。分子印迹膜分离技术可用于传感器的在线富集痕量目标物及离线的样品前处理。同时，分子印迹膜又具有便于连续操作、易于放大、高通量、扩散阻力小，以及不受酸、碱、热、有机溶剂等各种环境因素影响的特点，在医药、食品、化工和农业等行业的分离、分析与制备过程具有很大的应用推广潜力。分子印迹膜必将是分离功能材料研究领域中一个重要的发展方向。目前，分子印迹膜已从分离氨基酸、药物等小分子过渡到某些核苷酸、多肽、蛋白质等生物大分子，以及形成的超分子，为分子印迹技术走向规模化和商业化树立了示范。

### 1. 分子印迹膜的分离机理

特定目标物与分子印迹膜特异性结合决定了其在膜中的选择通过性，从而达到分离的目的。当特定目标物与其他溶质通过分子印迹膜的时候，特定目标物被紧密吸附滞留在分子印迹膜上，而其他溶质则随同溶剂迅速透过分子印迹膜，直到膜上结合位点达到饱和。

分子印迹膜作为一种分离材料，通常也是以过滤的方式搭配可换膜过滤器或者抽滤装置完成过滤、分离过程。同分子印迹颗粒一样，在使用过程中，为达到最好的吸附性能，通常要对分子印迹膜进行活化，充分激活其特异性结合位点；再经过上样、淋洗，使目标物质滞留在膜上并排除其他干扰物质；最后进行洗脱、收集洗脱液，从而达到分离的目的。当处理样品量较少时，可以选择可换膜过滤器进行过滤处理，根据样品需求选择聚对苯二甲酸乙二酯（PET）、不锈钢等合适材质、合适尺寸的过滤器，将尺寸合适的分子印迹膜固定到过滤层上，然后搭配注射器进行使用；当处理量较大时，可以选择使用抽滤装置进行高通量处理（图7.5）。

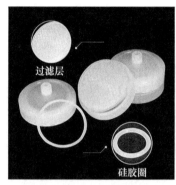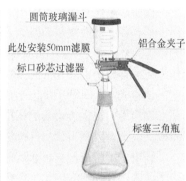

图 7.5　PET 可换膜过滤器（左）和不锈钢可换膜过滤器（中）及抽滤装置（右）

**2. 分子印迹膜的应用**

分子印迹膜目前已经在很多领域应用。2015 年，刘海等以抗蚜威为模板分子，氯甲基化聚砜为基膜，采用"接枝聚合与分子印迹同步进行"的方式，制备了抗蚜威分子印迹膜，并以此构建了抗蚜威电位型传感器，该印迹膜对模板分子具有特异性识别作用，相对阿特拉津而言，对抗蚜威的选择系数为 4.537。当抗蚜威浓度为 $1.0\times10^{-6}\sim1.0\times10^{-3}$ mol/L 时，膜电极的电位响应与其对数线性关系良好，相关系数 $r^2$ 为 0.9999，在水样中的检出限为 $2.5\times10^{-8}$ mol/L。

# 第三节　分子印迹快速检测的典型技术及在食品安全快速检测中的应用

分子印迹聚合物是一种能特异性识别和选择性吸附目标物的"仿生"材料，不仅可以作为样品前处理富集和分离吸附材料，而且可以作为识别元件与荧光、电化学等信号分子相结合，实现化合物的快速识别与检测，因此，分子印迹技术在快速检测领域具有广阔应用前景。分子印迹快速检测技术主要包括分子印迹电化学传感器快速检测技术、分子印迹免疫分析技术、分子印迹荧光传感器检测技术、分子印迹表面等离子体共振传感器检测技术、分子印迹表面增强拉曼光谱检测技术等。

## 一、分子印迹电化学传感器快速检测技术

电化学传感器（electrochemical sensor）是基于电化学原理，通过检测目标物的电化学反应在转换元件上产生的信号来进行定性或定量分析的一类传感器。电化学传感器主要包含两个主要部分：识别系统（敏感元件）和转换系统（转换器）。电极作为传感器的转换元件，修饰在电极上的生物材料或其他功能材料作为敏感元件。识别系统选择性地与待测物的离子或分子发生作用，转换系统接收到识别系统响应信号后，通过电极将响应信号以电位、电流、阻抗等的变化形式传输到电子系统进行信号放大或进行转换输出，最终将识别系统的响应信号转变为便于进行分析的信号，由此建立目标分析物的浓度、成分等化学量与输出信号的关系，实现目标分析物的定量检测。

目前，电化学传感器的研究主要集中在敏感元件上，敏感元件可以扩展电化学传感器应用于不具备电活性物质的检测。因此，开发新型的敏感元件及增敏材料成为研究热点。传统的敏感元件主要是一些生物材料，如酶、抗体、核酸适配体、组织、细胞、微生物等。然而作为传感器分子识别元件的生物活性组分容易变性失活、保存条件严格且种类有限，因此提高了试验成本，限制了电化学传感器的应用范围。如果以高特异性和良好稳定性的分子印迹聚合物作为电化学传感器的识别元件不仅能够获得稳定、易保存、耐酸碱、耐高温的传感器系统，而且可以获得较高选择性和灵敏度。

利用分子印迹技术可获得稳定的、对目标物具有特异性识别作用的分子印迹聚合物，以分子印迹聚合物作为电化学传感器的识别元件，修饰于电极表面，制得的传感器称为分子印迹电化学传感器（molecularly imprinted electrochemical sensor，MICS）。分子印迹电化学传感器兼具分子印迹技术和电化学传感技术的优点，选择性好、灵敏度高、价格低廉，而且具有耐酸碱、耐高温、稳定性强，以及使用寿命长等特点，在环境分析、食品分析和药物分析等领域有很大的应用前景。

### （一）分子印迹电化学传感器原理及分类

分子印迹电化学传感器的工作原理是模板分子经扩散进入传感器的敏感元件，与分子印迹聚合物上的识别位点进行特异性结合，经过转换系统将敏感识别膜上获得的信号转换成便于记录分析的信号（电位、电流、电容等），实现对目标分析物的精准快速检测。根据响应信号的形式分类，分子印迹电化学传感器主要分为电位型、电导型、电容型、电流型传感器等。

#### 1. 电位型传感器

电位型传感器通过分子印迹膜对目标分子特异性结合前后电极电位的变化进行定量分析。其优点是不需要目标分子扩散穿过印迹膜，因此它对模板分子在尺寸上没有大小的限制，同时可避免将模板分子从膜相中除去，能够实现快速响应，具有良好的应用前景。

#### 2. 电导型传感器

电导型传感器以目标分子与分子印迹膜结合后引起的电极导电性能变化对目标物浓度进行定量。此类传感器存在的缺点是选择性不高，同时检测体系中的微量杂质也会对测定产生较大干扰，因此在一定程度上限制其应用范围。

### 3. 电容型传感器

电容型传感器由一个场效应电容器组成，通过装置内部填装的分子印迹聚合物对目标分析物特异性识别前后引起的电容变化进行定量检测。当印迹聚合物结合上目标分子时，该装置的电容发生改变，且变化的大小与结合目标分析物的量相关，因此根据电容的改变可实现对目标分析物的定量检测。此类传感器具有灵敏度高、操作方便等优点。

### 4. 电流型传感器

电流型传感器通过测定分子印迹膜对目标分析物选择性识别前后导致的电流信号变化值进行定量分析。不同化学性质的目标分析物可以选用不同的检测方法，目前可以采用的电化学检测方法主要有差分脉冲伏安法（DPV）、方波伏安法（SWV）、循环伏安法（CV）、计时电流法等。此类传感器具有灵敏度高和检测限低的优点，其应用最为广泛。电流型传感器不仅可以对电活性物质进行检测，而且可以检测非电活性物质。

## （二）分子印迹电化学传感器制备方法

分子印迹聚合物的制备是分子印迹电化学传感器的基础，根据分子印迹聚合物的不同制备方法，可以将分子印迹电化学传感器的制备分为涂膜法、原位引发聚合法和电化学聚合法等。

### 1. 涂膜法

涂膜法是一种间接的成膜方法，首先制备分子印迹材料，然后将预先制得的分子印迹溶解，将混合溶液通过滴涂、旋涂或蘸涂等方式修饰到电极表面，待溶剂彻底挥发后，在电极表面形成相应的分子印迹膜。通过该法获得的分子印迹膜具有良好的特异性识别能力，缺点在于印迹聚合物的制备步骤比较烦琐，分子印迹膜厚度不易控制，且分子印迹膜的表面不规则，容易脱落，因此该方法制得的分子印迹传感器稳定性和重现性较差。

### 2. 原位引发聚合法

该方法是将含有模板分子、功能单体和引发剂的混合溶液直接涂覆于电极表面，然后在光照或高温的作用下引发聚合反应，分子印迹聚合物在电极表面直接生成，该类传感器的选择性较高，稳定性和重现性好。原位引发聚合法制备分子印迹聚合物的过程比较简单且印迹膜不易从电极上脱落，但膜的厚度不容易控制，且残留在膜中的功能单体（引发剂）可能会对目标分析物的测定产生干扰。

### 3. 电化学聚合法

电化学聚合法是在电极表面通过外加电位的驱动力模板分子和功能单体发生聚合反应直接形成分子印迹膜，然后通过化学或者物理方法去除模板分子，最终得到电聚合分子印迹电极。在电化学聚合法中，功能单体的选择及模板分子的去除效果直接影响分子印迹聚合物的识别性能和稳定性。

## （三）分子印迹电化学传感器快速检测技术在食品安全检测中的应用

分子印迹电化学传感器稳定、易保存、耐酸碱、耐高温，具有较高的选择性和灵敏度，在环境监测、生物医药、食品安全等领域获得了广泛应用。由于电活性功能单体制备的 MIP 本体为有机聚合物，具有一定的电化学惰性，其导电性和电催化活性相对较差，这严重影响了依靠电子传输传递信号的电化学传感器对目标分析物的响应性和检测灵敏度。因此，设计和开发适用于电化学传感器的 MIP 新制备技术和策略，提高 MIP 导电性，加快电子传输速率，提高传感器灵敏度和选择性成为分子印迹电化学传感器领域的研究重点。

近年来，纳米材料在分子印迹电化学传感器中应用较为广泛，例如，齐玉冰等以多壁碳纳米管修饰电极，然后以邻苯二胺（OPD）为功能单体进行电化学聚合分子印迹，制作沙丁胺醇分子印迹电化学传感器，该传感器的线性检测范围为 $7.94\times10^{-8}\sim1.36\times10^{-5}\text{mol/L}$，用于猪肉中沙丁胺醇的检测。利用碳纳米管、纳米金、石墨烯等多种纳米材料修饰电极，通过静电层层自组装，然后利用表面自组装一层功能单体，以氢键等多种作用将模板分子吸附其表面，通过循环伏安法制备分子印迹聚合膜。所得的分子印迹电化学传感器，可达到良好的选择性和较高的灵敏度。通常，以纳米材料修饰的电极为基底聚合的印迹膜的灵敏度比未修饰纳米材料的电极灵敏度提高了几个数量级。

## 二、分子印迹免疫分析技术

免疫分析法于 20 世纪 50 年代由伯森（Berson）和亚洛（Yalow）（1959）、埃金斯（Ekins）（1960）首先提出并应用，原理是抗原-抗体的可逆结合及对标记物的定量检测。最初的免疫分析法是采用放射性标记物质定量分析，随着不断发展，相继出现了酶联免疫、化学发光免疫、荧光免疫等多种免疫分析方法。抗原与抗体的特异性相互作用决定了免疫分析法的高特异性和高灵敏度，目前免疫分析法已经成为生物科学、环境检测、食品检测等领域中应用最广泛的快速检测方法之一，但是由于抗体本身的一些不足限制了免疫分析法的应用范围。随着高分子印迹技术的出现与发展，分子印迹聚合物以其卓越的特异性和高度的理化稳定性成为仿生抗体的理想材料，以分子印迹聚合物作为人工抗体的分子印迹免疫吸附分析（molecularly imprinted sorbent immunoassay，MIA）引起了研究者的关注，特别是在药物、食品危害因子等小分子检测领域已有少量研究和报道。

### （一）分子印迹免疫分析分类及原理

根据标记方法不同，分子印迹免疫分析可分为放射性标记分子印迹免疫分析、酶标记分子印迹免疫分析和荧光标记分子印迹免疫分析。

#### 1. 放射性标记分子印迹免疫分析

放射性标记分子印迹免疫分析是最早发展的分析手段。该方法用 $^{3}\text{H}$、$^{14}\text{C}$ 或 $^{125}\text{I}$ 标记分析物，放射性标记物与分析物之间没有结构差别，印迹聚合物对两者的结合特性几乎是一样的，具有其他两种分析方法无法比拟的优点，常用作食品污染物分析方法中优化标记物、评价聚合物吸附特异性的辅助手段。虽然放射性标记免疫分析特异性强，信号容易检测，灵敏度高，但有辐射，对人体健康和环境有危害，制备成本高，放射性标记物已经被禁止使用。

#### 2. 酶标记分子印迹免疫分析

酶标记分子印迹免疫分析是用酶作标记物，通过竞争吸附，对未吸附或吸附到印迹聚合物中的酶标记物用显色法或化学发光法进行测定，间接分析目标物。该方法存在一些不足，例如，传统的分子印迹聚合物在有机相或者含部分水相有机相环境中才能表现出较好的选择性，但是有机试剂可能导致标记物酶失活；由于酶是生物大分子，在纳米级的分子印迹聚合物中扩散慢，导致吸附反应动力学很慢；印迹聚合物具有一定的疏水表面，不可避免地对酶产生非特异性吸附，极大地限制了酶标记分子印迹免疫分析的发展和应用。

**3. 荧光标记分子印迹免疫分析**

荧光标记分子印迹免疫分析包括竞争吸附分析和替代吸附分析两种方式。竞争吸附分析就是利用荧光标记物与分析物竞争吸附印迹聚合物的结合位点，通过测定未被吸附的荧光标记物的荧光信号对分析物进行检测。竞争吸附分析模式主要有以下三种：第一种，以目标分析物为模板制备印迹聚合物，目标分析物及其荧光标记衍生物竞争结合印迹聚合物的结合位点；第二种，以目标分析物为模板，但竞争结合印迹位点是目标分析物为目标，寻找另一个能与印迹聚合物结合的荧光物质；第三种，以荧光标记物为模板分子制备印迹聚合物，未标记的分析物与标记物竞争结合印迹聚合物的结合位点。

（二）分子印迹免疫分析技术应用

分子印迹免疫分析检测的食品污染物主要有三嗪类、五氯苯酚、2,4-D、氯霉素和盘尼西林。1993 年，莫斯巴赫（Mosbach）等首次建立了放射性标记分子印迹免疫分析方法，分别以茶碱和安定为模板、MAA 为功能单体、乙二醇二甲基丙烯酸酯（EGDMA）为交联剂，采用本体聚合方式合成了 MIP，在有机相中将其作为人工抗体用于分析物和放射性标记分析物的竞争结合试验，所建立的方法具有很好的灵敏度和选择性，茶碱和安定的检出限分别为 3.5μmol/L 和 0.2μmol/L，结果与商品化的酶免疫法有很好的相关性。1997 年，皮列茨基（Piletsky）首次将分子印迹免疫吸附分析应用于三嗪类农药的检测中，他以三嗪为模板分子，在 DMF 中热引发合成分子印迹聚合物，以具有检测物相似结构的荧光物质 5-（4,6-二氯三嗪基）氨基荧光素[5-（4,6-dichlorotriazinyl）aminofluorescein]作为荧光标记物与三嗪在甲醇体系中竞争结合印迹位点，以反应平衡时的荧光响应为检测信号，该方法的线性范围为 0.01～100mmol/L。此后，酶标记分子印迹免疫分析逐渐被成功应用于莠去津、氯霉素、青霉素 G、莱克多巴胺、甲巯咪唑、敌百虫、喹乙醇和万古霉素等药物和食品危害因子的分析检测。分子印迹免疫分析技术应用极大地拓展了食品快速检测技术的研究领域。

## 三、分子印迹荧光传感器检测技术

分子印迹荧光传感器是结合分子印迹聚合物的预定识别性和高选择性及荧光检测的高灵敏性的一种传感器，其利用荧光信号弥补 MIP 缺乏信号传导的缺陷，制备得到抗干扰、高选择、高灵敏度的分子印迹荧光传感器，目前已成为传感领域的研究热点。

分子印迹荧光传感器用于分析检测各种物质的过程大体为：当待测物质被分子印迹聚合物立体孔穴特异性吸附时，荧光材料会发生光诱导电子转移、荧光共振能量转移等物理化学变化，从而导致其荧光信号发生相应变化，利用荧光分光光度计检测得到的荧光光谱图中靶敏信号的发射峰会发生峰值的改变，通过制得标准曲线即可检测待测物质。分子印迹荧光传感器以荧光信号为手段对目标物进行检测，具有灵敏度高、选择性好、分析时间短、检出限低，以及易于可视化等优点。

（一）分子印迹荧光传感器检测技术的分类

根据待测物的性质不同，可将分子印迹荧光传感技术分为以下 3 类：①直接检测荧光分析物。对于本身可发射荧光的待测物，一般以荧光待测物为模板分子制备 MIP。②通过荧光试剂间接检测非荧光分析物。对于本身不发荧光的待测物，可设计合成具有荧光团的物质直接作为功能单体参与形成空腔，两者之间存在能量传递，使荧光猝灭或恢复，但此方法容易产生基质干扰。③检测荧光标记竞争物。利用待测物与荧光标记物竞争材料表面的位点，将荧光标记物替换下来，根据溶液荧光的变化分析待测物。由于大多数待测物本身不发射荧光，所以常采用后两种分析方法进行检测。

上述无论哪种方式，均需要通过荧光信号实现检测过程，因此，根据荧光光谱图中发射峰个数的不同，分子印迹荧光传感器大体又可以分为 3 种：单发射分子印迹荧光传感器、双发射分子印迹荧光传感器和多重发射分子印迹荧光传感器。

**1. 单发射分子印迹荧光传感器**

单发射分子印迹荧光传感器指的是合成及检测过程仅存在一种荧光物质，在特定激发波长下荧光光谱图中仅有一个发射峰为靶敏信号，以其在吸附过程中的变化值作为衡量样品中待测物质含量的标准。近年来基于表面印迹的核-壳型分子印迹传感器发展迅速。例如，以硅基为载体，通过反相微乳液法嵌入量子点，合成了一种基于 PET 原理的新型荧光纳米传感器。由于目标物的紫外可见吸收带接近量子点的带隙，因此在识别过程中，量子点可作为电子供体将电子转移到目标物分子的最低未占有分子轨道，导致量子点的荧光猝灭。

**2. 双发射分子印迹荧光传感器**

双发射分子印迹荧光传感器指的是合成及检测过程存在两种荧光物质，在特定激发波长下荧光光谱图中有两个发射峰（一个为参比信号，一个为靶敏信号），在吸附过程中靶敏信号的峰值发生变化而参比信号的峰值保持不变或发生与前者相反的变化，以吸附过程中二者比值作为衡量样品中待测物质含量的标准。因此较上述单发射传感器而言，双发射传感器具有自我校正功能，可以减少或消除人为及仪器带来的误差。

**3. 多重发射分子印迹荧光传感器**

多重发射分子印迹荧光传感器指的是合成及检测过程存在 3 种以上荧光物质，在比率型荧光传感器基础上增加一个新的荧光信号，通过三元发射扩大可视化窗口、提高裸眼检测精确度，目前有关研究相对较少。例如，有学者分别制备以绿色和红色量子点为荧光材料、叶酸为模板分子的核-壳型分子印迹荧光传感器，以适当的比例混合得到基于 PET 的三重发射分子印迹荧光传感器。

根据荧光材料的不同，分子印迹荧光传感器大体又可以分为 3 种：基于量子点的分子印迹荧光传感器、基于有机染料的分子印迹荧光传感器和基于化学发光的分子印迹荧光传感器。

**1. 基于量子点的分子印迹荧光传感器**

将量子点的光学性质与 MIT 的高选择性相结合可制备一种检测灵敏且选择性高的传感材料，其原理是通过模板分子猝灭或增强量子点的荧光来进行检测。这种新型材料兼具量子点的高灵敏度及分子印迹的高选择性等优点，对复杂基质条件下的样品分离检测具有明显优势。近年来，将量子点与 MIP 结合制备传感材料得到了长足发展，不仅可以实现对金属离子的检测，还能检测有机污染物和生物活性物质。

**2. 基于有机染料的分子印迹荧光传感器**

将有机染料作为信号基团，当待测物与传感器接触后，利用有机染料的荧光特性变化反映待测物的信息。常用的有机染料有异硫氰酸荧光素（FITC）、罗丹明类（RB）及 4-氨基-7-硝基-*N*-辛基苯并噁二唑（NBD）等。罗丹明类荧光染料具有光稳定性好、荧光量子产率高且 pH 敏感性较低等优点，结构中含有共轭 π 键和较活泼的助色基团，可引入不同官能团对其结构进行修饰以获得多种罗丹明类衍生物。因此，罗丹明类染料被广泛应用于生化传感、荧光标记和生物医学等方面。

### 3. 基于化学发光的分子印迹荧光传感器

化学发光分析法仪器设备相对简单、操作方便，线性范围宽，特别是易于实现自动化，在许多无机及有机物分析中应用广泛，但选择性差的缺点使其较难应用于复杂样品的痕量分析。将 MIP 应用到化学发光分析中，先利用 MIP 对待测物的富集能力，则可消除其余杂质的干扰，进而提高化学发光（CL）分析的选择性，再进行 CL 检测。据此可开发用于直接检测的 MIP-CL 传感器，此类传感器已成功用于相关物质的检测分析。

### （二）分子印迹荧光传感器在快速检测中的应用

分子印迹荧光传感器已经被广泛应用于环境、食品、生物等领域的痕量物质甚至超痕量物质的检测分析。根据被检测物质性质，其应用可以归纳为离子检测、有机小分子检测和生物大分子检测等 3 个方面。

### 1. 离子检测

离子印迹是印迹聚合物的一个重要分支，由于环境中残留重金属对于人类生命安全危害极大，因而目前对于离子印迹的研究多以铅、汞、铜等重金属离子为模板，通过其特有的金属配位作用制备得到具有特异性识别能力的离子印迹聚合物（IIP），与灵敏荧光材料结合即可实现对目标离子的选择性富集、快速痕量检测。其中采用荧光功能单体聚合成用于检测金属离子的 MIP 的报道较多。2006 年，研究者以 8-羟基喹啉-5-磺酸（8HQS）荧光单体和丙烯酰胺、甲基丙烯酸羟乙酯在引发剂作用下制得用于检测 $Al^{3+}$ 的 MIP。当针对多种离子同时检出时，提出了同时检测两种金属离子的双参比离子印迹荧光传感器，如以分别对 $Fe^{3+}$ 和 $Cu^{2+}$ 有响应的氨基修饰碳量子点（CDs）和羧基修饰碲化镉量子点（CdTeQDs）为荧光团，通过一锅法合成制备介孔结构双模板双参比离子印迹荧光探针。此外，同种离子具有不同价态且常同时存在，针对这一问题，吉那达萨（Jinadasa）等成功研制了一种室温荧光化学传感器并应用于鱼类样品中无机砷（$As^{3+}$ 和 $As^{6+}$）的选择性检测和定量分析。该方法操作简单，仅需较短的分析时间，可获得良好的灵敏度和精密度。

### 2. 有机小分子检测

当前，制备分子印迹荧光传感器时主要还是采用包埋法将荧光材料裹于硅基中，该方法会大大降低荧光材料的荧光强度从而影响传感器灵敏度。近期发展起来的量子点（QD）类新型的半导体荧光材料，具有高量子产率和窄发射光谱，利用 QD 优异的光学特性，将 QD 和 MIP 相结合制成 QDs@MIPs 可用于分子的光敏化研究，极大拓展荧光材料的筛选范围。开发出一种兼具选择性和荧光信号的分子印迹聚合物，能高选择、高灵敏地识别痕量赭曲霉毒素 A。采用赭曲霉毒素 A 的结构类似物 6-羟基-2-萘甲酸衍生物（HNA-Phe）为模板，3-氨丙基三乙氧基硅烷为功能单体，合成了对赭曲霉毒素 A 具有高选择性的荧光分子印迹聚合物（UCNPs@SiO₂@MIPs），并与 HPLC 结果有较好的一致性，这种方法准确可行，并且此方法的优点在于不使用大型仪器，操作简单。

### 3. 生物大分子检测

生物大分子、细菌和病毒等由于自身尺寸大、易变性且纯天然模板难获取，一直以来都是分子印迹技术的难点，尽管困难重重，但是应用前景广阔。新型印迹方法如表面印迹、金属螯合印迹、抗原印迹等新型技术的出现进一步推动了生物大分子的分析检测。通过印迹后混合适当比例的蓝/绿/红发射牛血红蛋白印迹材料，构建一种新型的三重发射荧光传感器，识别时伴随着宽范围荧光颜色演变，覆盖了绿色-红色-蓝色窗口，实现了对血红蛋白的多重可视化检测。除蛋白质外，在 DNA 方面的印迹也取得了一定进展。阿尔斯兰（Arslan）等报道了一种适用于 dsDNA 快速检测的比率印迹荧光传感器，分别以量子点和阳离子染料孔雀石绿为荧光信号源，识别 dsDNA 时孔雀石绿分子从量子点分子印迹表面逃逸并嵌入 dsDNA、荧光增强，同时量子点分子印迹的实时荧光开启，实现了 dsDNA 的快速选择性检测。在细菌检测方面，研究者建立了一种基于分子印迹荧光传感器对单核细胞增生李斯特菌的有效识别方法。该传感器以经过修饰的壳聚糖量子点为功能单体，制备过程中通过乳液聚合与分子印迹技术相结合，制备的印迹荧光传感器能够通过三维孔穴选择性捕获目标细菌，并成功应用于牛奶和猪肉样品中单核细胞增生李斯特菌的分析。在病毒检测方面，报道了一种混合分子印迹荧光传感器，用于同时检测甲型肝炎病毒和乙型肝炎病毒。该传感器采用印迹后混合策略，分别以红色、绿色量子点为荧光材料，以病毒为模板分子制备分子印迹聚合物而后以适当比例混合。结果表明，对两种病毒的检测均达到了令人满意的选择性和灵敏度。

## 四、分子印迹表面等离子体共振（MIP-SPR）传感器检测技术

表面等离子体共振（surface plasmon resonance，SPR）技术是利用金属薄膜光学耦合产生的物理光学现象的一种检测技术，是一种非常灵敏的光学分析手段。自在光学实验中首次发现 SPR 现象后，1990 年瑞典的 BIAcore 公司开发了世界上第一台商业化的 SPR 生物传感器，能够实时监测生物分子间的相互作用，且具有无须标记、分析快捷、灵敏度高、前处理简单、样品用量少等优点。SPR 传感器原理是利用抗原-抗体反应引起敏感膜光学属性（主要是折射率）的变化，从而引起膜表面等离子体共振条件的变化。因此，可以通过检测共振角或共振波长的变化来检测待测分子的成分、浓度，以及参与化学反应的特性，现已被广泛应用于蛋白质组学、药物研发、临床诊断、食品安全和环境监测等领域。但由于芯片往往接枝生物活性分子，反复或长期使用可导致偶联的分子容易失去生物活性或脱落，存在使用寿命短，不易保存等缺点。此外，合成这种芯片需要的成本很高。因此，开发和利用新技术改善 SPR 芯片性能是许多科学家研究的新方向。由于分子印迹技术与 SPR 技术集成可以大大提高传感器的选择性，近年来基于分子印迹技术的 SPR 传感器研究报道逐渐增多。

### （一）MIP-SPR 芯片的制备方法

SPR 芯片是图像 SPR 系统的关键部件之一。SPR 芯片的制备方法很多，主要有金膜直接吸附法、自组装层共价连接法、朗缪尔-布洛杰特膜（LB 膜）法、分子印膜法和空间网状高聚物固定法，这些方法有各自的特点。MIP-SPR 芯片作为 MIP-SPR 传感器的核心部件和反应的平台，主要采用在传感芯片表面沉积或者合成一层均匀、厚度较薄的分子印迹聚合物，制备的方法主要有直接物理吸附法、原位引发聚合法、自组装膜法和电聚合法等。

**1. 直接物理吸附法**

直接物理吸附法的操作较为简单。首先将制得的分子印迹聚合物颗粒研磨后，溶解于易挥发的有机溶剂中（如四氢呋喃等）得到镀膜液，然后通过蘸涂、滴涂或者旋涂的方式将镀

膜液修饰到芯片表面，待有机溶剂挥发后，即可得到 MIP-SPR 芯片。为了使镀膜液均匀修饰到芯片表面，在制备过程中可以通过掺杂一些支撑膜（如聚氯乙烯、Nafion 等），使聚合物颗粒能够在芯片表面均匀分散且不易脱落。但此方法制得的芯片厚度不可控，存在灵敏度不高、稳定性差等缺点。

**2. 原位引发聚合法**

原位引发聚合法使用有机溶剂溶解超声分散模板分子、功能单体和引发剂，将金芯片置于混合液中，在加热或者紫外灯的作用下引发聚合反应，完成 MIP-SPR 芯片的制备过程。加热引发聚合一般使用偶氮二异丁腈作为引发剂，光引发聚合一般使用偶氮二异丁腈、苯甲酮或苯乙酮及其衍生物作引发剂。

**3. 自组装膜法**

此方法利用自组装技术先在裸金芯片表面修饰一层自组装膜，然后以共价键或者非共价键方式将分子印迹聚合物与自组装膜结合形成复合膜，从而实现分子印迹技术与表面等离子体共振技术的联用，以提高传感器的特异性和灵敏度。此方法操作较为简单，并且容易找到能够与分子印迹聚合物形成共价或非共价连接的化合物，但存在键结合能力不高，自组装膜易脱落的问题。

**4. 电聚合法**

此方法使用裸金芯片为电极，浸入到含有模板分子和单体的电解质溶液中，通过循环伏安扫描等方式，在裸金芯片表面合成分子印迹聚合物，再通过其他方式去除模板分子，得到 MIP-SPR 芯片。此方法简单，重现性好，并且可以通过控制扫描电压、扫描圈数等参数控制流通电荷数，从而实现分子印迹聚合物厚度的调节，是制备传感器芯片最有潜力的方法。

### （二）MIP-SPR 传感器在快速检测中的应用

将分子印迹膜同 SPR 传感器结合，充分发挥二者的优势，极大提高了传感器的选择性和识别性，成为 SPR 传感器芯片的理想识别元件之一。随着纳米技术、膜技术、电化学技术等新技术的发展，MIP-SPR 传感器的灵敏度和稳定性得到了一定程度的提高，使 MIP-SPR 传感技术在农药、兽药、生物毒素等小分子化合物的分析检测中发挥了更大作用。1998 年，研究者成功制备了茶碱、黄嘌呤和咖啡分子印迹膜 SPR 传感器，评价了其选择特性，发现茶碱印迹膜 SPR 生物传感器对于结构极为类似物质无交叉反应性，检出限为 0.4mg/mL，表明 MIP-SPR 技术可以在保证 SPR 快速分析的基础上满足与待分析物质的特异性结合。这是首次使用 MIP-SPR 传感器进行检测分析的报道，此后，MIP-SPR 技术在农药、兽药、生物毒素等领域的应用取得了较好发展。2013 年，使用 MIP-SPR 传感器检测农药残留，通过将 SPR 检测与磁性 MIP 结合，磁性氧化铁既可以从样品中提取分析物，同时还可以放大 SPR 信号，其检测限低至 0.76nmol/L。随后，开发出基于石墨烯及 AuNPs 信号增强的 MIP-SPR 传感器用于检测莱克多巴胺，该传感器能够测量低至 5ng/mL 的莱克多巴胺，对食品污染物检测技术的研究得到进一步拓展。

## 五、分子印迹表面增强拉曼光谱检测技术

表面增强拉曼光谱（SERS）技术是一种基于拉曼散射光谱和纳米材料发展起来的表面分析技术。当分子位于 SERS 基底表面（通常是贵金属纳米结构）附近时，可以将分子的"指

纹"增强一百万倍以上，SERS 技术已用于检测极低浓度的目标分析物。然而，分析物与底物之间的距离（甚至几纳米）对拉曼增强效果影响特别显著。有些分子中的基团和 SERS 基底之间的作用力较弱甚至不存在任何作用，分析物不能有效吸附在基底表面，很难产生高质量的 SERS 信号。因此，有效富集 SERS 底物表面上的分析物对于无标记 SERS 检测至关重要。迄今为止，已经使用了一些化合物，如硫醇、环糊精和环芳烃来修饰 SERS 底物的表面，以调节分析物和底物之间的相互作用。这些修饰解决了大多数分析物对 SERS 底物亲和力差的问题，并在增强 SERS 信号方面获得了出色的表现。

尽管 SERS 技术在分析检测中具有优异的灵敏性及精确度，操作简单，并能在不损坏样品的前提下进行检测，然而当使用 SERS 技术检测复杂基质中的特定分析物时，其他成分与分析物在基底表面上的竞争性吸附也会产生光谱信号，从而难以进行光谱解析和化学计量模型的构建。因此，如何排除杂质的干扰从而在复杂体系中选择性地测定目标物的问题亟待解决。在现有的分离和富集方法中，分子印迹技术（MIT）因其高选择性、成本效益和时间效率而受到了广泛的关注。将分子印迹技术与 SERS 相结合为测定复杂体系中特定目标分析物提供了好的方法，展现出了独特的优势，目前，这种结合技术已广泛应用于生物毒素、生物标志物的检测中。

## （一）分子印迹表面增强拉曼光谱技术类型

按照构造原理，将分子印迹聚合物与表面增强拉曼光谱联用技术（MIP-SERS）可分为两种类型："一体式"MIP-SERS 方法和"串联式"MIP-SERS 方法。"一体式"MIP-SERS 是指 MIP 膜通过表面印迹法合成在 SERS 增强基底的表面，MIP 起到了富集靶标物的作用，使尽可能多的靶标物达到其"位点"。"串联式"MIP-SERS 方法，以 MIP 作为前处理材料识别、提取和分离检测靶标，然后用 SERS 检测。MIP 专注于目标的分离和浓缩，显著改善了"串联式"MIP-SERS 传感器在复杂基质中的应用。与"一体式"MIP-SERS 方法相比，"串联式"MIP-SERS 方法可以满足更为复杂的基质，常常应用于食品复杂基质中污染物的快速分析。

## （二）MIP-SERS 检测方法

### 1. "一体式"MIP-SERS 法

"一体式"MIP-SERS 检测方法具有速度快、便捷、简单等特点，可分为核-壳型（SERS底物为核，MIP 为壳）、平面型（MIP 膜或微球涂覆于平面 SERS 基底上）和夹心型（MIP-目标分子-拉曼探针分子）。

1）核-壳型　　核-壳型的"一体式"MIP-SERS 化学传感器的结构通常为：具有不同形状、构成和结构的 SERS 基底为核，以及在壳中带特异性吸附孔道的分子印迹聚合物为壳。目标物在被 MIP 特异性结合后，目标物靠近 SERS 基底的表面，从而产生 SERS 信号。用这种类型的传感器检测的目标物必须具有 SERS 信号，并且需要优化 MIP 的合成条件。2010年，科学家开发了第一个核-壳型"一体式"MIP-SERS 纳米材料化学传感器。锚定在聚合物核和分子印迹壳之间的金胶体可以识别和检测浓度低至 $10^{-7}$mol/L 的目标分子（$S$）-普萘洛尔。

银纳米粒子作为 SERS 增强材料的使用更常见于核-壳型"一体式"MIP-SERS 传感器，对于拉曼强度的增强效果更优于金。这是因为特殊的核-壳结构设计足以保护 Ag 核免于其氧化。目前，用于食品污染物的检测的 MIP 复合材料包覆 Ag 质球形核（Ag@MIPs），成功对 4-巯基苯甲酸、结晶紫、双酚 A、拟除虫菊酯、对硝基苯胺和罗丹明等污染物进行了分析。

除贵金属作为 SERS 衬底外，过渡金属氧化物也可以用作 SERS 增强基底材料。三氧化钼（$MoO_3$）是一种具有电子、光学和电致变色等特性的极富前景的半导体材料。$MoO_3$ 可以通过引入辐照诱导的氧空位来修饰和改性，材料中所含的 $Mo^{5+}$ 和 $Mo^{6+}$ 之间的间隔电荷转移跃迁可以产生较强的局域表面等离子体共振（LSPR）。

核-壳型 MIP-SERS 化学传感器是最常见的"一体式"MIP-SERS 传感器，主要用于检测相对简单的基质，因为这种类型的传感器的抗干扰能力较弱，极端复杂的基质可能会阻碍 MIP 的特异性结合，进而影响检测的灵敏度。

2）平面型　　平面型"一体式"MIP-SERS 化学传感器是直接在平面固相 SERS 基底上合成或涂覆分子印迹聚合物层。通过制备方法的优化来调整作为基底的纳米颗粒和涂层分子印迹聚合物的分布，以避免溶剂蒸发引起的 SERS 信号不均匀等现象。首先将金、银纳米颗粒薄膜沉积到载玻片表面上，再在 SERS 活性基底上涂敷分子印迹聚合物层，从而用于检测各种物质。目前，主要利用三种不同的策略在印迹部位附近获得 SERS 增强作用：一是直接溅射金纳米粒子；二是通过 MIP 的巯基（—SH）固定金溶胶；三是将 MIP 微球修饰在商业化的 SERS 基底上。其中金溅射镀膜方法是最经济的方法，但是它可能导致产生的 SERS 信号相对较弱；胶体金的沉积方法需要更长的时间来制备样品，但是它能够产生三者之中最强的 SERS 响应；最简单的方法是将 MIP—SH 颗粒组装到商业基板上，但是由于商业基板的高成本，这种制备方法较为昂贵。加之，分子印迹聚合物的结合步骤一般比较复杂。因此，合理的制备方法可以提高平面型 MIP-SERS 化学传感器的均一性和稳定性，为现场和实时监测提供潜在的应用前景。

3）夹心型　　夹心型"一体式"MIP-SERS 化学传感器的一般检测原理如下：MIP 被用作底部的识别材料，目标分子与分子印迹聚合物结合形成中间层，含有 SERS 信号的拉曼探针分子再与中间层的目标分子结合形成上层，通过检测 SERS 探针的信号强度，用以表征结合目标分子的含量，获得的 SERS 信号越强，分析物的含量就越高。该夹心结构 MIP-SERS 化学传感器主要用于检测生物大分子。对于夹心型"一体式"MIP-SERS 传感器，MIP 部分用作与目标分子特异性结合的识别单元。与靶标分子结合后，SERS 探针分子与靶标结合形成三明治结构，SERS 信号可以直接表征结合目标分子的含量或者浓度。2014 年，科学家首先将这种"免疫测定"型夹心结构引入了 SERS 传感。例如，硼酸亲和夹心测定法，其依赖于硼酸亲和分子印迹聚合物，目标糖蛋白和硼酸亲和 SERS 探针之间形成三明治结构，以此方法能高度灵敏地测定复杂样品中的糖蛋白。通过将模板分子与目标蛋白进行更换，该方法可用于检测其他类型的糖蛋白，还可以基于此原理开发其他检测体系用以对其他生物大分子进行检测。为了检测小分子，一种具有 3D 银树枝状/分子识别器/银纳米颗粒（SDs/EMIs/AgNPs）的电聚合夹心结构的 MIP-SERS 传感器被应用于对吡虫啉进行定量检测，检测限为 0.028ng/mL。超强的拉曼信号增强效果归因于类似树突的 3D 银与 AgNPs 相结合建立的双银层，可以通过其电磁场的叠加来实现 SERS 信号的多级增强。随着纳米科学技术的发展，夹心型"一体式"MIP-SERS 传感器将进一步拓展其应用范围。

**2. "串联式"MIP-SERS 法**

由于表面增强拉曼光谱容易受到基质的干扰，在某种程度上"一体式"MIP-SERS 方法很难做到在特别复杂的基质中对目标分析物进行富集和检测。在这种情况下，所谓的"串联式"MIP-SERS 方法可以很好地解决上述问题，"串联式"MIP-SERS 方法包括两个主要步骤：基于 MIP 的分离和基于 SERS 检测。将目标物质从基质中分离并通过 MIP 富集，然后进行淋洗和洗脱等步骤，最后将洗脱后的溶液滴涂、分散在各种 SERS 基底上进行 SERS 检测。经过分子印迹的特异性识别，以及淋洗和洗脱等步骤，可以将复杂基质中绝大多数的干扰物质去除，"串联式"MIP-SERS 方法可以大大降低复杂基质的干扰。

1）分子印迹固相萃取-SERS（MISPE-SERS）　　在"串联式"MIP-SERS 化学传感器中，将分子印迹聚合物装填到固相萃取（SPE）柱中的方法已成为主流，SPE 色谱柱可以高通量地纯化复杂基质。2013 年，科学家们将"串联式"MISPE-SERS 传感系统用于检测复杂食品基质中的特定分析因子。构建了二维主成分分析（PCA）模型、偏最小二乘回归（PLSR）模型以鉴定和定量植物油样品（花生油、橄榄油、玉米油和芥花籽油）中 α-生育酚（α-Toc）的含量。该化学传感体系表现出良好的灵敏度和选择性，可用于检测复杂基质中的特定因子。此后，MISPE-SERS 技术进一步用于牛奶中氯霉素及三聚氰胺、农产品中的痕量农药等检测。目前，"串联式"MIP-SERS 化学传感器已经成为复杂样品中最主要的 SERS 检测方法之一。

2）分子印迹膜-SERS（MIM-SERS）　　分子印迹膜兼具有分子印迹技术和膜技术的优点。在整个吸附过程中，目标分子的扩散阻力很小。2015 年，首次开发出快速、经济、高效的 MIM-SERS 方法用于测定金枪鱼罐头中组胺。采用聚氯乙烯（PVC）固定化 MIP，所制得的 MIP-PVC 薄膜具有稳定的识别特性，专门用于从金枪鱼罐头中提取组胺。将其放置在 AuNPs 溶液中，通过离子交换机制将组胺释放到 SERS 基底（胶体金）上，PCA 结合 PLSR 模型用于验证 MIP-PVC-SERS 方法检测组胺的可靠性。这种方法可以准确地测定罐装金枪鱼中 3~90mg/L 的组胺含量。

## 思 考 题

1. 分子印迹技术的概念及在食品安全快速检测中的研究意义是什么？
2. 分子印迹聚合物制备方法有哪些，这些方法的优缺点有哪些？
3. 分子印迹前处理技术有哪些分类，主要操作步骤有哪些？
4. 分子印迹技术应用前景及存在的问题是什么？

# 第八章　光谱无损快速检测技术

【本章内容提要】本章主要介绍了光谱无损快速检测的概念、特征及主要分类；阐述了分子振动光谱无损快速检测构建策略，包括分子振动光谱的产生原理、光谱的采集方式及数据提取与处理方法；针对性地列举了近红外光谱、拉曼光谱及高光谱成像无损快速检测技术方法及应用现状，为现代食品安全无损快速检测提供理论基础。

## 第一节　光谱无损快速检测技术概述

利用光谱学原理确定物质结构和化学成分的分析方法称为光谱分析法（spectrum analysis）。各种结构的物质都具有自己的特征光谱，按光谱产生的本质不同，可分为原子光谱、分子光谱；按光谱产生的方式不同，可分为发射光谱、吸收光谱和散射光谱；按光谱波长区域不同，可分为红外光谱、可见光谱、紫外光谱、X射线光谱等；按光谱表观形态不同，可分为线光谱、带光谱和连续光谱。这些不同种类的光谱学，从不同方面提供了物质微观结构知识及不同的化学分析方法。

### 一、　光谱无损快速检测的概念

光谱无损快速检测技术（non-destructive and rapid spectroscopic techniques）是指通过测量由物质内部发生量子化的能级跃迁而产生的发射、吸收或散射辐射的光谱，与标准理化值之间建立校正模型，进而快速无损鉴别物质种类并预测其化学组成和相对含量的技术。由于光谱是物质的原子或分子特定能级的跃迁所产生的，根据光谱的特征波长可对被测对象进行定性分析；而光谱的峰位、峰强和峰形等与物质的成分及其含量有关，故而又可进行定量分析。在化学计量学数据分析工具的辅助下对不同波段光谱数据进行正确分析，可准确揭示有关样本的物理状态和化学成分变化。

### 二、光谱无损快速检测的特性

作为光学非接触式检测方式，光谱无损快速检测技术在众多领域中应用广泛，并且在数据处理及仪器制造方面发展迅速，这得益于其独有的优越性。总结其特性如下。

（1）无损检测，即不破坏样品、不用试剂、不污染环境。检测前无须对样品进行预处理，检测过程不需要使用化学试剂，也不需要高温、高压、大电流等测试条件，避免了化学、生物或电磁污染。

（2）分析速度较快，可在1~2min内同时给出二十多种元素的分析结果。

（3）操作简便，采用计算机技术，有时只需按一下按键即可自动进行分析、数据处理和打印分析结果。在毒剂报警、大气污染检测等方面，采用分子光谱法遥测，无须采集样品，在数秒钟内，便可发出警报或检测出污染程度。

（4）不需纯样品，只需利用已知谱图，即可进行光谱定性分析，这是光谱分析十分突出的优点。

（5）可同时测定多种元素或化合物，省去复杂的分离操作。

（6）选择性好，可测定化学性质相近的元素和化合物如铌、钽、锆、铪和混合稀土氧化物，它们的谱线可分开且不受干扰。

（7）灵敏度高，可利用光谱法进行痕量分析。相对灵敏度可达 $10^{-9}$~$10^{-6}$，绝对灵敏度可达 $10^{-9}$~$10^{-8}$。

# 第二节　分子振动光谱无损快速检测的构建策略

分子光谱（molecular spectrum）指分子从一种能态改变到另一种能态时的吸收或发射光谱（可包括从紫外到远红外直至微波谱）。分子光谱与分子绕轴的转动、分子中原子在平衡位置的振动和分子内电子的跃迁相对应。振动光谱（vibrational spectrum）是指分子中同一电子能态中不同振动能级之间跃迁产生的光谱。分子的振动跃迁过程中会伴随有转动能级的变化，因此整个分子的振动光谱包含若干条谱带，它实际上是振动-转动光谱，即定义为双原子分子通常同时具有振动和转动，振动能态改变时总伴随着转动能态的改变，因而许多光谱线密集在一起形成带状光谱。

## 一、分子振动光谱的产生原理

分子的振动能量比转动能量大，当发生振动能级跃迁时，不可避免地伴随有转动能级的跃迁，所以无法测量纯粹的振动光谱，只能得到分子的振动-转动光谱，即整个分子的振动光谱包含若干条谱带，它实际上是振动-转动光谱。

（一）近红外光谱产生原理

红外光谱（infrared spectrum，IR）是指一束不同波长的红外射线照射到物质的分子上，分子选择性吸收特定波长的红外射线发生振动能级迁移所产生的光谱。近红外光谱（near infrared spectrum，NIR）主要对应由于分子振动非谐性而产生的从基态向高振动能级跃迁时的倍频和合频吸收，包括含氢基团 X—H（C—H、O—H、N—H、S—H 等）振动。由于不同基团或同一基团在不同化学环境中的吸收波长和吸收强度有着明显的差别（图 8.1），所以近红外光谱能反映丰富的结构和组成信息。近红外光谱包含丰富的含氢基团的信息，如酚类和醇类的一级倍频在 $7092cm^{-1}$（1410nm）、二级倍频在 10 000$cm^{-1}$（1000nm）；N—H 键的伸缩振动一级倍频在 $6666cm^{-1}$（1500nm）。因此近红外光谱法常被用来测定含有含氢基团有机物的含量。

（二）拉曼光谱产生原理

拉曼光谱（Raman spectrum，RS）是一种由分子振动和转动产生的散射光谱。当入射光

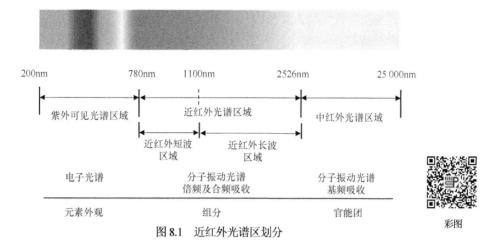

图8.1　近红外光谱区划分

**红外线与远红外线**

自然界有无数的放射源：宇宙星体、太阳，地球上的海洋、山岭、岩石、土壤、森林、城市、乡村，以及人类生产制造出来的各种物品，凡在绝对零度（−273.15℃）以上的环境，无所不有地发射出不同程度的红外线。现代物理学称之为热射线。航天科学家调查研究，太阳光中波长为8～14μm的远红外线是生物生存必不可少的因素。人们把这一波段的远红外线称为"生命光波"。这一段波长的光线，与人体发射出来的远红外线的波长相近，能与生物体内细胞的水分子产生最有效的"共振"，同时具备渗透性能，有效地促进动植物的生长。

子与分子发生非弹性碰撞时，光子与分子之间有能量交换，散射光的频率低于或高于入射光的频率，这就是拉曼散射。拉曼光谱分析法是基于拉曼所发现的拉曼散射效应，对于入射光频率不同的散射光谱进行分析以得到分子振动、转动方面信息，并应用于分子结构研究的一种分析方法，可实现无机物检测，如矿物、农业土壤等，但是信号强度较弱，易受环境因素干扰造成信号丢失现象。

### （三）高光谱成像产生原理

高光谱成像（hyperspectral imaging, HSI）技术是基于非常多窄波段的影像数据技术，它将成像技术与光谱技术相结合，探测目标的二维几何空间及一维光谱信息，获取高光谱分辨率的连续、窄波段的图像数据。图像信息可以反映样本的大小、形状、缺陷等外部品质特征，而光谱信息能反映样品分子组成、品质组分等内部结构。

相较于基于R、G、B三通道的彩色图像，高光谱图像是在光谱维度上细分为很多个窄波段通道的图像数据的集合。高光谱图像是一个三维立方体数据（$X \times Y \times \lambda$），数据结构如图8.2所示。其中$X$、$Y$表示图像空间尺寸的二维信息，$\lambda$表示光谱维度的反射率或吸光度等信息。高光谱数据可以理解为由每个光谱波段下的反射率或吸光度二维空间图像叠加而成，也可以理解为二维空间图像上的每个像素点均包含了一条光谱曲线。因此，为了获得完整的高光谱数据立方体，高光谱成像仪器通常需要通过 2D 图像传感器在 *X-Z*（或 *Y-Z*）或 *X-Y* 坐标采集几百次二维阵列的数据。

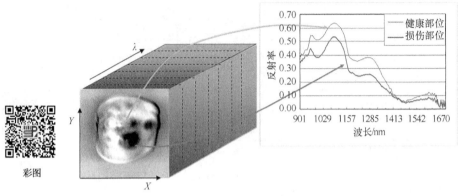

图 8.2　高光谱数据的空间分布示意

### 高光谱成像与智慧农业

　　为全面推进乡村振兴、加快农业农村现代化，湖南省津市市农业农村局、白衣镇与深圳中达瑞和公司积极探索利用高光谱成像技术、大数据和云服务助力白衣镇乡村农业，提供核心关键解决方案，将精准农业创新落实到田间实践作业。依托病虫害模型，基于图像和高光谱检测分析，对作物进行病虫害诊断和预警，科学评估、合理预测作物产量。定期巡检智能监管基本农田状况，识别建筑侵入、土地荒废等异常，坚守土地红线。重点监管高标准基本农田，检测土地质量、配套设施、耕作情况，提高重点土地利用效率。

　　高光谱成像技术、大数据和云服务综合应用是智慧农业的有力推手，有效地解决了"三农"发展过程中的短板问题，有助于实现新型农民的培育和农业劳动者行业素质的提高，带动乡村合作经济组织和市场体系的完善，使乡村振兴呈现出产业兴旺、生活富裕的美好图景。

## 二、光谱的采集方式

### （一）近红外光谱采集方式

　　近红外光谱测量系统一般由光源、光谱仪、探头、样品支架（样品池）、计算机等部分构成（图 8.3）。光源发出的光经过光纤传输进入样品池，从样品池射出带有样品信息的光束，同样经过光纤传输进入光谱仪，通过光谱仪内部的光学系统进行准直耦合与分光后，投射到光电探测器上。光信号通过光电探测器变为电信号，电信号经过一系列滤波、放大、A/D 转换等处理后，被传输给计算机，由计算机进行数据整合与后续分析处理。

　　在近红外光谱测量中，根据被测样品的种类、物态、形状等特征，以及需要测量的波长范围，测量方式主要分为漫反射、透射和漫透射（图 8.4）。三种测量方式主要由被测样品与光源和检测器之间的不同放置位置决定，反映了光与被测样品不同类型的相互作用关系。漫反射方式主要检测从样品上反射回来的光信号，主要获得样品浅表层的信息，适用于粉状均质、果皮较薄的果蔬和光不容易透过的固体样品等的测量。透射方式中光源与检测器分别位于被测物的两侧，检测从被测物内部穿透的光信号。因此，需要足够强的光线透过被测物，以获得整个样品的信息，适用于液体、厚皮果蔬和透明及半透明固体样品。透射方式获得的信号的强度较弱，易受样品厚度的影响。漫透射方式中，检测器检测光穿过部分样品的透射光，与透射方式相比，漫透射方式信号强度更高，受外界杂光影响较小，检测结果更准确。

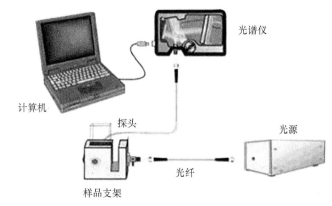

图 8.3  近红外光谱测量系统结构图

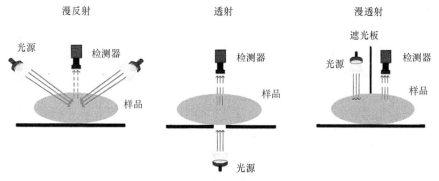

图 8.4  近红外光谱测量方式

## 我国近红外光谱技术的发展

2006 年 10 月 28 日，全国第一届近红外光谱学术会议在北京成功召开，这次会议加强了有关学者的交流和合作，是我国近红外光谱技术发展阶段非常重要的一个节点。2009 年 6 月 6 日，我国的近红外光谱专业委员会正式成立，成立后举办了大量的学术活动。2010 年，亚洲第三届近红外光谱学术会议在我国成功召开。2012 年 11 月，在北京香山召开了主题为"我国近红外光谱分析关键技术问题，应用与发展战略"的科学会议，这次会议指出了我国近红外光谱技术方面所面临的科学和工程技术问题，为制定我国的科技发展规划，提供了科学依据，这次会议带来的深远影响已逐渐显现出来。2018 年 6 月 22 日，在昆明成功召开了全国第七届近红外光谱学术会议。

## （二）拉曼光谱采集方式

拉曼光谱可由拉曼光谱仪采集获取，常见的拉曼光谱仪一般由激光器、外光路系统、分光系统、探测器和微机处理系统等五个部分组成，如图 8.5 所示。激光器一般用于选择激发光源，发射的光单色性、准直性高，在检测过程中可根据样品选择合适的波长参数，有效地避免光谱中的荧光干扰，提高所得结果的精度。外光路系统包括激光器与分光系统之间的全部器件，主要如反射镜、滤光片和样品池等，使激光束很好地照射各种状态下的样品，并聚集拉曼散射光。分光系统作为拉曼光谱仪的核心部分，可有效地分离收集的拉曼散射光。探测器主要用于检测分光后的散射光信号，然后对所得信号进行计算机软件处理而形成拉曼光谱图。微机处理系统具有控制仪器、采集、处理和存储数据等功能。

## （三）高光谱成像采集方式

高光谱成像系统通常由高光谱成像仪、光源、平移台及计算机软硬件等部分构成（图 8.6）。高光谱成像仪是高光谱成像系统的核心，其主要由镜头、光谱仪（分光或滤波作用）和相机等组成。根据获取高光谱数据的方式又可以分为框幅式（面阵 CCD 相机）和推扫式（线阵 CCD 相机）。框幅式系统的成像原理是在镜头前放置滤波器单元，最终在相机上采集滤波器下的各窄波长的二维图像，常用的滤波器包括液晶可调谐滤波器或声光可调谐滤波器。框幅式系统常用于波长数较少的多光谱系统，其具有采集速度较快和不需要对所采集的图像进行复杂的几何校正（采集过程相对静止）等优点。推扫式系统的成像原理则是利用分光元件等光学组件，首先样本的光线（反射或透射）通过镜头收集和狭缝增强准直照射到分光元件上，经分光元件在垂直方向按光谱色散，经分光元件后在相机上成像。平行于狭缝的水平方向（空间维）上每一行上是单个波长的光谱图像，而垂直于狭缝的色散方向（光谱维）上每一列是单个空间像素点在波长范围的色散光谱。推扫式系统通过逐行扫描获取样本每一行像素的光谱数据，随后拼接成最终的高光谱数据，此种扫描模式尤其适合传送带上动态检测，因而成为了农产品品质检测中最常用的高光谱成像方式。

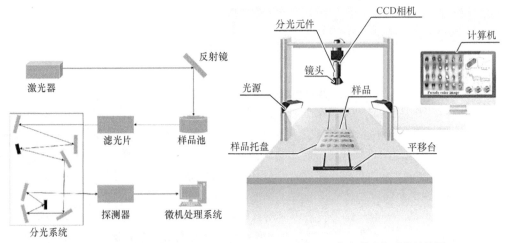

图 8.5　拉曼光谱仪结构图　　　　　　　　图 8.6　高光谱成像系统结构图

## 三、数据处理与分析

数据处理与分析的目的是通过用统计学分析方法对收集的大量数据进行分析，提取对分析目标有价值的信息，找到规律或趋势，最终提供决策依据。利用化学计量学分析方法将物质的光谱数据与标准理化值之间建立联系，以实现对后续未知样本的预测。首先，在光谱数据分析前应进行光谱预处理，以消除样品粒径、杂散光及仪器的内部响应、暗电流等导致的噪声信息（光谱抖动、基线漂移等）；其次，采用全光谱或多光谱数据，研究变量之间的函数关系，建立分类或回归模型用于待测样品的判别或预测分析；最后，基于模型对验证集样本的预测结果给出模型优劣的评价，完成样品光谱的处理与分析。

### （一）常用数据预处理方法

光谱预处理的目标是避免光谱测量过程中不良现象的影响，如光散射、粒度效应或形态差异、样品表面粗糙度，以及检测器伪影等。样本中散射介质较多，易受周围环境条件、参数设置、仪器测量，以及操作过程不规范等各个环节的影响，使得提取的光谱曲线噪声较大。为进一步降低过程噪声的影响，凸显异质化样本的特征指纹信息，提高定性定量模型预测准确性，对光谱曲线数据进行预处理是必不可少的。值得注意的是，尽管预处理有好处，但如果未选择正确的方法，它也可能引入伪影或造成重要信息丢失，因此选取最适合的预处理方法是非常重要的。常用的预处理方法主要有萨维茨基-戈莱（Savitzky-Golay）平滑、标准正态变量（standard normal variate，SNV）、多元散射校正（multiplicative scatter correction，MSC）、导数（derivative）和归一化（normalization）等算法。其中，Savitzky-Golay 平滑算法可用于消除由于仪器稳定性和传感器响应等导致的光谱曲线出现抖动与毛刺；SNV 算法可基于光谱矩阵的行向量数据对一组光谱进行预处理，能够消除光程差异、散射、样品稀释等引起的误差；MSC 算法可有效地消除基线偏移和散射，并增强与组分含量相关的光谱吸收信息；导数算法可消除基线漂移、背景干扰和光谱重叠，突出光谱曲线相互之间的差异性并提高分辨率；归一化算法可以消除不同类型测量数据之间数量级的差异，或传感器响应信号之间的数值差异。

### （二）常用数据统计分析方法

化学计量学中常用的数据统计分析方法分类如图 8.7 所示。最右侧的各种分析方法按照线性模型与非线性模型、无监督与监督、定性与定量等基本概念进行分类。"线性"与"非线性"常用于区别函数 $y=f(x)$ 对自变量 $x$ 的依赖关系。线性函数即一次函数，其图像为一条直线。非线性函数图像不是直线。线性模型是反映自变量与因变量间线性关系的数学表达式；而非线性模型其因变量与自变量在坐标空间中不能表示为线性对应关系。如果变量 $x$ 的单位变动引起因变量 $y$ 的变化率是一个常数，则回归模型是一种变量线性模型。相反，如果斜率不能保持不变，则回归模型就是一种变量非线性模型。

根据是否需要先验知识，模式识别方法可分为"监督学习分类"和"非监督学习分类"。如果已知分类情况，有训练集与测试集，基于训练集数据确定规律，对测试样本应用该规律，这种建模方法属于监督学习分类。在模式识别中也会遇到不能事先获取任何样本先验知识的情况，即没有训练集，只有一组数据，必须先通过一种有效的数据分析方法提取样本的内在关联，在该组数据集内寻找规律，这种方法为非监督学习分类。

定性分析与定量分析是分析化学中的基本概念。定性分析是鉴定物质中存在的元素、离子或官能团等的种类和结构，不能确定其含量多少。定量分析是确定物质中各种构成成分的含量，包含重量分析、容量分析和仪器分析三类。

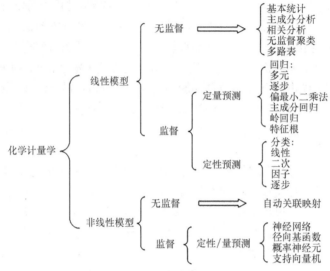

图8.7 化学计量学中常用的数据统计分析方法分类

# 第三节 光谱无损快速检测的典型技术
# 及在食品安全快速检测中的应用

光谱无损快速检测是光谱测量技术、计算机技术、化学计量学技术与成像技术的有机结合，具有测试简单、测试速度快、对测试人员无专业化要求、测试过程无污染、测试范围可以不断拓展等优点。随着经济和技术的发展，光谱无损快速检测技术得到了越来越广泛的应用，在国民经济及人们的日常生活中发挥着越来越重要的作用。

## 一、近红外光谱无损快速检测技术及应用

回顾近红外光谱的发展历程，1800 年近红外电磁波首次被发现，1970 年将其应用在农产品和食品的品质分析领域，并提出了物质含量与近红外区某些波长下吸收峰呈线性关系的理论。20 世纪 80 年代后，光谱仪和计算机技术水平有了较大提高，再加上过去中红外光谱技术积累的经验，使得近红外光谱技术的应用更加广泛。目前为止，近红外光谱技术作为一种简单、快速、无损的检测手段，已经成为谷物、果蔬、肉制品等各类食品品质检测中广泛应用的方法。

（一）近红外光谱在谷物和粮油制品中的应用

近红外光谱，最早被美国农业部应用于谷物的品质检测领域。近红外光谱可对谷物的水分、氨基酸、蛋白质、饱和或非饱和脂肪酸进行检测。对谷物和面粉的检测主要包含以下几个方面：首先，由于红外测定方法具有方便快捷、无污染的特点，近红外光谱技术在粮食、油料中可以测定水分、粗蛋白、淀粉含量等。其次，尽管近红外光谱分析水分的准确度（1%）有一定限制，但是其快速分析的特点十分突出，可实现植物原料中蛋白质、氨基酸及外部杂

物（如滑石粉等，图 8.8）的快速测定。再次，在油脂工业中，近红外光谱技术可以测量油脂品中碘值、过氧化值、游离脂肪酸含量等一系列指标，进而实现品质分级、真伪鉴别等。最后，近红外光谱技术可分析储藏粮食中水分变化，以及虫类代谢物、蛋白质和甲壳质含量，进而判断其是否发生病害及病害程度。

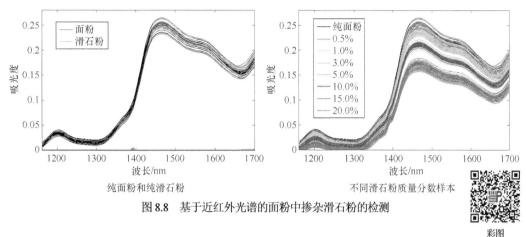

纯面粉和纯滑石粉　　　　　　　　　　不同滑石粉质量分数样本

图 8.8　基于近红外光谱的面粉中掺杂滑石粉的检测

彩图

## （二）近红外光谱在果蔬加工和贮藏中的应用

基于近红外光谱快速、无损检测的优势，其被广泛应用于果蔬品质的在线检测及分级分选中。近红外光谱技术借助于光导纤维可实现水果（苹果、桃等）和蔬菜（洋葱、黄瓜等）中水分、糖度、酸度含量预测及病变果鉴别等非破坏无损快速检测，获得多个品质参数，实现果蔬的按质分级。结合理论分析，研制果蔬品质实时在线分选设备，如图 8.9A 所示为大桃糖度在线分级分选设备，可以根据用户需求，自行设置糖度的分级区间，分选速度能达到 3～5 个/s，糖度误差为 ±1°。此外，为便于果农们能够在田间采摘后直接进行分选，进一步研发了适用于田间地头的可移动式苹果糖度在线检测及分选设备（图 8.9B）。

图 8.9　基于近红外光谱的水果糖度在线检测及分选设备
A. 大桃分选线；B. 可移动式苹果分选线

彩图

## （三）近红外光谱在肉制品加工和贮藏中的应用

肉类及其制品的营养成分及结构组成复杂，利用近红外光谱技术可对其新鲜度、表面污染、肥瘦、脂肪含量及掺假等进行快速无损鉴别。首先，肉制品加工过程中，近红外光谱分析技术可以测定营养物质含量指标，甚至可以在生产线中实现其在线实时检测；此外，还有研究利用近红外光谱技术分析了添加剂对肉制品的影响。其次，冷冻肉中，近红外光谱技术可分析冷冻和解冻对肉品质的影响，如肉的保水性及渗透性、肉汁的失落率及干物质的含量等，同时也可实现品质鉴定，将反复冷冻解冻的低品质肉检出。最后，在肉制品鉴定中，近红外光谱技术可对掺假肉进行鉴别，如牛肉汉堡中的牛肉掺假问题。

### 光谱与"僵尸肉"

"僵尸肉"指冷冻多年销往市场的冻肉，多为走私品，其质量及安全难以得到保证。为了对"僵尸肉"进行检测，必须准确测得其"冻龄"。陈年冻肉的储藏环境很难保证，当温度达到 0℃ 以上的解冻条件，即使将肉再次冷冻，肉质还是会存在大量对人体有害的病菌。海关总署 2015 年初部署对包括冻品在内的重点商品物品开展集中专项打击。光谱检测技术具有分辨率高和非破坏性等特点，获取每一年"僵尸肉"的光谱数据，发现肉类的"冰晶"光谱特性，通过建立的光谱库收集不同冻龄的肉类光谱，待检肉品通过匹配，能够快速实现在线肉品品质检测。除了检测肉类的冻龄之外，光谱还能检测肉类的嫩度、色泽、结构、是否掺假等。

## 二、拉曼光谱无损快速检测技术及应用

拉曼光谱技术发展至今已有 80 年的历史，这种技术可用于物质的定性分析、定量分析及分子结构分析等，是目前最受欢迎的检测分析手段之一。拉曼光谱技术因具有操作简便、测量时间短、灵敏度高且不会对测量对象产生损伤等优点而有较高的应用价值，目前在食品安全控制、营养成分分析、农药残留检测等相关领域被广泛地应用。

### （一）拉曼光谱在食品组分检测中的应用

传统检测食品组分的方法，如分光光度计法、液相色谱法、气相色谱法和薄层色谱法等，存在着前处理复杂、检测周期长、结构信息有限且不能进行无损检测等缺点。拉曼光谱技术不仅能有效克服这些缺点，且在蛋白质、碳水化合物、脂质等成分定性检测中具有较大优势。例如，拉曼光谱能有效地表征蛋白质多肽链的骨架结构、侧链微环境等，从而获取蛋白质的空间结构信息。食品加工过程中蛋白质的变性对食品的营养价值有重要的作用，拉曼光谱可以直接反映蛋白质的结构信息，为研究加工导致的蛋白质变性机理提供有效的技术手段。

### （二）拉曼光谱在肉品病菌控制中的应用

微生物腐败和致病菌污染是影响食品安全的重要因素。拉曼光谱可以实现对食品尤其是生鲜肉和肉糜货架期的预测，并实现一些重要食源性致病菌的快速检测。使用拉曼光谱可以准确预测不同包装下肉的细菌总数、乳酸菌、肠杆菌、假单胞菌、热杀索丝菌及酵母菌和霉菌，且其预测准确度较高，或者对不同腐败状态的肉进行分类判断，可以实现肉品货架期的预测或快速判定。在致病菌方面，研究发现拉曼光谱可以对单核细胞增生李斯特菌、沙门菌、金黄色葡萄球菌和小肠结肠炎耶尔森菌在属、种和株三个层次上进行鉴定，样品处理加拉曼光谱分析总

时间小于2h，属于快速分析方法。此外，研究发现拉曼光谱中拉曼位移1520cm$^{-1}$、1330cm$^{-1}$、1030cm$^{-1}$和875cm$^{-1}$仅存在于生物膜中，可以作为沙门菌生物膜的特征光谱。

### （三）拉曼光谱在食品残留药物检测中的应用

农药残留含量常为痕量，故检测起来并不容易。传统化学方法具有成本高、耗时长、操作要求高和不能现场检测等不足，而光谱无损快速检测有效解决了这一难题。表面增强拉曼散射技术作为光谱技术的代表之一，每个分子都有其特定的拉曼谱图和特征峰，只要根据特征峰的信息就能分析被测物质。在肉品方面，表面增强拉曼光谱也被用于分析肉中的兽药残留，结果表明拉曼光谱在兽药残留分析中具有较高的准确性。由此可见，表面增强拉曼光谱为动植物（果蔬、肉品）药物残留的无损快速检测提供了可能。

## 三、高光谱成像无损快速检测技术及应用

与高效液相色谱、质谱、近红外光谱等食品检测技术相比，高光谱成像技术可用于在线检测食品并提取食品的成分、结构、比例等数据，检测人员可以通过光谱和图像信息，对被检对象各种数据对象进行动态、细致分析，它具有快速、高效、无侵入性、覆盖结果准确全面等优点，在水果、蔬菜、粮食和肉类食品检测领域具有良好的应用前景。

### （一）高光谱成像在食品掺假中的应用

鸡肉糜中卡拉胶的掺假情况难以用肉眼察觉，采用高光谱成像技术探索不同梯度的均匀掺假样品的图谱差异，提取鸡肉糜与卡拉胶样品差异最明显的特征波长，如409nm、582nm、621nm、763nm、840nm等，建立最优简化模型。将不同梯度样品高光谱数据带入最优多光谱模型，预测每个像素点的注胶梯度，快速直观地展示鸡肉糜中卡拉胶掺假梯度空间分布的可视化结果（图8.10）。相应的掺假梯度预测分布可视化图最下方插入标准色标来标出不同颜色所表示的预测值对应于不同的掺假水平，蓝色至红色代表掺假梯度由低到高，样品与样品之间甚至像素点与像素点之间掺假梯度差异明显，总体上可以看出不同梯度样品预测分布图的颜色差别。高光谱成像技术结合化学计量学分析方法为原料鸡肉糜中注胶掺假鉴别提供了一种可靠、快速、无损的检测方法。

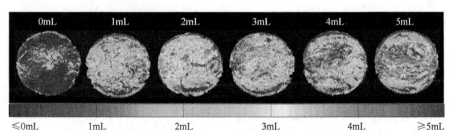

图8.10　注不同浓度卡拉胶样品的可视化

彩图

### （二）高光谱成像在霉变含毒谷物检测中的应用

利用可见近红外高光谱成像系统测定5种常见谷类真菌（黑曲霉、灰绿曲霉、黄曲霉、寄生曲霉和青霉菌）的生长阶段及种类判别。通过时间序列下黄曲霉生长的高光谱数据，提

取代表真菌生长的特征指纹信息。采用主成分分析和多维数据可视化方法对 5 种真菌进行定性判别，结果如图 8.11 所示，5 种真菌基本被分开，进一步建立基于全波长与特征波长的霉菌生长分类判别模型，验证了高光谱成像技术在霉菌种类判别方面的可行性。

谷物感染霉菌/毒素机制复杂，通过受控条件下平行样本比对分析、序列光谱递进分析，集成紫外可见近红外光谱及成像、光学相干断层扫描（OCT）、透射电子显微镜（TEM）技术，探索霉菌生长发育-毒素累积-籽粒营养衰耗的交互耦合和检测机制。选取田间不同梯度毒素含量玉米籽粒样本，剥离出代表黄曲霉毒素 $B_1$ 的特征指纹信息（图 8.12A 和 B），结果表明霉菌/毒素侵染致使样本荧光峰红移且峰面积减小。对含毒样本进行像素点可视化，并与标准毒素值进行对比分析，结果如图 8.12 所示，黄曲霉毒素 $B_1$ 含量高的玉米籽粒大部分位

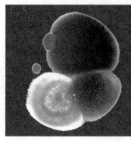

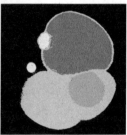

图 8.11　5 种真菌判别结果可视化

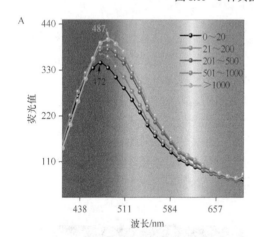
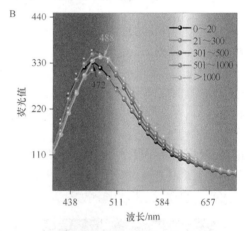

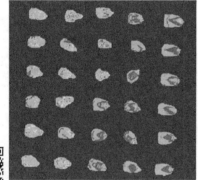
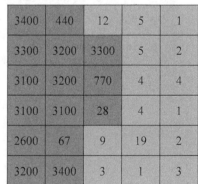

| 3400 | 440 | 12 | 5 | 1 |
| 3300 | 3200 | 3300 | 5 | 2 |
| 3100 | 3200 | 770 | 4 | 4 |
| 3100 | 3100 | 28 | 4 | 1 |
| 2600 | 67 | 9 | 19 | 2 |
| 3200 | 3400 | 3 | 1 | 3 |

图 8.12　玉米籽粒中黄曲霉毒素 $B_1$ 的高光谱成像检测

彩图　　　A. 马齿形含毒样本光谱；B. 半马齿形含毒样本光谱；C. 毒素分布可视化；D. 标准毒素值

于左侧,这与图像采集过程中的实际样品排列一致。通过获取平行样本的时间序列光谱,辅以荧光蛋白标记真菌侵入籽粒的组织分析,借助图谱交互、理化协同表征的多变量数据统计分析技术,探索霉变/含毒籽粒非破坏检测机理,为批量在线实时分选装备开发提供理论依据。

### (三)高光谱成像在肉类品质检测及分级中的应用

高光谱成像技术不仅能及时掌握所检肉品内部营养成分变化,并且能对肉品的综合品质进行分析。迄今为止,几个重要的禽肉质量参数(颜色、pH、嫩度和持水力)和不同的肉质状况[如白肌肉(PSE)、黑干肉(DFD)等]均可利用高光谱成像进行检测分类。在肉制品的分类或分级过程中,多种外在因素和内在因素共同决定着肉制品的整体质量。通过高光谱成像技术预测不同质量等级对应的鸡胸肉 $L*$ 值的可视化结果如图 8.13 所示。结果表明,利用回归模型,可以对高光谱图像中的所有像素点进行预测,以评估肉类品质性状的空间分布。

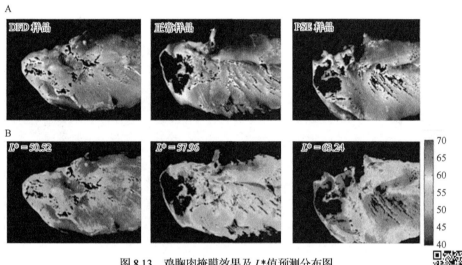

图8.13  鸡胸肉掩膜效果及 $L*$ 值预测分布图

A. 鸡胸肉掩膜图像;B. 鸡胸肉 $L*$ 值预测分布图

彩图

### 高光谱成像技术与文物考古

除了食品和农业等领域,高光谱成像技术在文物考古中的应用也取得了明显的突破。故宫博物院曾展出的查在修复过程中借助高光谱成像技术发现了被掩盖的底稿和袖子里的手,这为文物各方面研究提供了新的线索。在古代,颜料多以矿物质、植物等自然物质为主,如红色原料有朱砂、赭石、铅丹等物质,黄色则可能是纤铁矿、密陀僧或雌黄等。所以即便看到同一种颜色,也无法立刻判断到底是哪种物质产生的颜色。高光谱成像仪获取的不再是可见光的图像,而是颜色光谱反射率的信息,有效解决了普通相机在不同光源照射下呈现相同颜色的色差问题,进而完整且真实地还原色彩与壁画的状态。不仅如此,近红外波段到短波红外波段对颜料有穿透能力,这意味着高光谱成像仪可以透视壁画。高光谱成像仪采集壁画信息是通过与壁画保持一定距离而进行非接触式扫描实现的,通过分析图像文字的轮廓及撰写文字的原料来快速提取壁画上的文字信息。

## 思 考 题

1. 简述光谱快速无损检测的概念。
2. 光谱无损快速检测的特点是什么?
3. 光谱无损快速检测可分为哪几类?
4. 近红外光谱的产生原理是什么?
5. 高光谱成像的采集方式是什么?
6. 近红外光谱、拉曼光谱与高光谱成像产生原理的主要差异是什么?
7. 常用的数据预处理与统计分析方法有哪些?
8. 近红外光谱无损快速检测应用领域有哪些?
9. 拉曼光谱无损快速检测技术可应用于哪些场合?
10. 高光谱成像的无损检测可应用于哪些领域?

# 第九章 纳米材料与食品安全快速检测

【本章内容提要】纳米技术蓬勃发展，特别是各种性能纳米材料的研究及应用，为食品安全快速检测技术打开了一片广阔的天地。本章介绍了纳米材料的概念、特性及分类，系统概括了纳米材料的制备和表征方法；重点阐述了纳米材料在食品安全快速检测中的应用，包括光信号检测、电化学检测、热信号检测、磁信号检测及联用检测技术；同时针对性地列举了近几年纳米材料在农兽药、食源性致病菌、重金属、食品添加剂等食品污染物的检测应用。

## 第一节　纳米材料概述

自 20 世纪 90 年代以来，纳米材料与纳米技术的研究应用涉及各个行业领域，成为满足可持续发展的重要技术，目前纳米材料已成为材料、物理、化学、生物等多个学科研究的热点和前沿之一。纳米材料特殊的力学、磁学、电学、热学、光学和生物学等性能决定了其可广泛用于信息存储、能源开发和利用、环境保护、国防科技等领域，进一步促进传统产业的转变和升级。近年来，纳米材料独特性能在食品安全快速检测方面发挥了重要作用。将纳米材料的光、电、磁等性能与待测物的特殊性质联系在一起，能够实现微观物质的含量和光信号或其他可检测信号之间的转换，进而完成快速、灵敏的食品安全检测。纳米材料内容丰富、涉及多个研究方面。本节主要介绍纳米材料的基本概念、特性、分类。

### 一、纳米材料的概念与特性

#### （一）纳米材料的概念

纳米材料是指三维空间中至少有一维处于纳米尺度（1～100nm）或由它们作为基本单元构成的具有特殊性能的材料。纳米材料可由晶体、准晶和非晶组成（图 9.1A），其基本单元或组成单元可以由原子团簇、纳米颗粒、纳米线、纳米管或纳米膜组成（图 9.1B），包括金属、非金属、有机、无机和生物等多种粉末材料。当有些材料自身尺寸超过 100nm，甚至达到微米级时，材料中的一些亚结构或精细的结构（如孔穴、层、通道等）仍在纳米尺度范围内，且具有纳米材料的一些特性，称之为具有纳米结构的材料。应用纳米结构，可将它们组装成各种包覆层和分散层、高比表面积材料、固体材料及功能纳米器件。

人类制备和应用纳米材料的历史可以追溯至 1000 多年以前。研究发现很多青铜器至今没有被腐蚀，是因为其表面有一层二氧化锡纳米晶粒构成的耐腐蚀膜。还有文房四宝中的墨水，其实是纳米碳黑。20 世纪 80～90 年代是纳米技术迅猛发展的时代。1984 年，德国科学家格莱特（Gleiter）教授制成了人工纳米材料，标志着纳米技术研究的兴起。1987 年，美国西格尔（Siegel）等用同样方法制备了纳米陶瓷 $TiO_2$ 多晶材料。1989 年，IBM 公司利用扫描隧道显微镜（STM）把 35 个氙（Xe）原子排成了"IBM"三个字母（图 9.2A），这是人类首次操控原子，使利用原子和分子制造器件或材料成为可能。随后我国科学家利用 STM，移动晶体硅表面的硅（Si）原子，写下"中国"两字（图 9.2B）。1990 年 7 月在美国巴尔的摩召开了世界上第一届纳米科技学术会议，这是纳米材料发展的重要里程碑，从此纳米材料和纳米科技正式登上科学技术的舞台，形成了全球性的"纳米热"。

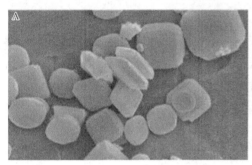

图 9.1　晶型纳米材料（A）和纳米螺旋线（B）

图 A 引自 Oveisi et al., 2017；图 B 引自 Tan et al., 2016

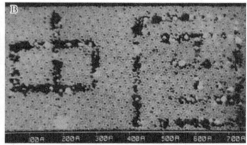

图 9.2　Xe 原子排成的"IBM"字母（A）和 Si 原子排成的"中国"两字（B）

## 纳米技术的发展

纳米技术已经被公认为继电子、生物技术、数字信息之后革命性的技术领域。当前纳米技术的研究和应用已经扩展到材料、微电子、计算机技术、医疗、航空航天、能源、生物技术和农业等各领域。许多国家把纳米科技作为前瞻性、战略性、基础性、应用性重点研究领域，投入大量的人力、物力和财力。据统计，2001～2008 年，纳米技术相关的发现、专利、产业工人、研发项目、产品市值均以每年 25% 的速度增加。2022 年 2 月 8 日，欧盟宣布一项总值 420 亿欧元的半导体投资计划，旨在促进欧洲半导体本土化生产，降低对亚洲生产商的依赖度，目标是在 2030 年让欧洲半导体产能的全球市场占比提升 1 倍。我国在纳米技术方面也有很大的投入。2019 年 12 月 17 日，广东粤港澳大湾区国家纳米科技创新研究院计划正式启动，这是全国最大的纳米科技研发基地，未来该研究院也将有望成为全球最大的纳米科技研发基地。此外，为推进纳米科技领域的基础研究、技术创新和成果转化，世界级纳米产业集聚区——"中国纳米谷"是否已实现在中新广州知识城落地，规划面积约 1.1km$^2$。

（二）纳米材料的特性

纳米材料由于其微结构，显现出一些重要特性：小尺寸效应、表面效应、量子尺寸效应，以及宏观量子隧道效应。

**1. 小尺寸效应**

当颗粒的尺寸与光波波长、德布罗意波长及超导态的相干长度或透射深度等物理特征尺寸相当或更小时，晶体周期性的边界条件将被破坏，非晶态纳米粒子的颗粒表面层附近的原子密度减少，导致声、光、电、磁、热、力学等特性呈现新的物理性质的变化，称为小尺寸效应（small size effect）。

**2. 表面效应**

随着纳米颗粒直径的减小，纳米材料表面原子数占总原子数的比例会增加。由于表面原子增多，使得原子配位不完全，而具有不饱和性和较高的化学活性。随着粒径的减小，纳米材料的表面积、表面能及表面结合能都迅速增大。这种随着表面原子数随粒径变小而增加所引起的性质变化，即为表面效应（surface effect）。

**3. 量子尺寸效应**

当粒子尺寸降低到纳米尺度时，禁带宽度（价带和导带之间的距离）会随粒子尺度的减小而增大，金属费米能级附近的电子能级由准连续变为离散能级。这会导致纳米颗粒的热、电、光、磁、声及超导电性与宏观特性有显著不同。量子尺寸效应（quantum size effect）是针对金属和半导体纳米颗粒而言的。

**4. 宏观量子隧道效应**

量子隧道效应是由微观粒子波动性所确定的量子效应，又称为势垒贯穿。考虑粒子运动时遇到一个高于粒子能量的势垒，按照经典力学，粒子是不可能越过势垒的；按照量子力学可以发现透过势垒的波函数，表明在势垒的另一边，粒子具有一定的概率可贯穿势垒。这一微观的量子隧道效应可以在一些宏观物理量中得以体现，如电流强度、磁化强度、磁通量等，称为宏观量子隧道效应（macroscopic quantum tunnelling effect）。

# 二、纳米材料的分类

纳米材料通常可以按照维度、材质和功能进行分类。纳米材料按照维度分为零维纳米材料、一维纳米材料、二维纳米材料和三维纳米材料。零维纳米材料是指三个维度都处于纳米尺度，一般来说，原子团簇、纳米微粒、量子点等属于零维纳米材料。一维纳米材料是指有两个维度处于纳米尺度，如纳米线、纳米管、纳米纤维等。二维纳米材料是指有一个维度处于纳米尺度，如石墨烯、二硫化钼及纳米薄膜等。三维纳米材料一般是指纳米结构材料，如纳米介孔材料等。纳米材料按材质分为纳米金属材料、纳米非金属材料、纳米高分子材料和纳米复合材料，其中纳米非金属材料又可以分为纳米陶瓷材料、纳米氧化物材料和其他纳米非金属材料。纳米材料按功能分为光学纳米材料、磁性纳米材料、纳米电学材料、热敏纳米材料等。下文将按功能分类介绍几种重要纳米材料。

（一）光学纳米材料

光学性能是纳米材料的重要性能之一。光学纳米材料有两种，一种是具有发光特性的荧光纳米材料，一种是具有比色功能的纳米材料。

### 1. 荧光纳米材料

在光（如紫外或可见光）的作用下，原子核周围的电子会吸收光能，由基态跃迁到激发态。由于激发态不稳定，电子会落回基态，同时释放能量，能量以光的形式发出，形成荧光。我们把这一类能够在特定波长的激发下发出荧光的纳米材料叫作荧光纳米材料。碳基纳米材料、半导体纳米材料和反斯托克斯纳米材料，均是食品安全检测、生物医学诊断与治疗等领域中常用的光学纳米材料。

### 2. 比色传感器中的纳米材料

比色分析是生物和化学目标物检测的常用方法，具有肉眼可见、操作方便、快捷、实时等优点，被广泛应用于食品安全检测和生物医学检测等领域。纳米材料具有优良的光学性能和催化性能，通常被当作信号转化元件应用在比色传感器中，常见的多数为金属纳米材料。金属纳米材料根据不同的形貌，可分为金属纳米颗粒、金属纳米团簇，以及其他形貌的金属纳米棒、纳米星等。

### （二）磁性纳米材料

磁性纳米材料是指含有磁性金属或金属氧化物且具有超顺磁性的纳米粒子，通常包括氧化铁、氧化铬、氧化钴等，其中氧化铁（$Fe_2O_3$、$Fe_3O_4$）磁性纳米材料应用最多。磁性纳米粒子通过表面共聚和表面改性的方法，能与有机物、高分子聚合物及无机材料结合，形成核-壳结构的磁性复合粒子，并偶联细胞、酶、抗体及核酸等多种生物分子。在外加磁场的作用下，磁性粒子易于和底液分离，具有操作简便、分离效率高，不易被酶降解等优点。

### （三）纳米电学材料

纳米电学材料是能够将一些能量转换成为电能，以便实现检测的纳米材料。常见的纳米电学材料有光电转换材料，即将太阳能转变为电能的材料，以及一些具有电导功能的二维材料。二氧化钛（$TiO_2$）有化学性质稳定、抗腐蚀性强、无毒、价格低廉的优点，是目前较为成熟的半导体纳米催化材料之一。但是由于 $TiO_2$ 的禁带宽度较宽，只能吸收波长小于 380nm 的紫外光，对太阳光的利用率较低，限制了 $TiO_2$ 纳米材料在光催化领域的应用。因此，研究人员采用不同方式对 $TiO_2$ 纳米材料进行改性，制备出纳米颗粒、纳米线、纳米棒、纳米带、纳米薄膜等形貌的 $TiO_2$ 纳米材料。同类的二元氧化物纳米材料还有 ZnO、CuO 等。

### （四）热敏纳米材料

热敏纳米材料是一种在日常生活、工业生产中常见的材料，可以将不易被人体准确量化感知的温度信息，转化成易于量化分析的传感器电信号。热敏电阻是开发早、种类多、发展较成熟的敏感元器件，多由半导体陶瓷材料组成，主要原理是利用温度引起电阻变化。例如，负温度系数（negative temperature coefficient，NTC）热敏材料，该材料是将过渡金属氧化物按比例混合后，采用陶瓷工艺制备而成，一般制备的 NTC 热敏电阻会具备 P 型半导体特性，这种热敏材料有负温度系数，即它的电阻会随着温度的升高而呈指数规律下降，一般用于制备温度检测的传感器。

# 第二节　纳米材料的制备与表征

## 一、纳米材料的制备

通过纳米技术的发展，人们可以通过调控纳米材料的尺寸、形貌、结构来改变纳米材料的性质，以实现不同的功能并在合适的场景中进行应用。为了达到应用标准，制备出满足预期的纳米材料显得尤为重要。

纳米材料的制备方法主要分为两大类，一类是"自上而下"的方式，即把大块材料向下分解成纳米级材料，其中物理过程通常包括机械法、光刻蚀法和平版印刷法；化学过程包括模板蚀刻选择性腐蚀、去合金化、各向异性溶解、热分解等方法。另一类是"自下而上"的方式，主要通过化学反应将原子、分子组合在一起形成纳米材料。下面分别列举比较典型的纳米材料合成方法。

### （一）物理方法制备纳米材料

物理方法是最早采用的纳米材料制备方法。其采用高能耗的方式使大块材料细化，得到纳米材料。其优点是产品纯度高，缺点是设备投入大、产量低。

**1. 机械研磨法**

1）传统机械研磨法　　通过外部机械力的作用（即通过研磨球、研磨罐和颗粒的频繁碰撞）使大晶粒变为小晶粒，从而得到纳米材料的方法。采用机械球磨法控制适当的条件能够得到纯元素、合金或复合材料的纳米粒子。其特点是操作简单、成本低，但产品纯度低，颗粒分布不均匀。过程是将磨球和原材料的粉末或薄片放入容器中，球磨罐围绕着球磨机的中心轴公转，同时围绕其自身轴线高速自转。由于机器的高速运转，磨球在重力、公转及自转的综合作用下，获得巨大能量，猛烈撞击、研磨物料，实现材料的粉碎。

2）冷冻机械研磨法　　传统机械研磨法虽然优点很多，但只适用于脆性材料，像是橡胶等韧性较大的材料，就不适用该方法。在力学状态中，常温下为高弹态，而低温冷冻可以使材料由高弹态变为玻璃态，使得材料脆性增加，便于粉碎。实际操作中，将冷空气或液氮输入带有保温装置的球磨机中，以保证加工状态在低温环境中，即为冷冻机械研磨法。

**2. 真空冷凝法**

真空冷凝法是指在真空室内，导入一定压力的保护气体，通过蒸发源的加热作用使原料气化，金属原子和原子簇可以通过冷凝作用在冷凝装置表面重新凝聚。所得纳米材料的粒径可以通过调节惰性气体的种类、压力、蒸发速率等控制，粒径能够达到 1～100nm。1984 年，德国科学家格莱特（Gleiter）等首次采用这种方法成功制备了具有清洁表面的铁纳米微粒。这种方法的特点是制得的纳米材料纯度高、产物颗粒小，最小可以制备出粒径 2nm 左右的颗粒，产物结晶度好、产品粒度易控制。

**3. 溅射沉积法**

溅射沉积法是广泛使用的纳米薄膜沉积技术，用利器将纳米薄膜从片基上刮下，即可得到相应的粉体。该方法的优点是可以获得与靶材相同或相近化学计量比的薄膜，即可以保持原始材料的化学成分比。目标材料可以是合金、陶瓷或化合物。

## （二）化学方法制备纳米材料

化学方法是指采用化学合成的方式制备纳米材料的方法，可以分为化学气相法和化学液相法。

### 1. 沉淀法

沉淀法是指在含有金属离子的溶液中加入沉淀剂进行沉淀处理，再将沉淀物加热分解，从而得到所需的最终化合物的方法。它主要包括直接沉淀、均匀沉淀、共沉淀、有机沉淀、沉淀转化等方法。沉淀法的优点是实验设备较为简单，实验条件普遍不苛刻，所得纳米材料性能良好，并且在金属氧化物纳米粒子的制备方面有独特优势。因此，该方法也是目前纳米材料制备中比较常用的方法。但沉淀法制备纳米材料仍有水洗、过滤等一系列问题需要进一步解决。

### 2. 水热合成法

水热合成法是指利用水热反应釜采用水作为反应介质，并通过加热、加压的方式来提供高压、高温的反应环境，使得通常条件下难溶或不溶的物质溶解并重结晶，进而进行无机合成的一种有效方法。水热条件下纳米材料的制备方法通常有：水热合成、水热分解、水热结晶、水热氧化、水热还原、水热沉淀。

### 3. 微乳液法

微乳液通常是由有机溶剂、水、表面活性剂和助表面活性剂在适当的比例下自发形成的各向同性、外观透明或半透明、热力学稳定的分散体系。微乳液法由于具有原料便宜、反应条件温和、制备过程简单、制得的粒子单分散性和界面性好等优点，已经被广泛地用于纳米材料的制备。根据体系中的油水比例及微观结构的不同可以把微乳液分成三种类型：水包油（O/W）型微乳液、油包水（W/O）型微乳液和双连续型微乳液。在微乳体系中，用于制备纳米粒子的一般都是油包水（W/O）型微乳液。

### 4. 溶胶-凝胶法

溶胶-凝胶法的基本原理是：易于水解的金属化合物在某种溶液中与水反应，并进行水解、缩合反应，在溶液中形成稳定、透明的溶胶体系，溶胶经陈化，胶粒间发生缓慢聚合，形成三维空间网络结构的凝胶，凝胶网络之间充满失去流动性的溶剂，经过干燥固化得到分子乃至纳米亚结构的材料。采用这类方法制备纳米材料的过程主要由水解反应和聚合反应构成。

---

**我国在纳米晶制备方面取得新进展**

2022 年，中国科学院大连化学物理研究所韩克利团队在制备高质量金属卤化物钙钛矿纳米晶方面取得新进展。该团队利用锗卤化物作为理想的前驱体，设计了一种更有效、毒性更小的制备高光电性能金属卤化物钙钛矿纳米晶体的新方法，该方法可明显改善纳米晶的光电质量。研究中，该团队提出将全无机锗盐[GeX$_4$（X=Cl、Br、I）]作为稳定且低危险性的卤化物前驱体。不同于大多数其他无机卤化物前驱体，由于锗卤化物中卤素离子的释放过程易于调控，有助于增加所得钙钛矿纳米晶的卤化物组成，从而减少或消除与卤化物空位相关的陷阱态，因此，GeX$_4$化合物不会将锗元素传递到最终产物中，使得纳米晶的发光强度、荧光寿命、光致发光量子产率和相稳定性都得到了明显改善。理论计算表明,锗卤化物在介电环境和热力学中都提供了有利的条件,有助于形成尺寸受限的缺陷抑制纳米粒子。该研究为制备高质量的钙钛矿纳米材料,以及调整其光电特性提供了一条可行性道路。

## 二、纳米材料的表征

纳米科技是未来高科技发展的基础,纳米材料的化学组成、结构及显微组织关系是决定其性能及应用的关键因素,能够用于纳米材料表征的仪器分析方法已经成为纳米科技中必不可少的实验手段。因此,纳米材料的分析和表征技术对纳米材料及纳米科技的发展具有非常重要的作用和意义。下文将介绍纳米材料表征的几个主要手段。

### (一)X射线衍射

X射线衍射(X-ray diffraction,XRD)是一种利用X射线在晶体物质中的衍射效应来鉴定物质成分、晶体结构的一种有效手段。在分析过程中,晶体相当于X射线衍射的光栅,通过X射线在矿物中发生特定衍射形成XRD谱图,依据已建立的粉末衍射数据库,借助分析软件即可完成对物质的鉴定和分析。

### (二)扫描电子显微镜

扫描电子显微镜(scanning electron microscope,SEM)是一种电子光学仪器,简称扫描电镜,用于研究样品的形貌、形态、微观结构和化学成分,观测的结果直观、易分析,普及度较高,是用于对多种样品进行微米和纳米表征的重要分析工具。扫描电子显微镜的工作原理来源于电子枪的电子经聚焦等前处理后,以光栅状扫描方式照射到样品上,产生各种与试样性质有关的信息,包括二次电子、背散射电子及X射线,还有可能产生光。然后用探测器接收这些物理信号并经过放大、光电转化的处理,最终得到图像信号。

### (三)透射电子显微镜

透射电子显微镜(transmission electron microscope,TEM)是以波长极短的电子束作为照明源,利用电磁透镜聚焦成像的一种高分辨率、高放大倍数的电子光学仪器,是一种利用高能电子获得亚纳米到原子级分辨率图像的技术。透射电子显微镜的电子枪产生电子束,经过二级聚光镜会聚后均匀地照射到样品的某一待测微小区域上。高能电子束穿透薄样品,与样品中的原子相互作用,由于试样特别薄,绝大多数的电子能够穿透试样,其强度分布与所测试样区的组织、形貌、结构一一对应,于是在荧光屏上得到与试样的组织、形貌和结构相对应的图像。透射电子显微镜具有很高的空间分辨能力,适合分析纳米级样品的形貌、尺寸、成分和微区物相结构信息。

### (四)拉曼光谱

拉曼光谱(Raman spectrum)是一种散射光谱,拉曼光谱分析主要基于印度科学家C. V.

拉曼（C. V. Raman）所发现的拉曼散射效应，对与入射光频率不同的散射光谱进行分析得到分子振动、转动方面信息，并应用于分子结构研究的一种分析方法。拉曼光谱的工作原理是当波长比试样粒径小得多的单色光照射气体、液体或透明试样时，大部分的光会按原来的方向透射，而一小部分则按不同的角度散射开来产生散射光。这些散射光一部分是产生于弹性散射的散射光，它与激发光有相同的波长；另一部分是非弹性散射的散射光，这种散射光的波长不同于入射光。拉曼信号正是来源于非弹性散射。因为散射光的频移以特征分子振动的方式移动，故而通过分析拉曼谱线，即可得到有关分子振动的信息。如今，拉曼光谱越来越多地用作评估食品安全和质量的分析技术。

## （五）原子力显微镜

原子力显微镜（atomic force microscope，AFM）用于检测物质表面的形貌和物理特性，通过在短距离（0.2～10nm）内测量探针尖端与被测材料表面原子之间的力来获得材料表面的三维和纳米级成像，作为检测表面纳米级结构的工具，在物理学、化学、材料科学乃至生物学的发展中发挥着关键作用。原子力显微分析的优点包括分辨率高、制样简单且样品损伤小、三维成像，以及可在多种环境下操作等。

## （六）傅里叶变换红外光谱

傅里叶变换红外光谱（Fourier transform infrared spectroscopy，FTIR）是一种将干涉图谱通过傅里叶变换变成红外光谱，进而判断物体化学结构的方法。傅里叶变换红外光谱仪由两个主要的部分构成，即干涉系统和分析系统。当样品放在干涉仪光路中，由于吸收了某些频率的能量，使所得的干涉图强度曲线相应地产生一些变化，通过数学的傅里叶变换技术，可将干涉图上每个频率转变为相应的光强，而得到整个红外光谱图，根据光谱图的不同特征，可鉴定未知物的功能团，对其进行定性、定量分析。

### 场发射扫描电子显微镜

位于合肥高新区的国仪量子首次发布了国内领先的离子阱量子计算原型机和场发射扫描电子显微镜。"场发射扫描电子显微镜 SEM5000，是一款高分辨的多功能扫描电镜，分辨率优于 1nm，放大倍数超过 100 万倍，可广泛应用于锂电池材料、新型纳米材料、半导体材料、矿物冶金、地质勘探、生物等领域的科学研究。"国仪量子董事长贺羽介绍，成立伊始，国仪量子即承接中国科学技术大学原始创新成果并推动产业化发展，已推出"人无我有"的量子钻石单自旋谱仪、量子钻石原子力显微镜、金刚石量子计算教学机等 20 多款产品，均在知名高校和科研单位实现交付。

近年来，安徽省政府相继出台《促进科技成果转化条例》《促进科技成果转化实施细则》相关政策，深化科技成果"三权"改革，将科研人员享受成果转化收益的比例提高为不低于 70%，允许担任领导职务的科研人员依法享有成果转化收益。2019 年，省政府出台《促进科技成果转化行动方案》，不断强化高质量科技成果有效供给和引进，深入推进各类科技成果转化平台建设，重点推进科技服务业发展。

# 第三节　基于纳米材料的快速检测技术
## 及在食品安全检测中的应用

食品安全快速检测技术对我国食品质量安全工作起着至关重要的作用，如今，在保证检测精确的前提下，检测技术正向快速化、便携化和精细化方向逐步发展。纳米技术的快速发展促进了传统食品和农业领域的变革，特别是纳米材料具有特异性高、制备简单、稳定性好、灵敏度高、实用性强等特点，在食品安全快速检测领域得到了广泛的应用。本节主要介绍光信号检测、电化学检测、热信号检测、磁信号检测，以及联用检测技术，为不同目标物选择合适的检测技术提供了理论基础。同时，根据各种技术的优缺点，选择最为合适的纳米材料和检测技术应用于食品安全快速检测中也尤为重要。本节重点阐述了常用的纳米材料在食品中农药残留、食源性致病菌、重金属等食品污染物的检测应用。

## 一、光信号检测技术及应用

基于纳米材料和纳米效应的光信号检测技术主要有比色分析法、荧光分析法、化学发光分析法、磷光分析法、拉曼分析法等。

### （一）比色分析法及应用

19 世纪中叶以来，随着比色计的发明与朗伯-比尔定律的提出，比色分析发展成为一种精确的定量分析方法。传统的比色方法主要根据有机分子探针和目标物之间的化学反应所产生的颜色变化而建立。近年来，随着纳米技术的飞速发展，促进了其进一步的成熟，比色分析传感方法也焕发了巨大的活力与生机。其中，金纳米粒子（AuNPs）和银纳米粒子（AgNPs）因其具备较强局域表面等离子体共振（LSPR）效应、较强光学性质和较高的消光系数而得到了广泛的应用。

目前，人们对 AuNPs 表现出浓厚的兴趣，它被视为现代科学的"淘金热"。例如，科研人员利用适配体（aptamer）介导的可控无标记 AuNPs 聚集，成功开发了一种检测多种抗生素的比色平台。该新方法简单、高效、可靠且无须复杂仪器，将促进智能手机 RGB 分析即时检测的实际应用，在食品安全领域的现场检测中具有很大的应用潜力。同时，有报道，开发出一种新型多功能适配体传感器，使用双通道检测方法特异性检测黄曲霉毒素 $B_1$（$AFB_1$）。通过 MBs-apt 捕获探针和 cDNA-AuNPs 报告探针之间的杂交反应，可以产生 MBs-apt/cDNA-AuNPs 生物偶联物，将其用作双通道检测 $AFB_1$。相关学者还利用 AuNPs 的灵敏且准确的比色策略，分别实现了鼠伤寒沙门菌、大肠杆菌等致病菌，有机磷农药、重金属、毒素等的可视化快速检测。

### （二）荧光分析法及应用

光学生物传感器具有简单、特异、灵敏等优点，其中荧光型生物传感器具有灵敏度高、动态范围宽、检测方法多样等特点，是目前应用最广泛的一类食品污染物生物检测方法。与有机荧光团相比，纳米材料荧光团通常具有更高的荧光量子产率，荧光性能更稳定，发射峰更尖锐，而且允许高灵敏度和多通路检测。此外，由于纳米材料具有高比表面积和易被配体修饰的表面等独特特性，因此纳米材料也可以被用作固定化平台。当前常见用于荧光型生物传感器的纳米材料有以下几种。

**1. 碳量子点**

碳量子点（carbon dots，CDs）作为荧光纳米粒子的重要成员，不仅具有优良的生物相容性、低毒性和化学惰性等特殊的化学性质，而且具有广阔的激发光谱、可调发射光谱和高的光稳定性等具有发展前景的光学性质，因此引起了极大的关注。CDs 作为荧光探针在食品安全中的应用，重点是金属离子/阴离子、农药、兽药、细菌、功能成分和禁用添加剂等。例如，基于氮掺杂碳量子点（N-CDs）间接测量甲基对硫磷的简易荧光生物传感器，线性范围为 0.075～15μg/mL，检出限为 1.87ng/mL。

**2. 硅量子点**

硅量子点（SiQDs）具有稳定、低毒、易合成、原料储量丰富等优点，在食品安全快速检测中发挥出独有的特色。研究者已成功合成了硅量子点（SiQDs）和谷胱甘肽稳定的铜纳米簇（CuNCs），并将其作为比率荧光探针用于牛奶中的 *L*-半胱氨酸（*L*-Cys）测定。

**3. 贵金属纳米团簇**

贵金属纳米团簇（noble metal nanoclusters）因其易于合成、增强的催化活性和生物相容性而备受关注，其优异的光致发光特性为分析检测提供了广阔的发展前景。例如，一种基于金纳米簇/二氧化锰纳米片复合材料的水凝胶便携式试剂盒，可用于准确监测白菜中对氧磷的残留和降解（图 9.3）。该体系结合乙酰胆碱酯酶（AChE）催化反应和农药抑制作用，实现对氧磷残留的灵敏检测，检出限为 5.0ng/mL。事实证明，贵金属纳米团簇在食品安全监测领域具有巨大的应用潜力。

彩图

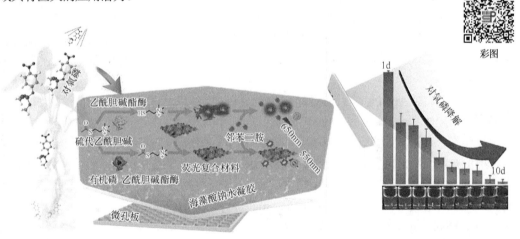

图 9.3　监测白菜中对氧磷残留和降解比率的荧光水凝胶试剂盒示意图（Li et al.，2022）

## （三）化学发光分析法及应用

化学发光（chemiluminescence，CL）是一种简便、快速、灵敏的衡量分析方法。它是依据在化学检测体系中待测物浓度与体系的化学发光强度在一定条件下呈线性定量关系的原理，利用仪器对体系化学发光强度进行检测而确定待测物含量的一种痕量分析方法。

在这一领域中，近年来发展起来的多孔金属-有机骨架（MOFs）展现出良好的应用前景。

MOFs 具有独特的性质，如高有序的孔隙度、灵活且可调的功能和孔径、大的比表面积、均匀的杂原子掺杂和优异的稳定性，这些性质使 MOFs 材料具有优于传统催化剂的催化性能，在化学发光中得到广泛应用。MOFs 材料结合化学反光分析法成为食品污染物有效提取和传感检测的重要手段。例如，纳菲谢·巴盖里（Nafiseh Bagheri）等成功合成了模拟 LDH@ZIF-8 纳米复合材料检测有机磷农药，所制备的纳米复合材料能加速 $H_2O_2$-RhoB 的反应，提高 CL 的排放强度。

### 科研利器筑梦祖国腾飞

张锦是中国纳米碳材料研究领域的领军人物，他也是一位"沉醉"于核心技术研发的科学家，一位带领团队攻坚克难又非常注重鼓励、提携后生的好老师。1988 年，张锦以优异的成绩考入兰州大学并在那里完成了本科、硕士和博士的学习。毕业后，张锦前往英国利兹大学继续博士后深造。2000 年回国后，张锦加入北大，开启了"科研利器筑梦祖国腾飞"之路。从出国的第一天起他就决心要回国开辟自己的事业。"英国生活环境固然好，但缺少归属感。"回国后，张锦进入刘忠范院士团队，从事纳米碳材料研究。自此，张锦开启了与纳米碳材料控制制备研究"死磕"之路。目前，张锦在 *Nature* 和 *Nature Materials* 等刊物已发表论文 260 余篇。从 2007 年获国家杰出青年科学基金的支持，到 2019 年当选中国科学院院士，荣誉的背后，是张锦带领团队几千个日夜的坚守，是千万次实验的不懈努力。张锦始终认为，做科研最重要的就是坚持。张锦时时刻刻提醒自己的团队成员，要坐得住冷板凳，要沉下心来，把一件事情精益求精地做好、做透。张锦说坚持科研就是为了质量强国、科技强国的建设不断奋斗、砥砺前行。

### （四）磷光分析法及应用

近些年，纳米粒子的光学优势和成像性能使得磷光检测方法的应用也逐步发展成为食品安全快速检测光学传感方法。几种策略，包括混合纳米材料的合成、将磷光染料包埋在纳米颗粒中或用稀土杂质控制掺杂的量子点而获得具有磷光型发射的纳米颗粒。磷光或持续发光在分子成像和传感方面一直受到高度关注，因为这种发射在去除照明源后可以持续一定时间，允许在没有实时外部激发的情况下进行体内成像。与荧光方法相比，室温磷光为光学传感提供了几个重要的优势，包括改进的选择性和灵敏度、更长的发射寿命，以及更宽的激发和发射光谱之间的差距。因此，人们对新型磷光纳米颗粒的合成和应用的兴趣日益浓厚，将纳米颗粒用作改进的发光标签与磷光检测的优势相结合，以开发发光光学传感器用于食品安全快速检测。例如，一种长余辉"off-on"型磷光适配体传感器可用于检测复杂样品中的 $Cd^{2+}$，最大限度地减少了背景荧光的干扰。

### （五）拉曼分析法及应用

拉曼散射最早由印度物理学家 C. V. 拉曼（C. V. Raman）于 20 世纪 20 年代末发现。然而，早期拉曼光谱的应用因拉曼谱线强度弱和检测灵敏度有限而受到限制。20 世纪 60 年代激光器问世，并在拉曼光谱仪中有所应用。随着激光技术的不断发展，接连出现了众多新的拉曼散射技术，如共振拉曼光谱法、表面增强拉曼光谱法、非线性拉曼光谱法、快速扫描拉曼光谱法等。近年来，基于贵金属纳米材料的表面增强拉曼散射（SERS）因其独特的高灵敏度和化学指纹识别能力而受到越来越多的关注。例如，利用非平面低成本 SERS 基板的简单易行的方法检测毒死蜱和吡虫啉。该衬底可用于检测被分析物，具有高效、均匀的 SERS 信号。有研究者设计出 AuNPs@MIL-101 纳米酶同时具有过氧化物酶模拟和 SERS 活性（Hu et al., 2017）。通过将葡萄糖氧化酶（Gox）和乳酸氧化酶（Lox）组装到 AuNPs@MIL-101 上来构建整合型纳米酶，这使得高效的酶促级联反应能够用于简易的 SERS 生物测定（图 9.4）。此外，相关学者利用 SERS 检测的新型核-壳结构，实现了对各种商品食品样品中酸性橙 II 和亮蓝色两种色素的快速筛选。

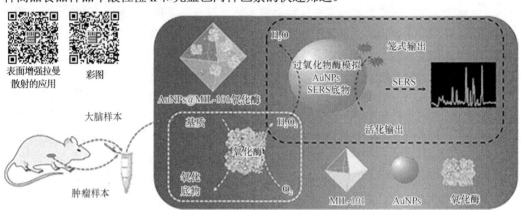

图 9.4　AuNPs@MIL-101 氧化酶用于高效酶促级联反应的示意图（Hu et al., 2017）

## 二、电化学检测技术及应用

电化学检测技术是通过测量发生在电极表面电化学反应过程中产生的电流、电位、电导等一系列参数，以及它们与其他化学参数之间的相互作用关系得以实现的。由于该技术具有特异性、选择性和高灵敏度，并有设备便携、响应速度快等优势而常被应用于食品安全快速检测中。近年来，一些纳米材料因其大比表面积、良好的生物相容性、高导电性及高催化活性被引入电化学检测技术以提高电极传输电子的能力、提高电极表面的吸附容量，或达到提高该检测技术的灵敏度、稳定性与重现性等目的。

### （一）电化学检测技术

根据输出的不同电化学信号类型电化学检测技术可以分为：电流型传感器、电位型传感器、电容型传感器、阻抗型传感器。①电流型传感器中的被测信号一般是工作电极上的电活性物质化学氧化还原反应产生的电流信号，待测分析物浓度与工作电极表面产生的电流大小呈计量关系，通过连续监测电流大小对待测物进行定量分析。通常，电流型传感器分为安培法与伏安法，恒定电位下测量电流称为安培法；控制电位变化期间测量电流称为伏安法，安培法比伏安法灵敏度更高。②电位型传感器测量平衡状态（无电流或电流保持恒定时）下工作电极和参比电极间的电位差，测量信号以对数方式反映目标分析物浓度。③在电极表面对待测物进行识别和作用之后会引起电容的改变，电容变化值与待测物的浓度之间存在一定的相关性，因而根据电容改变量实现对待测物的定量分析，这就是电容型传感器的工作原理。④阻抗型传感器利用系统的阻抗/电阻随着目标与识别元件的结合而变化的现象进行定量检测。

### 中国科学院院士汪尔康

中国科学院院士汪尔康，在中国最先用极谱法研究络合物的电极过程和均相动力学；第一个发现了阴离子促使汞电极氧化产生极谱氧化波的普遍规律，并提出与汞形成配合物及形成汞盐膜的理论；领导研制了中国第一台脉冲极谱仪和新极谱仪。汪尔康院士在极谱理论、应用和痕量分析方面都取得了一些创造性的成果。根据 2020 年 4 月中国科学院网站显示，汪尔康先后获得国家自然科学奖 4 项和省部级奖 14 项，国际奖 2 项，发明专利 40 项。1959 年，汪尔康院士谢绝了导师的再三挽留，毅然回到日思夜想的祖国，回到当时条件艰苦的东北，更是许下豪言壮语："振兴中华是我最高的理想和追求。"汪尔康院士 60 余载始终致力于分析化学和电分析化学的研究，取得了系列重大创新性成果，为发展中国的分析科学做出了重要贡献。

## （二）基于纳米材料的电化学检测技术

尽管电化学生物传感器的发展迅猛，然而可重复性与提高其灵敏度对其来说仍然是关键挑战。采用各种纳米材料通过信号增强可以改善电化学传感器的分析性能，纳米材料与电极的结合可以增加电极的表面积，提高负载能力和反应物的质量传输，导致信号放大。此外，纳米材料还可以作为氧化还原探针的载体，从而显著放大信号。用纳米材料修饰电极常见的方法主要有吸附法、自组装法、滴除法、共价键结合法、交联法、包埋法、电化学聚合法及电化学沉积法等。当前常见用于电化学检测技术的纳米材料有以下几种。

### 1. 贵金属类纳米材料

贵金属主要指金、银、钌、铑、钯、锇、铱、铂等 8 种金属材料。贵金属类纳米材料具有比较好的生物相容性、催化性能、卓越的储存能力，以及具有长期可持续性、成本低、可用性好、毒性相对较小等优势。基于这些优势，贵金属类纳米材料被应用于电化学检测技术中。其中，应用最为广泛的贵金属纳米材料为纳米金，其展现了高效的催化性能。例如，酞菁锌-金纳米星/铟锡（ZnPc-AuNSs/ITO）电极，电极中 AuNSs 在电化学氧化条件下会因卤素和类卤素离子的存在被刻蚀为红色的金纳米粒子（AuNPs）。因此该电极在电化学氧化条件下可以对硫氰酸盐快速并且有选择性地响应，其颜色由藏青色变为红色。由于 AuNSs 到 AuNPs 的宽波长调谐范围使得该传感器对硫氰酸盐的检测范围（10nmol/L～80mmol/L）比大多数报道的研究要宽得多。

### 2. 碳基类纳米材料

碳基类纳米材料修饰电极是当前一种比较有前途的针对持久性有毒物质的电化学检测技术。其中，碳纳米管由于具有较高的比表面积，从而具有比较高的催化活性，其在各种电化学反应中都表现了出色的稳定性。除此之外，p 电子轨道重叠形成的 p 键使碳纳米管具有特殊的电学性质，使得碳纳米管在电化学领域中广泛使用。巴尔拉姆（Balram）等制备了一种由新型氧化铜（CuO）修饰氨基功能化的碳纳米管（NH$_2$-CNTs），并以此修饰电极，从而制备用于检测叔丁基对苯二酚的电化学传感器。然而，碳纳米管的低溶解度阻碍了其发展，因此当前制备碳基的复合材料也具有重要的意义。

### （三）基于纳米材料的电化学检测技术在食品安全检测中的应用

**1. 基于纳米材料的电化学检测技术在检测农药残留中的应用**

随着纳米材料与现代技术的逐渐发展，基于纳米材料的电化学检测技术是当前比较具有前途和潜力的一种检测手段，其对于农药残留的检测主要有两种方法：一为相对传统的电化学检测技术，利用农药本身的氧化还原特性或者农药对生物酶活性的抑制作用，对农药进行直接检测。例如，采用了间接竞争法制备的一种新型纳米金/巯基甲胺磷多残基电化学生物传感器，可同时检测 11 种有机磷农药，该方法稳定性与重现性都较好。二为高特异性和灵敏度的电化学免疫检测技术，利用人工合成农药抗体，其结合农药分子，利用酶催化技术放大检测信号，完成高灵敏度的检测。库尔纳坦（Kokulnathan）等通过将磷酸锆封装在氧化石墨烯上，即磷酸锆/氧化石墨烯（ZrP/GO），利用玻璃碳电极作为工作电极，将 ZrP/GO 超声处理后涂抹在经过预处理的玻璃碳电极表面上，以此制备电极，并利用电化学方法检测杀螟硫磷。如图 9.5 所示，峰值还原电流与杀螟硫磷浓度在一定范围内存在线性关系。其中氧化石墨烯纳米片在防止 ZrP 团聚和 ZrP 与 GO 的协同作用的同时起到导电基质的作用，从而提高了其电化学活性，为实时监测杀螟硫磷提供了高灵敏度且选择性较好的电化学分析法。

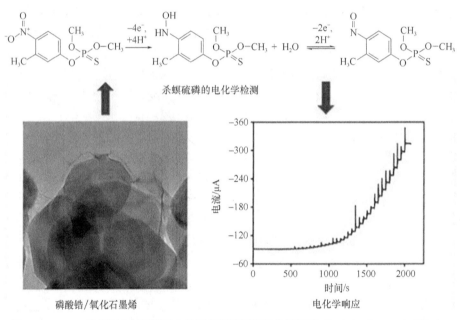

图 9.5 ZrP/GO 纳米复合材料用于电化学检测杀螟硫磷的示意图（Kokulnathan et al., 2021）

**2. 基于纳米材料的电化学检测技术在检测食源性病原体中的应用**

食源性病原体（即细菌、真菌、病毒和一些寄生虫等）通过受污染的食物或水导致人类感染，危害公共健康。电化学检测技术是检测食源性病原体的一种有效手段，在食品安全监测方面有着广泛的应用前景。例如，研究者利用过氧化氢（$H_2O_2$）将 $SiO_2@MnO_2$ 纳米复合材料还原为 $Mn^{2+}$，制备了新型阻抗电化学传感器，该传感器的阻抗变化显著，可快速超灵敏检测鼠伤寒沙门菌，该方法操作简单且灵敏度较高。电化学传感器主要由识别元件和转换器两部分组成，电极纳米材料的设计和制作可以显著提高该传感器的专一性和选择性。纳米材料与电极的结合增加了电极的表面积，提高了负载能力和反应物的质量传输，致使信号放大。

**3. 基于纳米材料的电化学检测技术在检测食品添加剂中的应用**

亚硝酸盐由于其良好的抑菌防腐性能，因此常被应用于食品防腐中，但因其进入人体会产生致癌的亚硝酸铵，因此需对食品中亚硝酸盐进行监测。由于亚硝酸根还原电位太低，直接测定亚硝酸盐有一定的困难，所以一般采用间接测定法。间接测定法主要分为两类：第一类为利用亚硝酸根与变价金属离子形成配合物，催化变价金属离子电还原产生极谱催化波来间接测定亚硝酸根；第二类为利用亚硝酸根与某些有机物形成电活性的亚硝基化合物、偶氮或重氮化合物来间接测定亚硝酸根。研究者以亚硝酸盐-还原菌为检测器，开发了一种新型的快速制备、易于维护的生物阴极电化学生物传感器，实现了废水中亚硝酸盐的连续监测。

思政案例

## 三、热信号检测技术及应用

由于纳米材料具有独特的光、磁、电、热性能，可用于产生不同类型的检测信号、放大检测信号的强度及简化检测过程等，因此众多热性能比较优异的纳米材料为基于热信号检测技术的发展提供了更多的选择，目前已经发现有很多类型的纳米材料可以在光或者电的激发下产生热。

### （一）热信号检测技术

当前主要应用的热信号检测技术为热成像技术。热成像（thermal imaging，TI）技术是一种无损、无触点的检测技术。任何绝对零度（−273℃）以上的物体都可以连续发射红外线，利用该原理，热成像技术选择被测物表面的多个点测温，再使用红外探测器和光学成像物镜将被测物的热能分布反映到光敏元件上，从而绘制其热力分布图。热成像无损检测技术主要通过两种方式对待测物进行检测：一种是直接使用红外热像仪对被测材料进行无损检测；另一种是使用外部热源对被测材料施加激励，即主动成像；而在主动成像中，根据激励热源的不同又可以分类为卤素灯激励、电磁激励、超声激励和激光激励等。

### （二）基于纳米材料的热信号检测技术在食品安全检测中的应用

基于纳米材料的热信号检测技术多用于食品病原体的检测。腐败食品样品的生理特性在病原体生长过程中发生变化，这是由蒸腾速率和光合作用决定的。使用热成像技术，可以高分辨率进行识别病原体，因为该设备对于真菌和病原体感染相关的生理变化非常敏感，因此热成像技术在食品和农产品的病害检测中具有重要的应用价值。热成像可以在出现可见感染症状之前，通过分析感染样本的温度分布，为症状前分析提供信息。利用热成像技术，基于氧化石墨烯光热效应设计了便携式免疫温度计快速检测鼠伤寒沙门菌（Du et al.，2019）。其检测原理如图9.6所示，将抗鼠伤寒沙门菌抗体通过共价键固定在温度计表面（图9.6A），并利用该抗体修饰氧化石墨烯（GO）纳米材料，基于夹心免疫测定原理检测鼠伤寒沙门菌（图9.6B）。在激光照射下，由于汞头上捕获的免疫-GO复合物的光热效应产生了温度变化信号（图9.6C），这可以实现利用温度计直接检测鼠伤寒沙门菌。除此之外，研究者采用具有优异光热性能的螺旋状碳纳米管（HCNTs）作为跟踪标签，开发了一种对热刺激具有多维响应能力的智能多信号读出接口，并将其作为传感元件，实现对玉米赤霉烯酮快捷、便携检测。

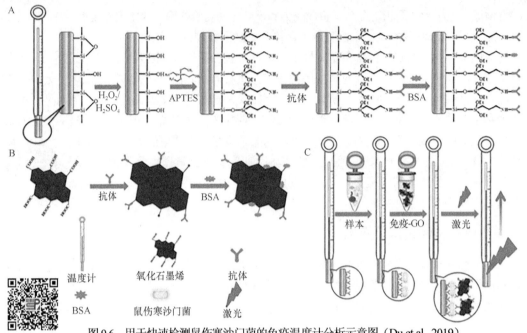

思政案例

图 9.6　用于快速检测鼠伤寒沙门菌的免疫温度计分析示意图（Du et al., 2019）

APTES 为 3-氨丙基三乙氧基硅烷；BSA 为牛血清白蛋白

## 四、磁信号检测技术及应用

　　以 $Fe_3O_4$ 纳米颗粒为代表的具有生物可降解、生物相容、高饱和度、超顺磁、对人和其他动物无细胞毒性等特点的磁性纳米材料，在磁分离、环境污染传感、生物医学等领域的应用受到广泛关注。目前，这类磁性纳米材料的主要用途包括：①通过高分散的识别元素编码的磁性实体有效地捕获复杂食品垃圾渗滤液中的生物分子和微生物细胞；②方便提取并进行缓冲测定，而无须离心过程或烦琐的提取过程；③将痕量分析物预浓缩到可检测的浓度；④利用磁诱导聚合的方法处理磁性表面增强器基片的热点区域。

　　目前在食品安全检测方面磁信号检测技术主要应用于农兽药、食源性致病菌、重金属等物质检测的前处理阶段，主要利用磁性纳米材料（主要包括氧化铁、氧化铬、氧化钴等）可通过表面共聚和表面改性的方法，与有机物、高分子聚合物及无机材料结合，进而形成核-壳结构磁性复合粒子；此外，可通过偶联作用与细胞、酶、抗体及核酸等多种生物分子结合，在外加磁场的作用下通过磁性固相萃取的方法将待测物质与底液分离（图 9.7），具有操作简便、分离效率高、信号放大作用强，以及不易被细胞内其他物质降解等优点。

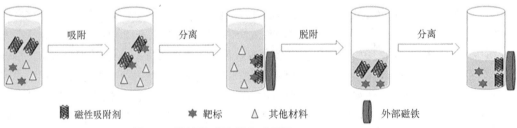

图 9.7　磁性固相萃取操作示意图（Jiang et al., 2019）

（一）磁信号在农兽药检测中的应用

农药、兽药在现代农业、畜牧业快速发展中起到了重要促进作用，但与此同时，也给生态环境造成了一定破坏和威胁，很多农副产品和畜产品中出现的农兽药残留超标问题严重危害人类健康。为了更快、更准确地测定食品中农兽药残留量，具有独特理化性质的磁性纳米材料在农兽药检测中的应用越来越多。

相关学者通过使用 $Fe_3O_4$ 对碳纳米管进行表面修饰，后将合成的磁性纳米复合材料与石墨烯、碳纳米管、$Fe_3O_4$ 纳米粒子等不同吸附材料对菠菜中敌敌畏、甲胺磷、灭线磷等 9 种有机磷农药的吸附能力进行对比，实验结果表明所合成的磁性碳纳米管对菠菜中 9 种有机磷农药表现出极强的吸附性能和稳定的回收率，实现了对 9 种农药的灵敏检测。基于磁性氧化石墨烯结合高效液相色谱法的方法，高效富集分离检测牛奶、鸡肉及鸡蛋中的 7 种喹诺酮类兽药残留水平。该方法展现出对喹诺酮类兽药较大的吸附容量（1366～1448ng/mg）与富集倍数（68～79 倍），其检出限为 0.05～0.3ng/g，并且该磁性氧化石墨烯在重复使用 40 次后仍能保持良好的萃取性能，实现了喹诺酮类兽药的灵敏检测。

具有固相萃取（SPE）能力的 MagSERS 平台（MSPE-MagSERS）提供了高效和新颖的分离方式，并提高了检测的灵敏度和效率。一种使用 SERS 活性磁性纳米复合材料的多功能 SERS 检测方法，通过将 AuNPs 修饰到填充埃洛石纳米管的 $CoFe_2O_4$ 磁珠上（$CoFe_2O_4$@HNTs/AuNPs），使磁性固相萃取、预浓缩和 SERS 分析具有高效率和良好的再现性。将磁性 SPE 和 SERS 技术相结合，可以浓缩和检测水果中的农药残留。整个检测过程可在 20min 内完成，包括样品预处理和 SERS 检测。

### 磁性纳米材料的应用

磁性纳米材料的应用可谓涉及各个领域。在机械、电子、光学、磁学、化学和生物学领域有着广泛的应用前景。纳米科学技术的诞生将对人类社会产生深远的影响，并有可能从根本上解决人类面临的许多问题，特别是能源、人类健康和环境保护等重大问题。下一世纪初的主要任务是依据纳米材料各种新颖的物理和化学特性设计出顺应时代发展的各种新型的材料和器件，通过纳米材料科学技术对传统产品的改性，增加其高科技含量并发展具有纳米结构的新型产品。目前磁性纳米材料的发展已出现可喜的苗头，具备了形成下一世纪经济新增长点的基础。磁性纳米材料将成为纳米材料科学领域一个大放异彩的明星，在新材料、能源、信息、生物医学等各个领域发挥举足轻重的作用。

（二）磁信号在食源性细菌检测中的应用

免疫磁信号分离技术普遍被运用于食源性细菌检测的分离阶段，利用磁性纳米材料将目标细菌和其他杂质分离，并将其筛选结果与显色反应、ELISA、PCR、生物传感器等技术联用。该方法普遍以 $Fe_3O_4$ 作为纳米材料的内核，起到对微生物的富集作用，通过对磁性内核的表面修饰作用，增加磁性纳米材料的稳定性和分离效果。

基于抗原-抗体结合的免疫反应是目前传感分析物最可靠的识别方式，显示出良好的结合特异性、效率和灵敏度。然而，传统的免疫分析法（如 ELISA）需要连续的检测程序，包括固定和清洗步骤，操作相对复杂，而色度或荧光信号的输出效率不如传统免疫分析。因此，将灵敏的 SERS 光谱和磁信号操作与免疫识别相结合的 MagSERS 免疫分析具有一定应用优势。在 MagSERS 免疫分析中，检测通常包括免疫磁分离（IMS）、分析物抗体识别和 SERS 信号。带有抗体的免疫磁分离——修饰的磁性实体在生物医学诊断和食品分析中引起了广泛关注，主要应用包括特异性捕获细菌、生物毒素、病毒和其他生物大分子等分析物，以及从复杂的生物介质中高效分离并进行定量。金（Kim）等开发了一种用于检测肉毒杆菌神经毒素 A（BoNTs A）和 B（BoNTs B）的 MagSERS 免疫分析法。免疫分析过程包括抗体结合磁珠的捕获探针和两个拉曼报告标记的抗 BoNTs SERS 检测探针制备，分别用抗 BoNTs A 的孔雀石绿异硫氰酸酯标记的 AuNPs 和抗 BoNTs B 尼罗蓝 A（NBA）标记的 AuNPs 检测探针，在靶毒素存在的情况下，抗 BoNTs 1 磁珠@ BoNTs @抗 BoNTs 2 SERS 标签免疫复合物的形成可导致拉曼报告分子出现明显的 SERS 峰。然而，在靶毒素不存在的情况下，无法形成免疫复合物，观察不到 SERS 信号。因此，SERS 强度的浓度依赖性变化可以指示样品中有害毒素的含量。

细菌的发现

通过制备具有较好生物特异性和分散性的 $Fe_3O_4$-$SiO_2$ 磁性纳米材料可以用于分离提取致病菌，该材料以 $Fe_3O_4$ 作为磁性载体，利用 $SiO_2$ 对磁性载体进行修饰从而减少该材料对生体细胞的毒性，同时可屏蔽磁性粒子相互偶极作用进而减少团聚作用。通过该方法对微生物进行分离和富集，避免了传统方法长时间的微生物培养和扩增过程，克服了食品中复杂基质干扰等问题，完成了对沙门菌、志贺菌、金黄色葡萄球菌、单核细胞增生李斯特菌、阪崎肠杆菌的检测，并提高了检测的时效性、准确性和灵敏度。

（三）磁信号在重金属检测中的应用

工业排放物中的铅、镉、砷、汞等重金属离子不仅会污染生态环境，也极容易被水生动植物和农田作物富集，从而通过食物链进入人体，对人体的健康造成危害。传统的原子吸收光谱法、原子荧光光谱法、分光光度法因受基质干扰较大，灵敏度也不够高，从而难以准确测定食品中痕量重金属。在磁性纳米粒子表面增加对特定金属离子具有较强亲和力的功能基团后，可有效提高磁性纳米材料对金属离子的萃取效率和检测灵敏度。

重金属的产生及危害

有学者采用溶剂热法制备了磁性纳米材料 $Fe_3O_4@SiO_2@m$-$SiO_2$-$NH_2$，并将其运用到红酒、白酒、黄酒等不同基质酒样中 $Pb^{2+}$ 的选择性分离富集，发现 $Pb^{2+}$ 在 0.05～3.6mg/L 浓度范围内线性关系良好，检测限为 0.025mg/L，该方法检测成本较低，操作简便。基于席夫碱功能性磁性纳米复合材料（$Fe_3O_4$-$SiO_2$-L）能够对金枪鱼、虾等待测样品中痕量的 $Pb^{2+}$ 和 $Cd^{2+}$ 进行高选择性富集，并结合火焰原子吸收光谱，建立快速、灵敏的检测方法，检出限可达 0.14～0.19μg/L。

（四）磁信号在毒素检测中的应用

黄曲霉毒素是所有真菌类毒素中对食品安全危害最大、毒性最强、污染范围最广的一种，它们是一大类化学结构相似的化合物，具有剧毒性和强致癌性，是目前已知的最强致癌物之一。黄曲霉毒素的毒性比氰化钾高 10 倍，毫克摄入量即会引起急性中毒并死亡，所以有效快速地检测食品中黄曲霉毒素的含量至关重要。采用磁性纳米粒子与免疫层析技术结合成的磁性层析试纸作为黄曲霉毒素的载体，并使用磁阻传感器检测磁性纳米材料的磁信号强度，在该检测方法下线性检出范围为 0.01～10μg/mL，检测限为 0.008μg/mL。检测不同浓度样品其相对误差在 10%以内，检测结果准确性较好，重复检测同一样品其变异系数低于 5%，检测结果重复性良好。

## 五、联用检测技术及应用

各种分析方法均有一定的局限性，如色谱法有很好的分离效能，但分离后各组分的鉴定若仅仅依靠色谱数据，常常是不可能的。另外，一些谱学技术，如质谱法、红外光谱法、核磁共振等，对未知化合物的组成和结构有很强的鉴别能力（通过将光谱数据与谱图库加以匹配、识别和定性）。因此，若将两者的优势结合起来，集色谱的高效分离效能与光谱的强鉴定效能于一体，将成为分析复杂混合物的有效方法。联用分析技术是未来食品检测发展的重要发展方向之一，目前常用的涉及纳米材料的联用检测技术包括光电信号联用检测技术、光热信号联用检测技术、光磁信号联用检测技术等，以下则对常用的几种联用信号进行介绍。

（一）光电信号联用检测技术及应用

由于光电信号联用检测技术具备分析速度快、设备小巧等优势，同时还具有较低的背景信号和较高的灵敏度，因此在临床诊断、环境监测及食品安全等领域都具有十分广阔的应用前景。基于光电信号联用检测原理，以一种三苯胺染料（TCA）-TiO$_2$纳米复合物作为光电极基底，同时结合乙酰胆碱酯酶（AChE）的水解反应和有机磷农药对 AChE 的抑制反应，发展出了一种高灵敏的农药光电化学检测方法。该三苯胺染料独特的螺旋桨式立体构型既可以有效缓解染料分子在 TiO$_2$表面的堆叠聚集，减弱激发态染料因分子间相互作用而导致的光电子损失，又可以增强氧化态染料与 TiO$_2$导带电子之间的空间位阻，阻碍两者复合，从而显著提高 TCA-TiO$_2$纳米复合物的光电转换效率和对还原性产物硫代胆碱（TCh）的光催化能力。TCh 是 AChE 的水解产物，其产量与 AChE 的活性密切相关；而有机磷农药会抑制 AChE 的活性，使 TCh 产量降低，光电流下降。由此，基于有机磷农药加入前后光电流的降低可实现对有机磷农药的高灵敏检测。

（二）光热信号联用检测技术及应用

在该类检测技术中主要以具有光热转换性能的纳米材料作为标记材料制备光热信号探针，进而实现对待测物质的定量灵敏分析，通过不同纳米探针的组装和便携式读卡仪可以实现食品中多种危害物的快速定量检测，定量检测成本较热像仪或传统的颜色读卡仪大大降低。开发光热转换性能更优异的纳米材料是提高目前检测性能的主要途径。有研究在该检测技术方法的基础上成功构建便携、价格低廉的试纸条光热读卡仪并适用于商品化试纸条，实现对食品中的多种化学性危害物及致病菌快速、灵敏的视觉和定量检测，通过双模式检测提高了检测灵敏度和准确度，其定量检测灵敏度较肉眼检测提高约 1 个数量级，可应用于实际样品的检测。

（三）光磁信号联用检测技术及应用

在该联用方法中主要利用了磁性纳米复合材料较高吸附容量和快速的吸附能力作为固

相萃取剂，萃取完成后在外加磁场的帮助下快速从溶液中分离，解吸附后再利用光谱（比色、荧光、化学发光等）方法进行检测，从而增加了检测的灵敏度和准确性。不难看出在该方法中磁信号作为一种前处理方式对待测物质起到浓缩和富集作用，从而为进一步的光信号检测打下基础。在磁性 $Fe_3O_4$ 纳米粒子上修饰银纳米粒子（AgMNPs）来合成磁性等离子体 SERS 衬底，AgMNPs 既是 SERS 活性衬底，也是磁性流体粒子。来自 AgMNPs 的强磁响应性可以快速地从鱼皮不规则的表面分离、浓缩和检测目标分析物，并且在外加磁场的作用下，将 AgMNPs 限制在更小的体积内，从而增强了 SERS 信号，将检测限提高了 2 个数量级。其中磁性流体即时现场检测传感器成功地检测到鱼中的孔雀石绿，具有极好的选择性和高灵敏度，在检测食品或环境中的各种有害成分方面具有潜在的前景。

联用检测
技术的发展

## 思 考 题

1. 怎么理解纳米材料是介观材料的说法？
2. "金一定是黄色的"的说法正确吗？并说明理由。
3. 制备金属纳米材料通常有什么方法？
4. 分析微乳液的形成条件和机理。
5. 电子显微镜为什么要用真空系统？
6. 基于纳米材料的光信号检测技术主要有什么？
7. 常见的用于荧光型生物传感器的纳米材料有几种？
8. 试述电信号检测技术发展趋势如何？
9. 选择一种纳米材料，详细阐述它是如何用于电信号检测技术的？
10. 热信号检测技术还可以应用到食品安全中的哪些领域和方向？
11. 什么是磁信号检测技术？磁信号检测技术的原理是什么？磁信号检测技术的主要应用有哪些？
12. 磁信号检测技术的优势是什么？
13. 影响磁信号检测技术灵敏度的因素有哪些？
14. 联用检测技术的分类和特点有哪些？
15. 食品中常见的有害物质有哪些，其国家标准检测方法是什么？

# 第十章　合成生物学与食品安全快速检测

**【本章内容提要】**本章介绍了合成生物学的概念及利用合成生物学构建用于食品安全检测传感器的原理；以微生物细胞传感器和拟细胞传感器两类典型的合成生物学传感器为例，介绍了传感器的构建、优化以及评价的方法；总结了两类合成生物学传感器在食品安全快速检测中的优势与不足。

## 第一节　合成生物学概述

### 一、合成生物学的概念

合成生物学（synthetic biology）是一门新兴科学，它是指人们在细胞内将基因按照一定规律连接成网络，以基因表达的蛋白质或核酸作为元件，让细胞来完成人为设计的各种任务。合成生物学原本是通过基因网络设计实现某些物质的生物合成，故而名曰"合成"生物学，后随着理论与技术的发展，该科学的任务逐渐不限于生物合成，而扩展到生物的降解、计算、存储、检测等领域，但仍然沿用原命名。

合成生物学将功能蛋白和功能核酸视为生物元件，通过元件的设计与组合实现某一特定的功能。合成生物学中的生物元件并非简单地累加在一起，而是通过基因的表达调控构建表层关系，通过物质的代谢通路构建内在关系，以这两种关系构建成逻辑链条，使各生物元件能够协同发挥作用。合成生物学的应用与设计依赖于中心法则，生物体内的大部分蛋白质和核酸都源自基因，因此合成生物学的"图纸"是以基因的形式存储的，通常被称为基因电路或基因回路。

合成生物学将功能相关的生物元件进行组合，形成一定的功能模块，如逻辑计算模块、信息存储模块、动力模块等。这些模块的构建和优化可以独立进行，而不需要考虑兼容性问题。基因回路的设计者可选择这些即插即用模块，以创建具有复合功能的基因电路。这种模块化的设计和构建思路，使合成生物学在研发效率上远超传统的基因工程技术。

### 二、合成生物学应用与食品安全快速检测领域

自然界中，生物体都具有感知外界化学环境变化的能力，这种能力是借助于一些特殊的蛋白质或核酸分子结合某些特定化学物质进而改变基因表达实现的，这一过程在分子生物学中被称为基因表达调控。通过对这种自然现象的仿生模拟，并且进行优化改进，即可构建成用于食品安全中化学物质检测的传感器，即合成生物学传感器。

合成生物学传感器属于生物传感器的一种，与其他类型的生物传感器相比，合成生物学传感器的区别性特征在于其信号传递过程是由基因表达调控实现的，而非在于感应元件的分

子类型。应用合成生物学原理和技术在细胞中构建的传感器称为"全细胞传感器"（whole-cell biosensor）。微生物细胞和动植物细胞都可以用于全细胞传感器的底盘细胞，而由于微生物细胞易于培养，繁殖迅速，代谢相对简单，因此现阶段微生物细胞传感器（简称微生物传感器）是主要的细胞传感器类型。应用合成生物学原理和技术在细胞液模拟环境构建的传感器通常称为"无细胞传感器"（cell-free biosensor）。但笔者认为无细胞传感器的命名不能体现基因表达调控在这类传感器中的关键作用，因此笔者更推荐将这种传感器命名为拟细胞传感器，意为模拟细胞中基因调控过程的传感器。本章将重点介绍基于合成生物学的微生物传感器和拟细胞传感器在食品安全检测中的应用。

## 第二节　合成生物学微生物传感器

生物传感器是利用了物质的生物特性，更多地强调了"传感"，"传"即信号转化的过程，将物质的浓度信号转化成可检测的电化学、光学、比色或压电信号等，"感"即信号感知的过程，利用物理或化学传感器感知上述转化信号。微生物传感器可以定义为以活体微生物细胞为感应元件，感应被测量并按照一定规律转换为可识别信号的检测装置。理论上，利用细菌、病毒、真菌，以及一些小型的原生生物的活细胞所开发的细胞传感器都属于微生物传感器，但目前常用于微生物传感器构建的微生物种类还限定在细菌、酵母、蓝藻、绿藻等少数微生物中。

### 一、微生物传感器的发展历程

#### （一）微生物毒性测定阶段

20 世纪 60 年代开始，科学家大量利用微生物对各种化学品进行毒性评价。其中最典型的案例之一是 1973 年布鲁斯·埃姆斯（Bruce Ames）等建立的利用鼠伤寒沙门菌的组氨酸营养缺陷型菌株检测污染物致突变性的方法，亦称埃姆斯（Ames）试验。组氨酸营养缺陷型鼠伤寒沙门菌在不含组氨酸的最低营养培养基上不能生长，加入待测的化学品后，若化学品具有致突变性，可使组氨酸营养缺陷型鼠伤寒沙门菌回复突变为野生型菌株，可自行合成组氨酸，在最低营养培养基上生长并形成肉眼可见的菌落。时至今日，Ames 试验仍是食品、化妆品领域使用最为广泛的致突变物快速筛选方法。除了将微生物应用于纯化学品的毒性评估外，也有一些科学家利用 Ames 试验做毒性物质的定量检测，他们将化学品或废水、污泥等样品加入特定的微生物培养物中，通过微生物的生长状况来定性或者定量评估样品中毒性物质的含量。例如，B. J. 杜特卡（B. J. Dutka）和 K. 斯威特-豪斯（K. Switzer-House）利用 Ames 试验检测了加拿大安大略湖中的致突变物质和急性毒性物质的分布情况。

#### （二）基因工程微生物传感器阶段

基因工程微生物传感器（genetically engineered microbial biosensor）指利用基因工程手段，将外源的信号感应、报告等元件转入微生物细胞中所构建成的微生物传感器。一般来说，基因工程微生物传感器特异性要优于微生物电极，部分原因便是由于基因工程微生物传感器感应元件和报告元件的外源性，使待测物质感应和信号报告的过程相对独立，受到微生物细胞自身代谢的影响较小。

　　微生物传感器的出现源于细菌萤光素酶（luciferase）的应用。1990年，美国田纳西大学的 G. S. 塞勒（G. S. Sayler）研究团队将来自哈维氏弧菌的细菌萤光素酶基因 *luxCDABE* 与萘诱导型启动子相结合，并转入荧光假单胞菌中，构建成用于萘检测的微生物传感器，这是最早报道的基因工程微生物传感器。随后的几年内，通过将 *lux* 基因整合到不同的诱导型启动子下游，科学家们开发出了用于检测汞、铝、砷、镉、铜、锌等离子的超灵敏基因工程微生物传感器。

　　20世纪90年代末至21世纪初，荧光蛋白开始被用于基因工程微生物传感器的构建，并逐渐取代细菌萤光素酶，成为主流的报告元件。1999年，S. 道纳特（S. Daunert）团队将维多利亚水母（*Aequorea victoria*）的绿色荧光蛋白（green fluorescent protein，GFP）基因与阿拉伯糖诱导型启动子 *PBAD* 进行融合，并与相应的识别阿拉伯糖的转录因子 AraC 的基因一同转入大肠杆菌中，从而构建成检测 *D*-阿拉伯糖的微生物传感器。2000年，D. C. 乔伊纳（D. C. Joyner）和 S. E. 林多（S. E. Lindow）将维多利亚水母的绿色荧光蛋白基因与丁香假单胞菌（*Pseudomonas syringae*）B728a 菌株的铁离子调控型启动子 *Ppvd* 进行融合，并转回该菌株中，构建了用于三价铁离子检测的微生物传感器。2002年，L. 斯蒂纳（L. Stiner）和 L. J. 霍尔沃森（L. J. Halverson）将皮氏罗尔斯顿菌（*Ralstonia pickettii*）的 *PtbuA1* 启动子与绿色荧光蛋白基因融合，并与相应的识别甲苯的转录因子 TbuT 的基因一同转入荧光假单胞菌（*Pseudomonas fluorescens*）A506 菌株中，构建成检测甲苯的微生物传感器。

　　（三）合成生物学微生物传感器阶段

　　2010年以后，合成生物学思想开始逐步应用于基因工程微生物传感器的构建。虽然识别靶标物质的转录因子-转录因子对应的诱导型启动子-荧光蛋白基因的微生物传感器基因回路基本模式没有改变，但随着信号放大、逻辑门、信号记忆等合成生物学元素不断加入，基因回路的组成变得越来越复杂，性能也得以不断改进，实现了检测的多元化、模块化、智能化。

## 二、合成生物学微生物传感器的基本构成、原理与指标

　　（一）合成生物学微生物传感器的构成

　　合成生物学微生物传感器主要由底盘细胞、载体骨架和基因回路组成，其中基因回路主要由信号感应元件、信号转换元件和信号报告元件组成。

　　底盘细胞（chassis cell）：用于构建微生物传感器的原始微生物细胞被称为底盘细胞，其基因组被称为底盘基因组。底盘细胞为微生物传感器提供遗传和代谢的背景框架，也提供空间、物质和能量的支持，是微生物传感器功能实现的基础保障。

　　载体骨架（vector backbone）：微生物传感器构建过程中，用于搭载基因回路进入底盘细胞的工具质粒称为载体骨架。合成生物学微生物传感器一般不将外源基因整合到基因组上，而是直接以载体的形式在微生物细胞内进行复制、转录和翻译表达。因此，载体骨架的拷贝数决定了这些外源基因子细胞内的拷贝数，这对于微生物传感器的检测性能有重要影响。

　　基因回路（gene circuit）：合成生物学微生物传感器中所转入的外源基因及它们的逻辑方式称为基因回路。基因回路中的"电器件"包括各种信号感应元件、信号转换元件和信号报

告元件的基因(及其表达产物),信号感应元件和信号转换元件通常都具有基因表达调控能力,因此它们可以和信号报告元件一起构成复杂的表达调控网络。基因回路的"电路线"正是这些元件之间表达调控关系。

信号感应元件:微生物传感器中可以感应待测量变化的元件,通常为蛋白质或者功能核酸,在传感器细胞中维持一定的浓度水平,使传感器能够一直保持待测状态。

信号转换元件:微生物传感器中可以接收信号感应元件传递的待测物浓度信息,并进行传递、整合、放大、计算、存储等信号加工过程的元件,通常为蛋白质或者功能核酸。信号转换元件受到信号感应元件的调控,并进而调控信号报告元件。

信号报告元件:微生物传感器中可以产生能被人类或已有仪器识别的最终信号的元件。现阶段通常为蛋白质,也有少量为功能核酸,其表达量受到信号转换元件的调控。

信号感应元件、信号转换元件与信号报告元件均以基因的形式,借助于载体骨架进入微生物传感器细胞内。

## (二)合成生物学微生物传感器的基本原理

无论是物理传感器还是生物传感器,其作用过程都可以分为三个阶段:信号感应过程、信号转换过程、信号输出过程。信号感应过程是微生物传感器利用微生物中具有特异性识别功能的生物大分子实现信号感应;信号转换过程是传感器将识别的待测量按照一定规律进行变换;信号输出过程是传感器将变换后的信号,以人类可识别或者现有仪器可检测的形式进行输出。

信号感应过程:微生物中具有特异性识别功能的生物大分子有两大类,一类是酶,可以特异性识别底物;另一类是表达调控因子,可以特异性识别其配体。合成生物学微生物传感器通常利用了后者。表达调控因子包括诱导型启动子和对应的转录因子、核糖开关和一些人工设计的核酸适配体等,它们共同的特点是可结合待检测的物质并发生构象变化,从而改变下游基因的表达。与酶类识别底物后只能产生固定的产物不同,表达调控因子可以与任意的下游基因组合,这使得合成生物学微生物传感器在设计上具有很强的可塑性。

信号转换过程:合成生物学微生物传感器在感应待测物的表达调控因子与信号报告元件之间加入了中间表达调控元件,它们能够接收上游感应元件的表达调控,进行信号整合后,再调控下游的信号报告元件的表达量。当一个中间表达调控元件能够接收多个上游感应元件的信号时,便可实现信号的整合;当中间表达调控元件高效地促进报告元件表达时,便可实现信号的放大;当中间表达调控元件具有反馈调节能力时,便可增加信号的稳定性。

## (三)合成生物学微生物传感器的指标

特异性指微生物传感器响应目标待测物,而不响应其他非待测物的能力,主要由感应元件的特异性决定。检测限指微生物传感器能检测到的目标代谢物的最低浓度。微生物传感器的检测限受到很多因素的共同影响,如微生物对目标待测物的通透性、感应元件对目标待测物的捕获能力、报告信号的最低可识别强度等。检测范围指微生物传感器所能测定的目标代谢物的浓度范围。灵敏度指检测范围内单位量待测物质变化所导致的微生物传感器报告信号强度的变化程度,主要由基因回路中各种表达调控因子对下游基因表达调控能力的大小所决定。稳定性指微生物传感器在不同环境条件下维持检测结果不变的能力,由底盘细胞的抗干扰能力决定。

## 三、合成生物学微生物传感器的感应元件

细胞传感器的感应元件主要包括转录因子和核糖开关，转录因子是一类能与基因上游特定序列专一性结合，从而影响基因转录的蛋白质分子，核糖开关是某些 mRNA 非翻译区的序列折叠成一定的构象。这两类分子均可特异性结合某种或某类化学物质并导致自身三维构象发生变化，转录因子构象变化后，其与基因的启动子区域的结合能力改变，从而促进或抑制基因的转录过程，而核糖开关构象变化后，其茎环排布发生改变，暴露或隐藏 mRNA 的核糖体结合位点，从而开启或关闭 mRNA 的翻译过程。感应元件与待测物质的结合能力，决定了细胞传感器的灵敏度和特异性，因此筛选合适的感应元件是构建细胞传感器的关键。

### （一）转录因子

目前已经发现的原核生物转录因子约有 300 种，然而能够特异性识别食品污染物，可在食品安全检测中应用的转录因子并不多。在检测重金属离子方面，常用的转录因子有识别汞离子的 MerR 蛋白，识别镉离子的 CadR 蛋白，识别砷离子的 ArsR 蛋白，识别铅离子的 PbrR 蛋白和识别铜离子的 CueR 蛋白等。在检测农药残留方面，常用的转录因子有识别百草枯的 PqrR、QxyR、SoxR、FphR 蛋白等，识别杀螟虫、对硫磷、甲基对硫磷等有机磷农药的 DmpR 蛋白，识别阿特拉津的 GST 蛋白等。在检测食品添加剂方面，常用的转录因子有识别苯甲酸、苯甲酸盐的 BenR 蛋白，识别己二酸的 PcaR 蛋白等。在检测病原微生物方面，常用的转录因子有 QscR 蛋白等。

### （二）核糖开关

2002 年人类发现第一个核糖开关，目前为止已知的天然核糖开关仅有二十余种。天然核糖开关的转录调控机理主要有下列三种。

#### 1. 终止子模式

当细胞内无配体物质时，基因上游的 5′非编码区形成抗终止子结构，RNA 聚合酶可以顺利完成基因编码区的转录；当细胞内有配体物质时，配体结合到适配体区，破坏了抗终止子的稳定性，而形成终止子发夹结构，导致 RNA 聚合酶从 mRNA 分离，关闭基因表达。尽管大多数天然核糖开关结合配体时关闭基因表达，但也存在少数情况，在配体结合适配体区时促进形成了抗终止子结构，形成配体开启基因表达的模式。

#### 2. 核糖体结合位点模式

当细胞内无配体物质时，核糖体结合位点（ribosome binding site，RBS）被隐藏在茎环结构中，核糖体无法结合到 mRNA 上而无法翻译；当配体结合适配体区后，茎环结构被打开，暴露出核糖体结合位点，开启蛋白质翻译。相反的情况同样存在，即配体结合适配体区后，将核糖体结合位点隐藏到茎环结构中而关闭蛋白质翻译。

#### 3. 核酶模式

当配体物质结合到适配体区后，激活核酶的自切割活性，导致 mRNA 降解，从而阻断蛋白质的翻译过程。原核生物中天然适配核酶型核糖开关有氨基葡萄糖-6-磷酸核糖开关，其中具有自剪接能力的核酶为 glmS 核酶。

　　本书前面章节介绍过的适配体，是通过指数富集的配体系统进化技术（SELEX）筛选得到的可识别特定靶标分子的单链寡核苷酸，具有可设计性、高亲和性、高特异性等特点。适配体与核糖开关的分子本质是相同的，均是可与靶标分子特异性结合的三维构象 RNA 分子。如果可以将适配体改造成为核糖开关，则可以从根本上解决合成生物学细胞传感器信号感应元件不足的问题。该技术尚在研发阶段，目前最大的瓶颈在于绝大部分体外 SELEX 筛选得到的适配体，在细胞内无法正确折叠，从而丧失了与配体结合的能力。

### 新污染物治理

　　随着工业化进程的加快，生态系统中新污染物的种类日益增加。我国"十四五"规划和 2035 年远景目标明确要求"重视新污染物治理"。快速、精准、原位的监测和评估技术是有效防控新污染物的有力保障。然而，传统分析方法大多需要专业设备和培训、操作复杂、耗费昂贵，更重要的是无法原位监测污染物的环境浓度及其毒性效应。尤其是对于具有痕量性和隐蔽性的新污染物，亟须开发新的监测与评价技术方法。十溴二苯醚是一种典型新污染物，由于缺乏对其生物降解途径与调节网络的认知，该新污染物的生物监测传感器的研究与开发受到极大的限制。

　　近日，广东省科学院微生物研究所许玫英研究团队通过分析比较不同菌株对十溴二苯醚暴露响应的基因表达激活特点及有机物-蛋白质相互作用特点，发现了一种特异识别十溴二苯醚的新型跨膜信号蛋白。在此基础上，以合成生物学的理念和技术手段，在高疏水性底盘细胞的细胞膜上植入并展示了融合萤火虫萤光素酶的胞外传感信号蛋白，构建了一种新型的全细胞微生物传感器。这种高疏水全细胞生物传感器对十溴二苯醚具有高度的特异性、灵敏度和线性响应，无须提取纯化的步骤即可实现对目标污染物的定量监测。由于十溴二苯醚信号受体蛋白被展示在细胞膜外，高疏水全细胞微生物传感器可以自动捕获十溴二苯醚并实时测量其诱导的发光信号。此外，这种基于全细胞培养而无须裂解细胞的生物监测方法还可以用于测定十溴二苯醚对细胞代谢和生长的影响，从而实现对目标污染物生物毒性的快速评价。

## 四、合成生物学微生物传感器的报告元件

　　微生物传感器的报告元件是指传感器细胞中能生成人类或已有仪器可识别信号的元件。报告元件的选择，需要综合考虑微生物传感器的检测目的（定性还是定量，实时监测还是取样检测）、使用环境（现场检测还是实验室检测）、样品类型（固体还是液体，透明还是不透明）等因素。

### （一）荧光蛋白

　　荧光蛋白一般由单个基因表达，蛋白质自身可以产生稳定的荧光，不需要任何底物，除了溶氧外，其表达和荧光强度基本不受底盘细胞代谢的影响，这些优点使荧光蛋白成为最理想的微生物传感器报告元件。现阶段，90%以上的合成生物学微生物传感器使用荧光蛋白作为报告元件。在荧光蛋白的选择方面，微生物传感器的设计者需要考虑如下因素：第一，荧光蛋白在底盘细胞中能够有效表达并成熟，并且能提供最高强度的荧光信号；第二，荧光蛋

白在检测过程中要保持光稳定性；第三，荧光蛋白对底盘细胞应是没有毒性的；第四，荧光蛋白应该对检测体系的环境因素不敏感。

荧光强度是荧光蛋白作为报告元件最为重要的参数。荧光蛋白的固有荧光强度由其量子产率和消光系数共同决定。此外，作为微生物传感器的输出元件，其信号强度还受到荧光蛋白成熟速率的影响。荧光蛋白的成熟包括荧光蛋白的正确折叠和荧光发色基团的成熟两方面。荧光蛋白作为微生物传感器的报告元件，通常会依据底盘细胞进行密码子优化，可以顺利地进行 RNA 转录和蛋白质翻译，但荧光蛋白翻译后折叠过程在不同条件下会有所差异。有研究者比较了 37℃和 25℃下细菌中各种荧光蛋白成熟效率，结果表明有多种荧光蛋白在 37℃ 条件下无法成熟。氧分子的存在情况影响荧光蛋白发光基团的成熟过程。在氧分子小于 0.75μmol/L 的情况下，荧光蛋白的荧光形成会受到阻碍。在氧分子浓度高于 3μmol/L 时，荧光蛋白可以顺利产生荧光。即使微生物传感器与样品孵育过程需要在厌氧条件下进行，荧光测量通常也必须在微生物传感器暴露于空气之后进行。在某些情况下，微生物传感器构建过程中可能需要将荧光蛋白与其他蛋白质相融合，此时则必需选用单体形式的荧光蛋白。

荧光稳定性是荧光蛋白的重要参数之一。所有的荧光蛋白都会在长时间的激发下发生光漂白，但其速率远低于许多小分子荧光染料。不同的荧光蛋白稳定性有很大差异。常用的荧光蛋白如 EGFP、mKO、mCherry 等，都具有较强的荧光稳定性，而祖母绿荧光蛋白 Emerald 显示了一个非常快速的初始荧光漂白过程，在极短的时间内会出现 50% 的漂白，但在随后的阶段里其光稳定性衰减速率与 EGFP 非常相似。某些起源于水母的荧光蛋白如 Cerulean，其荧光漂白的时间与光强度有关，因此以此类荧光蛋白作为报告元件的微生物传感器，其检测过程可能需要避光进行。

荧光蛋白对于大多数微生物而言没有明显的毒性作用，但微生物传感器的设计者仍需对此问题保持戒备，尤其是采用新的荧光蛋白作为报告元件，或采用新的微生物作为底盘细胞时。一般来说，单体荧光蛋白对微生物没有毒性，而四聚体荧光蛋白可能会出现大量聚集的情况导致对微生物细胞产生毒性。

当微生物传感器需要进行定量检测时，荧光蛋白的荧光强度对除了目标待测物之外的因素必须保持不敏感。例如，早期的黄色荧光蛋白 YFP 对氯敏感，后来改进的黄色荧光蛋白 Citrine 和 Venus 解决了这一问题。大多数荧光蛋白都具有一定的酸敏感性，如果检测体系酸性较强，应该避免选用 mOrgange、GFP 系列和 YFP 系列。

选用荧光蛋白作为报告元件时，还有以下几点需要引起注意。第一，红色荧光蛋白对波长为 600nm 的光具有一定的吸收作用，因此以红色荧光蛋白作为报告元件的微生物传感器细胞培养液不适宜采用 $OD_{600}$ 来评估细胞生长状况。当红色荧光蛋白表达量较大时，依据 $OD_{600}$ 测定的细胞密度可能比真实的细胞密度低 10% 左右。因此，当使用红色荧光蛋白作为报告元件时，建议采用 $OD_{700}$ 来评估传感器细胞的生长状况。第二，虽然不同荧光蛋白之间或多或少存在相互干扰，但在同一个微生物传感器中使用多种荧光蛋白作为多重报告元件也是可以实现的。若需要两种报告元件，则推荐选用青色荧光蛋白（Cerulean 或 CyPet）和橙色荧光蛋白（mOrange 或 mKO）。若需要更多的报告元件，则可以尝试青色荧光蛋白（Cerulean 或 CyPet）、黄色荧光蛋白（YPet）、橙色荧光蛋白（mOrange 或 mKO）和红色荧光蛋白（mCherry）的组合。第三，虽然有的荧光蛋白在浓度非常高的情况下可以显示出肉眼可见的颜色，但通常情况下不适合选用荧光蛋白作为可视化微生物传感器的报告元件。

## （二）色素生成酶

微生物色素（microbial pigment）是一类由微生物或动植物产生的次级代谢产物，因其具有特殊的化学结构，能够对光线造成反射、干涉、散射或吸收等效果，而呈现出不同的颜色。虽然色素本身不是蛋白质类物质，但其合成受到色素生成酶的严格控制，因此可以作为合成生物学微生物传感器的报告元件。与荧光蛋白报告元件相比，微生物色素报告元件产生的输出信号是肉眼可见的，因此更适合用于可视化微生物传感器的开发。常见的微生物色素包括类胡萝卜素、紫色杆菌素、黑色素、灵菌红素、靛蓝素等。色素报告元件的性能，取决于传感器底盘细胞中底物的存在情况，由底物到产物所需的基因元件数量，从底物到产物颜色变化在视觉上的显著性等。

### 1. 类胡萝卜素

类胡萝卜素（carotenoid）是一类由 8 个异戊二烯单位首尾相连形成的四萜类天然色素的总称。目前已发现的天然类胡萝卜素有 600 多种，主要分为两类，一类为不含氧的胡萝卜素，另一类为含氧的叶黄素。类胡萝卜素通常为黄色、橙红色或红色，其颜色由分子式中共轭双键的数目决定，共轭双键的数目越多，颜色越偏红。类胡萝卜素大多不溶于水，而易溶于有机溶剂。产类胡萝卜素的微生物主要有光合细菌、三孢布拉氏霉、红酵母、杜氏藻等。目前已有多个以类胡萝卜素为报告信号的微生物传感器研发案例。

2006 年，日本大阪大学的八木清仁（Kiyohito Yagi）研究团队将一种微生物类胡萝卜素——球状菌素（spheroidenone）作为报告信号，构建了亚砷酸盐和二甲基硫可视化检测的微生物传感器。该微生物传感器以海洋紫色光合细菌嗜硫小红卵菌（*Rhodovulum sulfidophilum*）作为底盘细胞。该菌具有球状体途径（spheroiden pathway），通过 *O*-甲基转移酶（CrtF）催化去甲基球状体（demethylspheroidene）生成球状体，再通过球状体单加氧酶（CrtA）催化球状体生成球状菌素。由于球状体呈黄色，而球状菌素呈红色，因此 CrtA 蛋白的表达便可控制嗜硫小红卵菌的颜色变化。Kiyohito Yagi 团队将嗜硫小红卵菌基因组中的 *crtA* 基因进行敲除，再通过质粒向菌株中转入响应亚砷酸盐的启动子 *Pars* 所控制的 *crtA* 基因，使 *crtA* 基因的表达与亚砷酸盐的含量呈正相关。通过微生物传感器培养液颜色的变化，反映样品中亚砷酸盐的含量。类似地，该团队将响应二甲基硫的启动子 *Pddh* 控制的 *crtA* 基因以质粒的形式转入 *crtA* 基因敲除嗜硫小红卵菌中，构建了二甲基硫可视化检测的微生物传感器。

2008 年，日本宇都宫大学的前田勇（Isamu Maeda）团队受到 Kiyohito Yagi 团队的 CrtA 报告元件的启发，进一步开发了八氢番茄红素去饱和酶（CrtI）报告元件。Isamu Maeda 团队认为，CrtA 报告元件催化的酮化反应受到培养基中溶氧含量的影响较大，而且由于黄色和红色都是暖色调，培养液由黄色变为红色在视觉上并不明显。因此，Isamu Maeda 团队选用了 CrtI 作为报告元件。CrtI 是一种八氢番茄红素去饱和酶，可以催化类胡萝卜素生成途径中的多步去饱和反应，将无色的八氢番茄红素（phytoene）转化为红色的番茄红素（lycopene），且此催化过程不受培养基中溶氧含量的影响。由于 *crtI* 突变菌株不能合成任何类胡萝卜素类物质，因此突变菌株将会呈现蓝绿色，利用 *crtI* 突变体构建的以 CrtI 为报告元件的微生物传感器，会呈现出由蓝绿色变为红色的颜色变化，在视觉上更加明显。在底盘细胞的选择方面，Isamu Maeda 团队选用了淡水光合细菌沼泽红假单胞菌（*Rhodopseudomonas palustris*），该细菌对环境适应能力更强，更适合大陆水体污染物的检测。2012 年，韩国原子能研究所的金东浩（Dong-Ho Kim）研究团队以敲除 *crtI* 基因的抗辐射奇异球菌（*Deinococcus radiodurans*）为底盘细胞，转入含有镉离子诱导型启动子控制的 *crtI* 基因的质粒，构建成可用于镉离子可视化检测的微生物传感器，在镉离子存在下可由白色变为红色。

上述案例均使用光合细菌作为底盘细胞，2015 年至 2018 年，美国佐治亚理工学院斯蒂琴斯基（Styczynski）团队连续报道了 3 个以大肠杆菌为底盘细胞，以类胡萝卜素为输出信号的微生物传感器。大肠杆菌本身不含有类胡萝卜素生成通路，因此 Styczynski 团队将来自菠萝泛菌（*Pantoea ananatis*）的牻牛儿基焦磷酸合成酶（CrtE）、八氢番茄红素合成酶（CrtB）和八氢番茄红素去饱和酶（CrtI）的基因转入大肠杆菌中，这三个基因可以使大肠杆菌利用内源性法尼基焦磷酸为底物合成红色的番茄红素；随后该团队又将菠萝泛菌的番茄红素 β 环化酶（CrtY）的基因转入大肠杆菌，将番茄红素进一步转化为橙色的 β-胡萝卜素。Styczynski 团队利用锌诱导启动子 *PznuC* 和 *PzntA* 控制上述基因的表达，以大肠杆菌为底盘细胞构建了用于血液锌含量可视化检测的微生物传感器。

此外，β-胡萝卜素经过 *crtZ* 编码的 β-胡萝卜素羟化酶（β-carotene hydroxylase）催化可以生成黄色的玉米黄质（zeaxanthin），β-胡萝卜素经过 *crtW* 编码的 β-胡萝卜素酮酶（β-carotene ketolase）催化可以生成橙红色的角黄素（canthaxanthin），β-胡萝卜素经过 β-胡萝卜素羟化酶和 β-胡萝卜素酮酶的共同催化，可以生成粉红色的虾青素（astaxanthin）。由橙色变为黄色、橙红色、粉红色的颜色变化在视觉上均不明显，而同样呈红色的番茄红素位于类胡萝卜素代谢通路的上游，所需基因和催化步骤更少，因此玉米黄质、角黄素、虾青素都很少用作微生物传感器的报告元件。

**2. 紫色杆菌素**

紫色杆菌素（violacein）是一种由 2 个色氨酸分子氧化缩合而成的吲哚衍生物，微溶于水，易溶于有机溶剂。紫色杆菌素属于革兰氏阴性细菌的次级代谢产物，尚未发现革兰氏阳性菌或真菌能合成该物质。目前已发现的能够合成紫色杆菌素的天然微生物包括紫色色杆菌（*Chromobacterium violaceum*）、河流色杆菌（*Chromobacterium fluviatile*）、黄紫交替单胞菌（*Alteromonas luteoviolacea*）、黄紫假交替单胞菌（*Pseudoalteromonas luteoviolacea*）、兰黑紫色杆菌（*Janthinobacterium lividum*）、假单胞菌属（*Pseudomonas*）的 520P1 菌株和 710P1 菌株、杜擀氏菌属（*Duganella*）的 B2 菌株等。由于高浓度色氨酸对细菌菌体具有损害作用，因此研究者推测紫色杆菌素的生成可能与细菌的色氨酸调控有关。医学上，紫色杆菌素具有抗菌、抗肿瘤、抗氧化、抗病毒等多种生理活性，具有较高的应用价值。

目前革兰氏阴性菌中紫色杆菌素合成途径已经较为明确，主要涉及 *vio* 操纵子上的 *vioABCDE* 五个基因。VioA 为 *L*-色氨酸氧化酶，催化 *L*-色氨酸氧化脱氨生成吲哚-3-丙酮酸（indole-3-pyruvic acid）。VioB 为丙酮酸亚氨基酚二聚合酶，催化吲哚-3-丙酮酸的过氧化氢依赖二聚反应，生成未知的中间物质。该未知中间物质经过 VioE 催化，生成脱氧紫色杆菌素前体，再经过色氨酸羟化酶 VioD 的氧化催化生成紫色杆菌素前体，最后经过 VioE 的氧化催化生成紫色杆菌素。

将紫色杆菌素合成途径的全部 5 个基因 *vioABCDE* 转入大肠杆菌，可以使紫色杆菌素作为大肠杆菌传感器的输出信号。2015 年美国佐治亚理工学院 Styczynski 团队构建的用于血液锌含量可视化检测的微生物传感器，在以类胡萝卜素作为高锌信号的同时，也以锌离子调控表达的 *vioABCDE* 作为感应元件，以紫色杆菌素作为低锌信号，因此该传感器可以在血液锌离子浓度大于 13μmol/L 时呈现橙色，而在血液锌离子浓度小于 8μmol/L 时呈现紫色。

### 3. 黑色素

黑色素（melanin）是一类由多酚类或吲哚类异源多聚的芳香族化合物的总称，广泛存在于动植物和微生物中。天然黑色素通常难溶于水，且不溶于有机溶剂，但可溶于碱溶液。黑色素可以分为真黑色素（eumelanin）、脱黑色素（pheomelanin）、脓黑色素（pyomelanin）、异黑色素（allomelanin）等类别。前两类均通过黑色素合成的酪氨酸酶途径生成，该途径在关键酶酪氨酸酶（tyrosinase）催化的 *L*-酪氨酸和 *L*-多巴的酶促反应中生成 *L*-多巴醌（*L*-DOPA quinone），再以 *L*-多巴醌代谢生成黑色素，因此这两类黑色素又被称为 *L*-多巴黑色素（*L*-DOPA melanin）。脓黑色素通过关键酶对羟基丙酮酸羧化酶（P-hydroxypyruvate carboxylase）催化芳香族氨基酸代谢产生尿黑酸（homogentisic acid，HGA），再通过尿黑酸代谢生成黑色素，因此此类黑色素又称为尿黑酸黑色素（HGA melanin）。异黑色素通过关键酶聚酮体合成酶（polyketide synthetase）催化丙二酸单酰辅酶 A 合成 1, 3, 6, 8-四羟基萘（THN），进而经过一系列脱水等化学作用合成 1, 8-二羟基萘（1, 8-dihydroxynaphthalene，1, 8-DHN），再进一步聚合形成黑色素，因此异黑色素又称为二羟基萘黑色素（DHN melanin）。

2006 年，墨西哥国立自治大学 G. 戈塞特（G. Gosset）团队报道了在大肠杆菌 W3110 菌株中异源表达源自菜豆根瘤菌（*Rhizobium etli*）CFN42 菌株的 *melA* 基因的研究，该基因编码的酪氨酸酶可以使重组大肠杆菌利用 *L*-酪氨酸和 *L*-多巴生成真黑色素。该研究表明将酪氨酸酶作为大肠杆菌传感器的报告元件，将黑色素作为传感器输出信号在理论上是可行的。

### 4. 灵菌红素

灵菌红素（prodiginine）是含有三个吡咯环结构的天然红色素家族的统称，通常为脂溶性，是微生物的次级代谢产物。广义的灵菌红素主要包括灵菌红素（prodigiosin，PG）、间环丙灵菌红素（metacycloprodigiosin，MPG）、十一烷基灵菌红素（undecylprodigiosin，UPG）、壬烷基灵菌红素（nonylprodigiosin，NPG）、环丙烷灵菌红素（cycloprodigiosin，CPG）五类。产灵菌红素的微生物包括黏质沙雷菌（*Serratia marcescens*）、产气弧菌（*Vibrio aerogenes*）、红皱纹单胞菌（*Rugamonas rubra*）、红轮枝链霉菌（*Streptoverticillium rubrireticuli*）、红交替单胞菌（*Alteromonas rubra*），其中对黏质沙雷菌的研究最为深入。

黏质沙雷菌的灵菌红素生物合成途径主要分为三部分，第一部分为 2-辛烯醛（2-octenal）和丙酮酸（pyruvate）在 PigD、PigE 和 PigB 三个酶的催化下生成 2-甲基-3-正戊基吡咯（2-methyl-3-n-amyl-pyrrole，MAP），第二部分为脯氨酸（proline）在 PigI、PigG、PigA、PigJ、PigH、PigM、PigF、PigN 八种酶的催化下生成 4-甲氧基-2, 2′-联吡咯-5-乙醛（4-methoxy-2, 2′-bipyrrole-5-carbaldehyde，MBC），第三部分为 MAP 和 MBC 在 PigC 酶催化作用下缩合成灵菌红素分子。上述灵菌红素合成酶的基因均位于黏质沙雷菌的 *pig* 操纵子上，此外该操纵子上有功能尚不明确的 *pigK* 和 *pigL* 基因，总共 14 个基因。

与紫色杆菌素类似，沙雷菌中灵菌红素的合成也受到群体感应信号 *N*-乙酰基高丝氨酸内酯（AHL）的调控。2010 年，英国剑桥大学西蒙德（Salmond）研究团队将沙雷菌 ATCC 39006 菌株中内源 AHL 合成途径进行敲除，将该菌株构建成微生物传感器，通过灵菌红素的产量表征环境样品中 AHL 的含量。该团队还在 2004 年报道了将沙门菌的 *pig* 操纵子在大肠杆菌 DH5α 菌株和 XL-1 Blue 菌株中进行异源表达，可以使大肠杆菌生产灵菌红素，这表明将灵菌红素作为大肠杆菌的输出信号在理论上是可行的，但由于灵菌红素合成所需的基因过多，不利于基因操作，因此尚没有以灵红菌素为输出信号的大肠杆菌合成生物学传感器的报道。

### 5. 靛蓝素

靛蓝素（indigoidine）是 3, 3′-联吡啶（3, 3′-bipyridylpigment）类天然蓝色素，化学结构为 5, 5′-二氨基-4, 4′-二羟基-3, 3′-二氮二苯醌-（2, 2′）［5, 5′-diamino-4, 4′-dihydroxy-3, 3′-diazadiphenoguinone-（2, 2′）］，是由 2 分子的 L-谷氨酰胺（L-glutamine）通过 4′-磷酸乙烯基转移酶（4′-phosphopantetheinyl transferase，PPTase）激活的非核糖体多肽合成酶（non-ribosomal peptide synthetase，NRPS）催化缩合而成。能够合成靛蓝素的天然微生物包括欧文氏菌属（Erwinia）、链霉菌属（Streptomyces）的一些菌种，这些菌种基因组中都包含 NRPS 的基因，如菊欧文氏菌（Erwinia chrysanthemi）、褐色链霉菌（Streptomyces chromofuscus）和生金色链霉菌（Streptomyces aureofaciens）的 indC 基因，以及浅紫灰链霉菌（Streptomyces lavendulae）中的 bpsA 基因。由于非核糖体多肽合成酶必须在 4′-磷酸乙烯基转移酶和辅酶 A 的激活下，由不含铁的 apo 态转化为含铁的 holo 态，因此 4′-磷酸乙烯基转移酶的基因也是靛蓝素合成的必须基因。

由于靛蓝素合成所涉及的基因相对较少，因此靛蓝素也是微生物传感器较为理想的输出信号。2012 年，苏黎世联邦理工学院的 M. 富森尼格（M. Fussenegger）研究团队报道了在细菌和动物细胞中将靛蓝素用作报告基因的研究。其中，他们将来自浅紫灰链霉菌的 bpsA 基因和来自轮丝链霉菌（Streptomyces verticillus）表达 4′-磷酸乙烯基转移酶的 svp 基因共转化到大肠杆菌 pMM64/65 菌株中，可以成功使该菌株产生靛蓝素。2013 年，美国犹他州立大学的 J. 詹（J. Zhan）研究团队将来自褐色链霉菌的 indC 基因转入大肠杆菌 BAP1 菌株中，该菌株源自大肠杆菌 BL21（DE3），其基因组上插入了枯草芽孢杆菌（Bacillus subtilis）的编码 4′-磷酸乙烯基转移酶的 sfp 基因。转化 indC 后的大肠杆菌 BAP1 菌株也可以成功生产靛蓝素。

### 6. 甜菜黄素

除了微生物色素外，植物色素也可以用作微生物传感器的输出信号，目前有案例报道的是甜菜黄素（betaxanthin）。甜菜黄素是以甜菜醛氨酸（betalamic acid）为生色基团的一类水溶性吡啶衍生物色素，目前已经发现三十余种，可分为氨基酸甜菜黄素和多巴胺甜菜黄素两类。在植物中，甜菜黄素的合成途径为酪氨酸在酪氨酸酶的催化作用下生成多巴醌，然后自发形成环状多巴，同时多巴在多巴双加氧酶（DOPA dioxygenase，DOD）的催化下形成开环多巴（4, 5-seco-DOPA），继而自发反应生成甜菜醛氨酸，甜菜醛氨酸和环状多巴自发缩合形成甜菜红素（betacyanin），再在 UDP-葡糖基转移酶（UDP-glucosyltransferase）的作用下生成甜菜红素苷（betaglandin），随后与氨基酸或者胺自发结合形成甜菜黄素。

2015 年，来自加拿大康考迪亚大学的 J. E. 杜伯（J. E. Dueber）团队报道了以甜菜黄素为输出信号的微生物传感器。该团队的目的是对酿酒酵母（Saccharomyces cerevisiae）发酵生产苄基异喹啉生物碱的代谢通路进行优化，L-多巴胺是生产苄基异喹啉生物碱的重要中间产物，其含量影响苄基异喹啉生物碱的终产量。为了快速评估不同酿酒酵母细胞内 L-多巴胺的含量，该团队在酿酒酵母中引入甜菜（Beta vulgaris）的多巴双加氧酶 DOD，可以将 L-多巴胺转化成黄色的甜菜黄素，以甜菜黄素的产量表征 L-多巴胺的含量。2017 年，台湾师范大学的 Y. C. 叶（Y. C. Yeh）团队将紫茉莉（Mirabilis jalapa）的多巴双加氧酶 MjDOD 的基因作为信号报告元件，结合 CopSR 铜离子感应元件，构建了用于铜离子检测耐金属贪铜菌传感器。上述案例表明，植物色素同样可以用于微生物传感器的构建。

## （三）气体报告元件

荧光和色素报告元件的输出信号均为光学信号，在应用时要求检测体系必须是透明状态。对于不透明的样品，如土壤、谷物、牛奶等，要么通过预处理将待测物分离出来，重新溶解在透明溶液中再进行微生物传感器的孵育和信号测定，要么在微生物传感器与样品孵育后，将微生物传感器分离出来，重悬在透明培养液中，再进行信号测定。这些额外的步骤增加了检测的复杂度，降低了检测的准确度。因此，出现了以气体的生成作为输出信号的微生物传感器案例。美国莱斯大学 J. J. 西尔贝格（J. J. Silberg）研究团队的程小英（Hsiao-Ying Cheng）博士是现阶段微生物传感器气体报告元件的开创性研究者，在 Cheng 的博士论文中，她提出了以下 8 个条件用于筛选可用作微生物传感器输出信号的气体。

（1）气体应当由单个酶产生。为了简化输出元件，单一蛋白质就能催化气体产生的情况是最理想的。

（2）挥发性气体成分应该是不常见的。作为输出信号的气体应少见且在环境中背景值很低，这样才能获得高灵敏度。另外，这些气体不能轻易被微生物消耗。

（3）产生气体的底物应当是常见的代谢物，为了确保气体的产生不需要特殊的细胞资源，反应应当尽量利用不同底盘细胞在各种代谢状态下均能生成的代谢物作为底物。

（4）气体应当是无毒的，至少在作为输出信号的浓度水平下是无毒的。气体不能影响微生物传感器底盘细胞及待测样品中其他微生物的正常代谢和生长。

（5）气体应当具有低沸点。作为输出信号的气体需要在正常条件下合成后作为气相存在。

（6）挥发性成分应当可以轻易地从样品介质中扩散出来。多孔固体材料（如土壤颗粒和木炭）干扰气体从样品介质到顶空的移动。气体的渗出率与气体分子量成反比，并取决于样品介质中的孔径。如果气体分子大，它可能需要很长时间才能离开样品介质。

（7）气体应当可以使用常用的仪器设备进行方便的检测。

（8）微生物传感器基因回路构建过程中可能会用到多种气体作为多重信号输出，理想状况下，它们应具有相同的原子数和价电子数，即它们应为电子等排体。

按照上述 8 个条件（全部满足或大部分满足），Cheng 找到了一氧化二氮、卤甲烷、甲硫醇、乙烯、乙醛 5 种气体的催化酶作为气体报告元件（表 10.1）。

表 10.1　合成生物学传感器的气体报告元件

| 气体 | 基因 | 酶 | 底物 | 沸点/℃ |
|---|---|---|---|---|
| 一氧化二氮 | norB | 一氧化氮还原酶 | 一氧化氮、电子供体 | −88.48 |
| 卤甲烷 | mht | 甲基卤化物转移酶 | S-腺苷甲硫氨酸、卤化物 | $CH_3Cl$ 24.2 |
|  |  |  |  | $CH_3Br$ 3.56 |
|  |  |  |  | $CH_3I$ 42.4 |
| 甲硫醇 | dsr | 异化亚硫酸盐还原酶 | S-腺苷甲硫氨酸或甲氧基化芳香化合物、亚硫酸盐 | 5.95 |
| 乙烯 | efe | 乙烯生成酶 | 氧、α-酮戊二酸 | −103.7 |
| 乙醛 | adh | 乙醇脱氢酶 | 乙醇、$NAD^+$ | 20.8 |

### 五、合成生物学微生物传感器的优势与劣势

（一）合成生物学微生物传感器的优势

（1）无需大型仪器。目前精准的化学分析方法如气相色谱-质谱联用法、液相色谱-质谱联用法、原子吸收光谱法等，都需要价格昂贵、操作复杂的大型仪器，对大型仪器的依赖性提高了这些方法的使用门槛，限制了这些方法的使用场所。合成生物学微生物传感器最常见的报告信号是荧光强度信号或颜色报告信号，只需要简单的手持式信号探测仪或直接通过肉眼观察。

（2）稳定性和环境适应性强。微生物作为地球上分布范围最广的一类生物，对环境的适应能力极强，即使环境条件发生剧烈变化，微生物也可以维持细胞内代谢的相对稳定。稳定的胞内代谢为微生物传感器的感应元件、转换元件和报告元件提供了适宜的工作条件，使微生物传感器对样品预处理的要求较低，甚至可以直接在原始环境样品，如土壤、污水、食物中进行检测。

（3）生产成本低。由于微生物细胞具有自我繁殖的能力，只需将微生物传感器的原始菌株进行扩大培养，就可以获得大量的微生物传感器细胞，培养基和培养箱的成本均较低。

（4）具有整合性。整合性可能是合成生物学微生物传感器最为重要的优势，这一优势赋予了微生物传感器无限的可能。整合性主要包括不同微生物传感器之间的整合、微生物传感器和微生物代谢的整合、微生物传感器与纳米材料等先进技术的整合。

（二）合成生物学微生物传感器的劣势

（1）检测时间相对长。由于微生物传感器检测过程中需要经历微生物吸收待测物、感应元件识别待测物、多轮转录-翻译，以及报告信号积累的过程，使得微生物传感器难以在几分钟内完成检测，需要较长时间的样品和微生物传感器孵育时间。

（2）潜在的环境风险。合成生物学微生物传感器从本质上来说属于"转基因微生物"，存在外源基因横向转移到环境微生物基因组中的风险。对于限定在实验室、检测室等固定场所中使用的合成生物学微生物传感器，可以通过"转基因微生物的限制性使用"的规范流程尽可能避免合成生物学微生物传感器细胞与环境微生物细胞进行接触。而对于意用于现场检测的微生物传感器，很难避免微生物传感器细胞与环境微生物的接触。评估合成生物学微生物传感器中外源基因向环境微生物中转移的频率，以及转移可能带来的影响，是微生物传感器研发者必须开展的工作。

## 第三节　合成生物学拟细胞传感器

合成生物学拟细胞传感器是将合成生物学食品安全检测基因回路与无细胞合成系统相结合构建成的传感器，简称拟细胞传感器。拟细胞传感器的建立主要涉及食品安全检测基因回路的搭建和无细胞合成体系的制备两个过程。无细胞合成体系的制备有多种方法，如通过细胞破碎以获取细胞提取液的过程。常见的细胞破碎方法包括冰浴超声破碎、球磨破碎、液氮破碎、电击破碎等。在破碎后的提取液中，加入人工构建的带有合成生物学基因回路的质

粒及必要的补充物质，即可构建成拟细胞传感器。

## 一、拟细胞/无细胞传感器的制备

拟细胞传感器的构建涉及合成生物学食品安全检测基因回路的搭建和无细胞合成体系的制备两个主要过程，合成生物学食品安全检测基因回路的搭建与微生物传感器相同，本节不再赘述。无细胞合成体系（cell-free protein synthesis system，CFPS）是一种功能强大并且灵活的生物技术，可以在不使用活细胞的情况下为生命科学应用设计生物部件和系统。它提供了更加简单快速的工程解决方案，在开放的环境中具有更高的设计自由度。无细胞合成体系以外源 mRNA 或者 DNA 为模板，加入细胞提取物补充底物和能量，进行体外蛋白质或核酸的合成。无细胞合成体系用于体外蛋白质表达时，所表达的外源蛋白通常是药物蛋白、抗体蛋白等具有高经济价值的蛋白质；而无细胞合成体系用于拟细胞传感器时，所表达的外源蛋白通常是荧光蛋白、色素酶等能产生报告信号的蛋白质。

此外，无细胞合成体系的终产物也并不仅限于蛋白质类。以 DNA 为模板的无细胞合成体系除了可以产生蛋白质外，也可以产生 RNA 类核酸分子。拟细胞传感器可应用非蛋白类报告元件，如荧光适配体等核酸分子。荧光适配体报告元件是指与无荧光或弱荧光靶物质结合后能形成强荧光复合物的适配体。蛋白质类报告元件，其信号的输出需要经历"转录-翻译"或者"转录-翻译-催化"的过程，而荧光适配体报告元件信号输出的过程则只需要经历"转录"的过程，理论上，荧光适配体报告元件的信号输出所需时间更短。在长度上，由于蛋白质元件的每个氨基酸对应 DNA 上 3 个碱基，而荧光适配体报告元件的每个核糖核苷酸对应 DNA 上的 1 个碱基，所对应的基因通常更短。在元件设计上，荧光适配体报告元件比蛋白质在裁剪、劈裂、拼接等方面都更加便利。因此，荧光适配体作为报告元件具有独特的优势。

自上而下的无细胞合成体系构建，即通过细胞培养物裂解建立的无细胞合成系统。原核大肠杆菌无细胞合成体系是最流行的且可商购的体系，这是由该体系的特点决定的。第一，大肠杆菌可以大量发酵，培养成本低，易于破碎，细胞提取物的制备简单又便宜。第二，大肠杆菌能够实现蛋白质表达产量最高，如表达的氯霉素乙酰转移酶产量为 1.7mg/mL，铁氢化酶的产量达到 0.022mg/mL。第三，大肠杆菌系统的反应所需的能量少，具有较高的蛋白质合成水平，避免了使用昂贵的能量底物。

## 二、拟细胞传感器与全细胞传感器的比较

### （一）拟细胞传感器的优势

#### 1. 拟细胞传感器可以使用的元件更加丰富

现阶段全细胞传感器最大的瓶颈是感应元件的缺乏，自然界中已有的转录因子和核糖开关种类非常有限，而 SELEX 筛选得到的适配体在细胞内通常难以正确折叠。在拟细胞传感系统中，由于检测体系的离子缓冲环境更易调节，因此使用体外筛选的适配体作为感应元件更加便捷可行。此外，聚合酶链式反应（polymerase chain reaction，PCR）、CRISPR-Cas9 等也均可以在拟细胞传感系统中应用。

#### 2. 拟细胞传感器更易捕获靶标物质

对于细胞传感器而言，靶标物质进入细胞内部被感应元件捕获之前，必须穿透细胞壁和

细胞膜的屏障作用，而拟细胞传感器在这方面并不存在问题。

**3. 拟细胞传感器更适合检测细胞毒性物质**

全细胞传感器以荧光、气体等报告信号作为指标反映靶标物质的浓度，然而这些报告信号的强度，除了与靶标信号浓度呈相关性外，还受到细胞自身活性的影响。因此，对于某些具有细胞毒性的靶标物质，会导致细胞活性降低，因而产生报告信号的效率降低，导致检测结果偏低。拟细胞传感器在模拟细胞液的环境中，本身不具有细胞活性，因此除了直接影响酶活性的蛋白质毒性物质，其他类型的毒性物质不会影响拟细胞传感器中合成报告信号的效率。

（二）拟细胞传感器的劣势

**1. 拟细胞传感器检测成本提升**

拟细胞传感器无论是自上而下的合成还是自下而上的合成，均需要在细胞培养后进行额外的生产，以及向体系中补充额外的生物成分，这些因素都导致拟细胞传感系统的生产成本要远高于全细胞传感器。

**2. 拟细胞传感器抗干扰能力减弱**

拟细胞传感器属于开放系统，缺少全细胞传感器的细胞壁和细胞膜的屏蔽作用。样品中的基质成分进入检测体系，可能会干扰靶标识别和信号传递过程。因此拟细胞传感器丧失了全细胞传感器抗干扰能力强、预处理相对简单的优势，在检测前需要进行一定的样品预处理。

思　考　题

1. 合成生物学传感器的核心特征是什么？
2. 微生物全细胞传感器的优势有哪些？
3. 如何根据检测样品选择合成生物学传感器的报告元件？
4. 全细胞传感器和拟细胞传感器的各自优势与劣势是什么？

# 第十一章 集成装备与食品安全快速检测

【本章内容提要】集成装备因其便携、操作简便、应用广泛等特点，越来越多地应用于现场快速检测和监管流动检测中，显著增强了食品安全应急检测能力。本章内容从集成装备的概念和特征出发，介绍其发展和分类，并重点介绍手持式、台式、一体化、智能手机和车式集成装备在食品安全快速检测中的应用。

## 第一节 集成装备概述

食品是人们赖以生存和发展的物质基础，近年来，食品安全事故频发，微生物、毒素、农兽药残留等多种因素导致食品中存在各种安全隐患，国家政府及相关部门对食品安全问题高度重视。我国食品及农产品品种和总体数量巨大，食品及农产品的生产、加工、流通和消费环节情况相对复杂，从业人员质量安全意识和管理技能参差不齐，食品安全隐患多，日常监管任务重等为保障食品安全增加了多重障碍，因此对食品安全快速检测技术的需求愈发迫切。食品安全快速检测集成装备的应用，成为基层食品监管部门日常进行大范围监测和筛查的重要手段，在对可疑食品进行粗筛和对现场食品安全状况作出初步评价方面有重要作用，显著增强了食品安全应急检测能力，并能有效应对重大突发事件和重大活动对食品安全的影响，大幅度提高监管工作的效率。

### 一、集成装备的概念与特征

（一）集成装备的概念

食品安全现场快速检测方法与国家标准方法和仪器法相比具有操作简单、快速等优点，快检技术越来越趋向于仪器小型化、便携化方向发展，使实时、现场、动态、快速检测成为现实。

食品安全快速检测集成装备在满足国家市场监督管理总局或国务院其他有关部门规定的快检方法要求的同时，通过整合的方式将多种食品安全检测模块及信息化管理模块集中在一个系统中，实现对现场检测结果的实时监测和数据汇集。集成装备最大限度地减少了单独设备分散放置所占的较大空间和较重质量，可应用于固定或流动的不同场合，同时具备信息化管理等先进功能，作为小型的移动实验室，适用于现场快速检测。

（二）集成装备的特征

食品安全快速检测技术具有操作简单、不受检测场所限制等特性，符合流动现场检测的需要，在实际应用的过程中，监管部门可以使用检测箱、便携式检测仪等快速检测装备，在田间、地头等现场开展快速检测。集成检测装备快速高效，应具备以下特点。

**1. 便携**

为满足食品现场检测和流动检测的需要，迅速应对突发食品安全事故等应急处理状况，集成检测装备应尽可能提高其便携性。手持式或智能手机等装备，可以随身携带；较大型装备如一体化仪器，可以搭载车载电源实现流动检测；车式集成装备本身即可作为交通工具，实现微型实验室的随停随用。

**2. 操作简便**

食品安全监管人员大多非实验室检测人员，未接受过标准实验操作的学习，在检测设备使用前需要经过培训。为实现检测流程的统一化和规范化，检测设备的使用和操作应尽可能简便，满足不同层次检测人员的使用需求。

**3. 高灵敏度和精确度**

应用于食品安全检测的集成装备要求具有高灵敏度和精确度，满足食品安全标准所规定的检测限值，工作稳定性强，保证食品安全检测分析结果的可靠性。

**4. 应用广泛**

在一台集成装备中，根据快检方法不同可以嵌入多种食品安全检测技术，将多种检验分析项目和方法进行整合。集成检测装备可以应用于食品安全链条相关的生产、加工、流通、消费等各个环节，能够检测的食品安全指标覆盖农兽药残留及环境污染物、微生物、非法添加物、重金属等，满足对常规食品安全检测项目的检测需求。

## 二、集成装备的发展与分类

食品安全快速检测技术从 20 世纪 80 年代兴起，由最早的试纸片发展到当今的集成化装备，从简单的几个项目的检测发展到上百个检测指标，从初期的食物中毒突发现场处理到今天的全民食品安全预防，总共经历了多个阶段的变革。从快速检测试剂（包括试剂盒和试纸）、快速检测箱（包括试剂盒、试纸及辅助工具）、快速检测仪器（读数仪和辅助仪器）、快速检测箱（包括试剂盒、试纸、辅助工具、读数仪器及辅助仪器）到快速检测车，伴随着快速检测技术的蓬勃发展，应用于快速检测的集成装备也越来越呈现出多样化。

### （一）手持式集成装备

手持式集成装备体积小，方便快捷，适合现场检测，可以对食品中的农兽药残留、重金属、食品添加剂、甲醛、微生物等各种风险因素进行快速检测。手持式集成装备的使用可有效促进食品安全管理的智能化、科学化发展，是检验食品安全重要的快检设备之一。与其他快检设备相比，手持式集成装备大大节约了食品检测的时间和人工成本，补齐了传统检测方式的短板，促进食品安全检测工作的有效进行。

### （二）台式集成装备

台式集成装备是指在固定台面上操作，无须复杂样品前处理，可实时进行样品分析的大型检测设备。与其他集成装备相比，台式集成装备分析效率高，适用范围广泛，所需食品样品少，可以实现无损检测的目的。近年来，在实际的快速检测过程中，台式集成装备应用较多，目前研发比较成熟的台式集成装备有原位探针离子化质谱仪、台式一体化拉曼光谱仪等。

### （三）一体化集成装备

一体化集成快速检测仪器将食品检测标准方法与快速检测技术结合，将样品处理至结果输出的全过程集成，能够快速定量检测食品样品中的有毒有害成分或非法添加物含量。一体化集成装备通常具有多个检测模块和多通道数，可任意选择检测方法和样品通道，并同时进行对照实验，也可根据现场检测的需要实现多种食品样品的同时检测。一体化集成装备体积小，可连接车载电源实现现场检测和流动抽检，使检测更简便快速。

### （四）智能手机集成装备

智能手机集成装备将智能手机作为检测器或仪器接口，与生物传感器等微型仪器耦合，可应用于过敏原、营养素、生物毒素、食源性病原菌及重金属等污染成分的食品风险因子快速检测。智能手机携带方便，可与便携设备兼容，功能强大，可操作性强，且目前普及率高，用户覆盖面广。将智能手机与不同类型的生物传感器联用，构成集成装备，具有便携、用户友好的优点，可作为食品快速检测传统方法的重要补充。

### （五）车式集成装备

车式集成装备是我国目前应用较广的食品安全检测移动实验室，具有特定检测功能，依托被动或主动承载装置，可实现使用地点的流动。车式集成装备检测流程紧凑，周期短，方便灵活，应急能力强，在我国食品安全检测特别是突发性食品安全事件中发挥重要作用。由于空间有限，目前广泛使用的食品安全车式集成装备，配备的多是便携式快速检测装备，灵敏度及特异性有限，并考虑到长时间行驶产生的干扰，使其难以完成精确的定量检测，检测的准确性有待提高。

## 第二节　集成装备在食品安全快速检测中的应用

### 一、手持式集成装备的应用

近年来，食品安全事故频发，因此必须加大对食品生产企业及相关产业的检验力度。目前，随着检测范围的扩大及数量的增加，人们对于方便个体使用的手持式读数仪的需求也日益增加。随着各种软件系统的不断发展，使得手持式的仪器越来越小巧且智能化。与传统检测设备相比，手持式集成装备携带方便、操作简便、无须对操作人员进行专业技术培训，可以简便高效地用于食品中有害物质的检测，同时可以满足现场快速检测的需求。手持式集成装备可用于食品加工厂、菜市场、医院、餐馆、超市等场所。目前，在实际检测过程中应用较多的有以下几种：手持式拉曼光谱仪、手持式ATP荧光光谱仪、微流控纸芯片、手持式胶体金速测卡读取仪等。

### （一）手持式拉曼光谱仪

经过几十年的快速发展，拉曼光谱技术在食品安全快速检测方面取得了一系列研究成果，利用拉曼光谱仪可以直接对玉米籽粒、高粱、水稻和小麦等作物上的植物病原体进行无损检测和鉴定，也可在 15min 之内快速检测牛奶中三聚氰胺；无须任何预处理检测核酸和蛋白质污染病毒的情况。此外，拉曼光谱系统可结合不同的激发波长和拉曼显微镜，应用于尼帕病毒、诺如病毒、腺病毒等的检测。

与其他方法相比，拉曼散射的竞争优势是可以快速采集数据，携带方便，适合现场检测。与国内相比，国外对拉曼光谱仪的研制和开发起步较早，美国和瑞士凭借其先进的技术已推出多款可供现场使用的手持式光谱分析仪。现有一款国产的手持拉曼光谱仪，其小巧便携，经久耐用，无专业背景人员即可操作，能够透过玻璃、塑封袋、透明或半透明的容器直接检测，有效地避免强激光损坏样品的情况。该仪器同时还可以进行多基质、多目标的快速检测，检测基质包括饲料、蔬菜、水果、肉类、食用油、养殖水体、奶及奶制品、生物材料、化妆品等，可检测目标包括违禁添加物、禁用药物、色素、食品添加剂、农药残留、抗生素、微生物等。

**食物媒介的病毒传播**

利用食物为媒介的病毒传播是公众长期面临的食品安全问题。特别是随着食品供应链的全球化发展，如果没有及早发现，可能会迅速升级为一场全球灾难。例如，新型甲型流感病毒 H5N1 和 H7N9，它会导致禽流感和人类流感。人类的感染通常可以追溯到直接接触过受感染的家禽，在农场或屠宰场。在极少数情况下，人类的感染与摄入早期被污染的烹饪不足的家禽产品有关。诺如病毒也会在宿主体内引起胃肠道疾病。诺如病毒感染的临床表现相对较轻，由食用受污染的贝类、农产品、即食食品和水引起。显然，从这几个例子中看出，人类在日常食物文化中感染病毒有多种方式。更糟糕的是，新病毒的不断出现可能导致更多新出现的疾病。这种前景就像打开一个潘多拉疾病盒一样充满了不确定性，因此呼吁对病毒进行更警惕的监测。为了实现这一目的，人们不能没有一个快速、敏感的病毒检测工具。

### （二）手持式 ATP 荧光光谱仪

手持式 ATP 荧光光谱仪已被广泛用于食品中微生物的快速检测，以一种简单和经济的方式测量和指示污染。手持式 ATP 荧光光谱仪基于 ATP 生物发光的原理，利用专门研制的荧光检测仪来捕捉和检测发光值，测定样品中微生物的污染程度，其具有操作简单、快速、适用范围广、携带方便、功耗低、对操作人员专业技术水平要求低等优点，可以满足现场快速检测的需求，实现流动状态即时检测。该仪器可用于食品加工厂、医院、餐馆、超市，以及其他对快速检测污染需求高的行业。

经过长期的发展，手持式 ATP 荧光光谱仪已经趋于商业化，目前主流的手持式 ATP 荧光光谱仪包括美国 Hygiena 公司的 Pi-102 食品细菌快速测定仪、德国 Merck 公司的 HY-LiTE2 ATP 荧光检测仪和日本 HAMAMASTU 公司的 BHP9510 ATP 快速检测仪等。

### （三）微流控纸芯片

微流控纸芯片通常需要与多种检测方法联合，如比色法、电化学法、化学发光法和电化学发光法。其中，基于比色法建立的纸芯片检测方法在实际检测中用得最多。比色法反应条件较为简单，仅需要将显色试剂负载于纸上，也不需要额外的检测设备，直接用肉眼或普通的相机即可进行分析。最早的纸片是石蕊试纸，广泛用于测试溶液的酸碱度。近年来，随着分析仪器的小型化和自动化控制技术的发展，微流控纸芯片进一步结合便携式全自动的分析检测仪器，便能够广泛应用于医疗生化诊断、环境监测、食品安全检测等领域，实现现场、精准、快速检测。

**1. 食品成分检测**

随着人民经济和生活水平不断提高，食品的营养成分也开始成为人们比较关注的重要因素之一，微流控纸芯片技术在食品成分的检测方面应用前景广阔。马丁内斯（Martinez）等利用比色法微流控纸芯片检测食品中葡萄糖与蛋白质的含量。其原理是利用葡萄糖在葡萄糖氧化酶的作用下产生的过氧化氢在辣根过氧化物酶的作用下将预先固定在纸芯片上的碘离子还原成碘单质，使检测区由无色变为褐色，从而实现对葡萄糖的检测。同时以四溴酚蓝作为酸度指示剂，含有蛋白质的样品使得检测区的 pH 发生变化，四溴酚蓝由黄色转变为蓝色，颜色的深浅与蛋白质的浓度成正相关。

**2. 食品中有害物的检测**

食品安全一直是人类健康面临的重大全球性挑战，特别是在发展中国家。有毒有害物质的检测对于食品安全至关重要。比色法微流控纸芯片可应用于食品中有害物质的快速检测，如农兽药残留、致病菌、重金属的残留、多种食品添加剂等。扎基尔（Zakir）等根据乙酰胆碱酯酶可以催化靛酚乙酸酯水解生成蓝紫色靛酚的原理制备了一种纸芯片，可以用于检测食品、饮料中所含有机磷类农药残留。王建花将三维微流控纸芯片与手机应用程序结合，运用比色法的原理实现水样中重金属六价铬的快速、定量检测。特罗芬丘克（Trofimchuk）等利用咖啡环效应，依据亚硝酸盐与格里斯（Griess）试剂反应发生的颜色变化制备比色法微流控纸芯片，可以筛检肉类产品中的亚硝酸盐，其检测限可达到 1.1mg/kg。

目前，比色法微流控纸芯片在食品营养分析和有害物安全检测中的应用仍处在初期阶段，还有很多需要进一步研究开发的内容，如纸的组成、通路结构设计、高灵敏方法引入、多功能纸芯片全分析系统的建立等。随着智能设备的快速发展，将智能设备和比色法微流控纸芯片技术结合可以实现检测结果的指标化。由手机应用程序更快速、简便地得到更精确的结果或能成为一个新的发展方向。

## 二、台式集成装备的应用

### （一）原位电离质谱仪

作为一种新型的质谱分析技术，原位电离质谱（AIMS）具有显著的优势，如样品无须前处理、检测范围广、数据分析精准快速等，在实际的食品安全监管中可以达到快速和高通量检测的目的。

**1. 食品污染物检测**

原位电离质谱仪是一种高灵敏度和高通量的检测仪器，可以高效检测食品中存在的有害物质。近年来，农药残留超标一直是社会关注的对象，AIMS 技术凭借其高灵敏度、高分离效率的特点正好满足了当前对果蔬农药残留的检验需求。例如，利用实时直接分析三重四极杆（DART-QqQ）技术能检测葡萄酒中包含的 31 种农药，并且能测定其浓度。

**2. 非法添加物的筛查**

食品添加剂是现代食品工业的重要组成部分，按规定合理安全使用食品添加剂可以有效改善食品的品质。非法添加化学添加剂是食品安全中的重要问题。例如，在"三聚氰胺事件"中，非法添加三聚氰胺对儿童造成了不可逆的健康损害，导致消费者对国产奶丧失信心。AIMS 技术可以精准并高效地分离食品中的食品添加剂，同时检测食品添加剂的使用剂量。利用实时直接分析质谱（DART-MS）方法可对乳制品进行高通量和全自动的检测。另外，利用 DART-MS 技术还可以对火锅底料和一些调味料中的罂粟壳生物碱进行快速检测，整个过程简便快速。

**3. 食品真伪鉴别**

作为一种快速高效的食品安全检测方法，AIMS 技术可以鉴别油脂和肉类食品。利用该技术可以快速分析油脂中的各种成分，然后将检测的不同油脂的化学指纹图谱和数据库中的数据进行对比，判断其是否掺假。利用 AIMS 技术可实现对橄榄油原产地的鉴定，也可以根据热稳定肽标记物区分肉类中的非肉类组成成分，鉴定各种不同的肉类。

## （二）基质辅助激光解吸电离串联飞行时间质谱仪

目前，德国 Bruker Daltonics 公司的 MALDI Biotyper 系统和法国 Bio Mérieux 公司的 VITEK MS 系统是国内常用并且已经获得中国食品药品监督管理局许可证的基质辅助激光解吸电离串联飞行时间质谱（MALDI-TOF MS）系统。

**1. 食源性致病菌的检测**

近年来，国内外很多学者报道了利用 MALDI-TOF MS 方法鉴定食源性微生物及人类病原菌。炊慧霞等利用 MALDI-TOF MS 对 84 份致泻性大肠杆菌鞭毛抗原进行快速分型，通过与血清学分型结果比较发现，二者一致性可达到 90.48%。赵贵明等利用 MALDI-TOF MS 成功将 32 株克罗诺杆菌分为 6 个种类，且利用自建数据库成功鉴别 135 株克罗诺杆菌分离株。龚艳清等使用 MALDI-TOF MS 技术与 VITEK 2 和 PCR 方法对 5 种常见李斯特菌（单核细胞增生李斯特菌、绵羊李斯特菌、英诺克李斯特菌、威尔斯李斯特菌和格氏李斯特菌）进行鉴定比较，符合率在 90%～99%。

**2. 耐药菌株的鉴定**

MALDI-TOF MS 可应用于耐药菌株的鉴定。战晓微等利用 MALDI-TOF MS 采集了 47 株大肠杆菌分离株的肽指纹图谱，使用 Biotyper 软件进行菌种鉴定，并利用聚类分析法研究大肠杆菌 ESBLs 菌株，其结果与传统方法检测一致。杜宗敏等建立的 MALDI-TOF MS 分析方法同样能有效区分金黄色葡萄球菌耐甲氧西林株和敏感株，与 PCR 结果符合率为 90.8%（69/76），与表型鉴定的符合率为 93.4%（71/76）。孙宗科等比较了 MALDI-TOF MS 法和纸片法（Kirby-Bauer 法）鉴定金黄色葡萄球菌耐甲氧西林株和敏感株的能力，结果表明在 MADLI-TOF MS 鉴定聚类为 2 类时两者的区分能力一致，且 MALDI-TOF MS 法更快速简便。

## （三）电子舌与电子鼻

**1. 电子舌**

目前，电子舌在液体食品如酒类、饮料等的真假辨识、品牌企业的产品质量控制与货架期、农残快速检测、病原微生物快速检测等方面表现出明显的技术优势。作为一种新型测试技术，它除了作为相关部门常规科学研究仪器之外，还为规模化产品现场实时快速检测提供了智能质量监控手段。

国内外对电子舌仪器设备的研发速度很快，如日本九州大学设计的多通道类脂膜味觉传感器能有效鉴别啤酒、日本米酒、牛乳等多种食品。国内目前研发了一种伏安型电子舌系统，结合数据分析方法可对葡萄酒、白酒、茶叶、肉类、牛乳等食品进行品质区分，以及食源性致病菌、农药的定性定量分析。

利用电子舌对食品中的物质进行鉴定具有很大优势：检测速度快，可在 1～3min 实现快速检测；使用时间长，传感器的使用寿命可达十年以上；使用简单方便，仪器开机即可检测样品。

**2. 电子鼻**

电子鼻不但能对不同样品的气味信息进行对比分析，还可通过采集标准样品的指纹图谱建立数据库，继而利用统计分析方法对样品未知成分进行定性和定量分析。

电子鼻在食品安全领域的应用非常广泛，特别是在食品（乳制品、饮料、食用油等）的掺伪、肉制品的腐败、茶叶的分级、水果和蔬菜的成熟度及品质鉴定等方面。将电子鼻技术与电子舌、气相色谱仪等分析仪器综合应用，可以互相弥补仪器的不足，提高准确性和可靠性。

（四）全自动农药残留速测仪

全自动农药残留速测仪广泛应用于蔬菜、水果、茶叶、粮食、农副产品等食品中农药残留的快速检测。该仪器检测项目包括农药残留、甲醛、吊白块、二氧化硫、亚硝酸盐、过氧化氢、硼砂、重金属铅、硝酸盐、余氯、溴酸钾、工业碱、硫酸铝钾、甲醇、硫氰酸钠、硫化钠、皮革水解蛋白、柠檬黄、日落黄、胭脂红，以及保健品非法添加药物成分。全自动农药残留检测分析仪优点很多，如无须手动加样、加试剂，全过程自动检测、自动清洗等。

（五）红外光谱仪

傅里叶变换红外光谱技术是一种新型的无损检测技术，在食品检测中发挥着良好的效用。应用傅里叶变换红外光谱技术可以直接对食品进行检测，而且检测效率较高，检测成本较低，污染程度较小。因此，适当分析傅里叶变换红外光谱技术在食品检测中的应用具有非常重要的意义。

目前应用于食品检测领域的红外光谱技术主要为近红外（near infrared）检测和中红外（middle infrared）检测。近红外检测在食品检测中的应用主要包括粮食安全性、肉类安全性、食用油安全性、乳制品安全性、茶叶安全性、酒类安全性等模块。利用近红外检测技术，可对黑木耳、银耳、黑牛肝菌等食用菌，或者不同区域生产的山药样本进行红外检测分析。中红外检测在食品检测领域中可检测食用油组分、粮食成分及肉制品中反式脂肪酸含量。利用中红外检测主成分分析方式，可区别葵花油、玉米油、菜籽油及橄榄油在 1800～1000cm$^{-1}$ 辐射区域内的变化；通过液体油样光纤分析，还可以对中红外光谱进行二阶导数处理，及时确定食品掺假情况。

## 三、一体化集成装备的应用

一体化集成快速检测仪器根据国家颁布的食品检测标准方法，结合快速检测技术，一体化集成农药残留检测模块、胶体金兽药有害物质模块、可见光分光光度模块等主要检测模块，涵盖多种食品样品名称，快速定量检测食品样品中的有毒有害成分或非法添加物含量。一体化食品安全快速检测仪具备超高亮度发光二极管光源、比色池、高灵敏度集成光电池、微处理器、液晶屏、嵌入式微型热敏打印机、无线传输模块和集成芯片，具有多通道数，可任意选择某一通道进行对照实验，也可根据现场检测的需要实现数十种食品样品的同时检测，并直接显示被测样品中相关指标的含量，打印分析结果，使检测过程更简便快速，操作更简单。

一体化检测设备可连接车载电源，满足现场和流动检测的需要，适用于食品加工、生产、流通等领域，可被广泛应用于检测处、食品药品监管部门、农贸市场、大型超市、餐饮机构等场所，同时可从近百种检测项目中任意组成特定的食品安全快速检测仪器，用于特定指标检测。

### 食品安全快速监测仪

近年来，随着生活水平的提高，广大民众对健康问题日益关注，同时为了提高农产品的产量、缩短生长周期、改善外观和口感等在食品生产、流通领域中使用的各种农药、兽药、添加剂、保鲜剂造成的食品安全问题日益突出，各类急性中毒事件不断发生，引起了各级政府部门的高度重视，2006年正式实施《中华人民共和国农产品质量安全法》，国务院、农业部也相继出台了《国务院关于加强食品等产品安全监督管理的特别规定》和《农产品批发市场整治与监测行动实施方案》。然而，只有从生产源头和市场流通等领域开始监管，在各类食品上市前进行监测，食品安全才能得到保障，才能杜绝影响人民生命安全的重大事件发生。常规的检测监管手段主要有气相、液相、气质联用、液质联用等方法，价格昂贵，操作烦琐，需要专业的技术人员，且测试周期长、成本高，无法满足现场检测的实际需要，不适于广大基层使用，在这样的情况下，各种食品安全快速监测仪如雨后春笋般纷纷涌向市场。

### （一）农药残留快速检测仪

农药残留是农药使用后残存于环境、生物体和食品中的农药母体、衍生物、代谢物和杂质的总称。造成蔬菜农药残留量超标的主要是一些国家禁止在蔬菜生产中使用的有机磷农药和氨基甲酸酯类农药。食用含有大量高毒、剧毒农药残留的食物会导致人、畜急性中毒；长期食用农药残留超标的农副产品，可能会引起人和动物的慢性中毒，导致疾病发生。农药残留快速检测仪可以对食品中农药残留实现快速检测，保障人们的食品安全和身体健康。

农药残留快速检测仪基于连续检测法和酶抑制技术、生物传感器技术等，可以实现将有机磷或氨基甲酸酯类农药残留物浓度转变为其他信号信息，通过检测仪器放大和输出，以实现水果和蔬菜等食品中农药残留的分析检测和筛选。检测仪在检测结果后，能够自动判定样品是否合格。

农药残留快速检测仪在满足检测限度要求的同时，能够更加灵敏、快速地检测出农药残留物的浓度和具体组成，准确度高，特别适用于现场应急检测和执法使用。

### （二）兽药残留快速检测仪

兽药残留是指用药后蓄积或存留于畜禽机体或产品（如鸡蛋、奶品、肉品等）中的原型药物或其代谢产物，包括与兽药有关的杂质残留。兽药在防治动物疾病、提高生产效率、改善畜产品质量等方面起着十分重要的作用，其残留产生的原因主要是养殖过程中非法使用兽药、滥用药物、使用时间不当等，对于畜牧业的发展、人体的健康安全及环境都有着深远的影响。

兽药残留快速检测仪可应用酶联免疫法、酶抑制率法，能够实现对猪、鸡、鸭、牛等肉类产品中抗生素残留、激素残留，以及动物疫病的快速分析检测，定量检测莱克多巴胺、克伦特罗、黄曲霉毒素、阿莫西林、氨苄西林等兽药残留，输出吸光度报告、定性分析结果判定报告、浓度结果报告等。使用兽药残留快速检测仪能对肉类做初步筛选，将不合格的肉类挑选出来，禁止其在市场上的销售，以此来保证畜牧业的健康发展及人体的饮食安全。

兽药残留快速检测仪满足同时检测多个样品的需要，适用于食品药品监督管理部门等政府监管机构的现场检测和流动抽检。

### （三）微生物快速检测仪

检测食品中微生物，是贯彻"预防为主"方针的具体措施，能够有效地防止或者减少食物导致的人畜共患病的发生，保障人民的身体健康。通过食品微生物检验，可以判断食品加工环境及食品卫生情况，能够对食品被细菌污染的程度作出正确的评价，为各项卫生管理工作提供科学依据。

微生物快速检测仪是一种便携式微生物快速定量检测仪，采用生物化学反应方法检测。该仪器基于萤火虫发光原理，利用"萤光素酶-萤光素体系"快速检测三磷酸腺苷（ATP）。ATP 拭子含有可以裂解细胞膜的试剂，能将细胞内 ATP 释放出来，与试剂中含有的特异性酶发生反应而产生荧光，再用荧光照度计检测发光值，微生物的数量与发光值成正比。由于所有生物活细胞中含有恒量的 ATP，所以 ATP 含量可以清晰地表明样品中微生物与其他生物残余的多少，用于判断卫生状况。

微生物快速检测仪操作简便，响应速度快，可根据环境监测需求设定限值，实现数据快速筛查和评估预警。

### （四）重金属快速检测仪

食品、土壤、水质逐渐被工业废气、废水、废渣所污染，造成土壤耕作层内的镉、铜、砷、铬、汞、镍等重金属大量富积，加上大量使用无机化学农药等，致使蔬菜和鱼类体内的重金属含量严重超标，不断在人体内积累，导致消费者重金属慢性中毒现象发生，危害人们的身体健康。

利用重金属检测仪可对水果、蔬菜、肉类等食品中的重金属含量进行快速联合测定。利用湿消化法，将食品样品中的无机成分释放出来，形成不挥发的无机化合物，以便进行后续分析测定。样品经消化后，不同形态的重金属都转化为离子形态，加入相应检测试剂后显色，在一定浓度范围内溶液颜色的深浅与重金属的含量呈比例关系，通过仪器进行测定得出重金属含量值，与国家标准要求的允许限量进行比较，以判断食品样品中的重金属含量是否超出标准。

重金属快速检测仪可实现多种元素的同时检测，显著提高了检测效率；配备车载电源接口，满足实现流动检测的需求。

（五）其他快速检测仪

食品添加剂泛指为提高产品质量、性能和使用效果采用的配合料或辅助料，添加到产品主要原料中，改善产品性能。食品添加剂快速检测仪可现场快速检测食品中的二氧化硫、亚硝酸盐、苯甲酸钠等含量。

有毒有害物质的快速检测仪器在现场检测中频繁使用，如便携式激光拉曼光谱仪，可以针对苏丹红1号、三聚氰胺、孔雀石绿、吊白块等违禁药物进行检测。

煎炸油快速检测仪可应用于检测餐饮用油是否反复使用。对样品进行初步检测后，若出现阳性，则进一步送至实验室进行确证检验，以消除餐饮服务环节的食品安全隐患。

## 四、智能手机集成装备的应用

智能手机集成装备将智能手机与生物传感器偶联，便携性强，功能强大，可作为传统检测方法的重要补充，应用于食品安全快速检测，可实现从原料生产到产品流通销售全流程的食品监测，为消费者进行食品评估提供了一个灵活方便的平台，从而更有效地保障食品安全。

生物传感器能够保障分析的灵敏度与准确度，而智能手机具有便携性高、功能强大、用户友好、普及率高、用户范围广等优势。因此，智能手机集成装备与大型仪器相比，检测速度更快，成本更低，访问渠道更广，并可与互联网连接云端上传，进行数据的分析与功能共享。

根据检测原理不同，智能手机集成装备可大致分为光学集成装备及电化学集成装备。光学生物传感器因其操作简便、结果直观，广泛应用于食品的快速检测。智能手机具有高分辨率及清晰度的摄像头和先进的计算能力，集成到光学生物传感器中，基于比色法、荧光法、表面等离子体共振法等原理实现结果输出，可显著提高检测的灵敏度及便携性。同时，基于智能手机的开源操作系统可开发相应的用户友好的应用程序，实现图像分析及数据的处理，极大提升检测结果的实时性及准确度。而电化学生物传感器的灵敏度较高，电位法、安培法、阻抗法等电化学方法已在智能手机集成装备中得到应用。智能手机集成的电化学生物传感器通常需建立一个外部恒电位器以进行电化学检测，目前已开发出多种便携式小型电化学分析仪。为解决电化学集成装备中生物传感器需额外电池供电的问题，还发展了近场通信技术，通过电感耦合实现无线电力和数据传输，使得智能手机集成电化学装备更为便携，成本更低，应用于现场快速检测的适应性更强。此外，基于智能手机的电化学发光集成装备通过内置功能模块可集成电化学激发及光学分析，进一步降低对关联设备的依赖，实现更为便携、简单、快捷的现场检测。

传统检测方法所用大型精密仪器虽准确度高，但价格昂贵，流动性差，且只能由专业人员操作，没有即时检测能力。但食品生产线及海关检测对检测时间的要求较高，希望在尽量短的时间得到结果。此外，随着大众健康意识的增强，消费者希望获取更多食品生产信息，需要建立从生产到消费的可溯源系统用于食品成分分析。因此，智能手机在食品检测中的应用具有巨大的潜力和发展前景，可以满足消费者日益增长的需求，以及食品生产线及海关的检验。

目前，智能手机集成装备应用于食品安全快速检测，在食品品质、营养素及功能成分、亚硝酸盐等食品添加剂、农药残留等污染成分及食源性病原体的检测等方面应用广泛。

（一）食品品质检测

智能手机与小型装备结合的集成装置采用摄像头采集图像，开发定制应用程序识别颜色，通过绘制标准曲线建立颜色与分析物浓度之间的关系，可以进行食品定性及定量检测。集成装置具有环保、紧凑、便携的特点，且检测灵敏度与准确性较高。例如，利用气敏光学染料颜色随食品中挥发性气体成分变化而改变颜色的性质，在食品包装中开发一次性纸基比色条码传感器。传感器中进行气敏染料与挥发性气体的颜色反应，并以条形码或彩色二维码的形式进行结果输出，然后，采用智能手机摄像头读取颜色信息，可定量鸡肉中的香气成分，进行肉类品质评价。这种方法不仅适用于鸡肉检测，也可用于其他肉类成分的检测，并可通过建立不同数据库得到变质速度，预测变质情况。该装置成本低、操作方便、易于推广，具有较高的商业化潜力，并可推广至果蔬及加工食品品质检测。此外，智能手机集成装备还被应用于黄酒年份识别、咖啡豆的工业烘焙程度等的测定。

（二）营养素及功能成分检测

抗坏血酸作为重要的水溶性维生素，参与人体多种新陈代谢过程，维持正常生理功能。但人体不能自身合成抗坏血酸，只能从食物中获取。基于光谱的智能手机集成装备利用抗坏血酸与亚甲基蓝之间的氧化还原反应，可进行抗坏血酸的测定。该装备采用液-液微萃取反萃取法，将亚甲基蓝从水相转移到有机相，再转移回水相。采用智能手机获取光谱信息，并开发图像分析软件进行数据处理，该方法检出限为 5μg/mL（27μmol/L），定量限为 16μg/mL（89μmol/L），与传统的 2,6-二氯靛酚法相比，具有批量性强、平行性高、操作简单、数据处理方便、检测速度快等优点，适宜快速批量检测，但准确性有待进一步提升。

钙参与人体骨骼、牙齿的构成，保持神经系统的兴奋性，并可作为凝血因子，在生理生化反应中起重要作用。目前已研发基于液-液微萃取比色法的智能手机集成装备，用于快速定量分析水和食品中的钙含量。该方法采用氯仿和 1,2-二氯甲烷为混合溶剂，加入十四烷基二甲基苄基氯化铵与 2-乙二醛，钙存在时，生成对羟基苯胺的有色络合物。采用智能手机摄像头捕捉图像的 RGB 值，并将 G 值作为分析信号建立颜色强度与钙含量之间的关系，该检出限为 0.017μg/mL，定量限为 0.056μg/mL，线性范围为 0.06～1.5μg/mL。

此外，智能手机集成装备也被应用于食品中葡萄糖、总酚含量，藜麦中总皂苷含量的测定。

（三）食品添加剂检测

食品添加剂的超范围、超限量使用将极大影响食品的安全性。亚硝酸盐作为肉类常用的食品添加剂，具有显色、抑菌、抗氧化等作用，但其含量必须严格控制，否则会对消费者身体健康产生负面影响。智能手机纸质分析集成设备可用于唾液和水中亚硝酸盐的快速、灵敏比色检测。该方法采用 Griess 试剂与亚硝酸盐的颜色反应，在纸基上显示粉红色条带。采用智能手机相机在黑暗条件下拍摄条带，以 JPG 格式存储图像，然后利用 ImageJ 软件调整参数对图像进行处理，检出限为 73ng/mL。该方法也可用于其他无色食品中亚硝酸盐含量的测定。

基于数字图像比色法开发智能手机集成装备也可实现食品中亚硝酸盐含量的快速检测。其原理为亚硝酸盐与 TMB 产生黄色反应，通过智能手机采集照片，并对图像的 RGB 值进行分析，该方法的线性范围为 10~440μmol/L，检出限为 2.34μmol/L。对卷心菜、泡菜和火腿中亚硝酸盐的测定证实其适用性。该方法简便、灵敏、成本较低，可作为食品中亚硝酸盐含量检测的补充方法，用于快速筛查。

使用液-液微萃取和基于智能手机的光度检测技术可用来检测牛奶中的 SDS 等阴离子表面活性剂。该方法将染料、变性剂等加入牛奶样本中进行处理，使溶液分为上层、中层和下层，其中下层是光度测量的有机相，通过手机拍照读取 RGB 值，实现检测。

此外，智能手机集成装备也被应用于铁等营养强化剂、亚硫酸盐等食品添加剂的检测。

### （四）食品污染成分检测

黄曲霉毒素 $B_1$ 具有很强的急性毒性、致癌性、致突变性及致畸性，被认为是 I 类致癌物。基于分子印迹聚合物（molecularly imprinted polymer，MIP）膜的智能手机集成装备可用于快速、灵敏地检测食品中的黄曲霉毒素 $B_1$。其原理为经紫外光照射后，MIP 膜可以选择性激活黄曲霉毒素 $B_1$ 的荧光，通过智能手机摄像头拍照，图像处理程序对蓝色荧光强度进行分析，其荧光强度与黄曲霉毒素 $B_1$ 成正比。以丙烯酰胺和 2-丙烯酰胺-2-甲基丙磺酸（AMPSA）为功能单体合成的 MIP 膜的选择性最高。该装备的检出限为 15ng/mL，线性范围为 15~500ng/mL。

该传感器还可用于其他具有荧光性质的食品污染物检测。例如，将智能手机定量检测设备与乳胶微球免疫层析相结合，可实现谷物和饲料中的玉米赤霉烯酮现场检测。以新型蓝色羧化乳胶微球和玉米赤霉烯酮单抗为比色指标，样品经过前处理后，放入定制测试卡的样品孔中。样品提取 5min 后，将测试卡插入暗箱，使用智能手机后置摄像头进行图像采集，提取 RGB 值，并捕捉检测（T）线和质控（C）线的呈现效果。根据嵌入式软件中分析物浓度与 T/C 色度比之间的关系计算玉米赤霉烯酮的浓度，并用已知浓度的样品绘制标准曲线可进行定量分析。

基于铜（II）、镍（II）和钴（II）等重金属离子与特定核苷酸结合的原理，可构建与智能手机偶联的侧流层析生物传感器对自来水中痕量汞进行现场快速检测。该装置主要由智能手机、手持探测器和修饰电极组成，通过计量富 T 单链 DNA 探针特定结合过程中 RGB 值变化来定量测量痕量汞。优化后的方法可消除假阴性，对汞具有较高的选择性。此外，还发展出 3D 打印无透镜智能手机光谱仪，通过测定脲酶活性来评价重金属离子对细菌生长的抑制作用，作为检测金属离子的生物传感器，线性范围随所测重金属离子的不同而变化。

此外，智能手机集成装备还被应用于食品中甲醛等有害化学物质、有机磷农药等农药残留、伏马毒素等生物毒素的检测。

### （五）食源性病原体检测

食源性病原体误食可引起食源性疾病，危害人体健康。基于智能手机的免疫传感器结合纳米低信号放大技术可用于牛奶、奶酪和水中食源性病原体的快速检测。该系统结合纳米低信号放大技术，将链霉亲和素磁珠与生物素标记的抗体偶联，并与酶-无机钙纳米复合材料结合，该结合促进了对特定抗原即致病菌的捕获，并增强了酶的活性和稳定性，以产生可被智能手机设备检测和量化的放大信号，通过 ImageJ 识别并提取每个孔中的 RGB 值，并计算吸光度以指示肠道中致病菌的浓度。

大肠杆菌 O157：H7 是常见的食源性致病菌之一，可能导致溶血性尿毒症、出血性腹泻等严重疾病，甚至引起死亡。已开发了一种便携式智能手机设备，用于快速灵敏地检测酸奶和鸡蛋中的大肠杆菌 O157：H7。该装置利用夹心酶联免疫吸附和磁珠标记的抗大肠杆菌 O157：H7 的高特异性和亲和力的单抗，快速分离出靶标，并且大肠杆菌 O157：H7 可与 FITC 标记的兔多抗结合形成荧光信号，作为信号分子，然后利用 ImageJ 软件获取荧光图像的荧光强度，可实现对大肠杆菌 O157：H7 的定量检测。用智能手机采集处理图像来定量检测有害微生物浓度与传统的平板计数法和 MPN 法相比，操作简单，检测结果处理快，适合于样品的批量处理。

此外，智能手机集成装备还被用于食品中鼠伤寒沙门菌、隐孢子虫等的检测。

（六）其他检测

食品掺假对食品安全危害极大，可能影响消费者健康。例如，"三聚氰胺事件"中，在婴儿奶粉中添加三聚氰胺增加氮含量，会导致食用受污染奶粉的婴幼儿患肾结石的概率大幅增加。基于金纳米粒子碳量子点纳米复合材料构建的智能手机集成装备可采用荧光法检测牛奶中的三聚氰胺。该方法利用三聚氰胺与金纳米颗粒结合后荧光增强的原理，以 365nm 波长的光为光源，采集荧光信号并传输至手机进行数据分析，建立三聚氰胺浓度与荧光强度关系的标准曲线，方法检出限为 3.6nmol/L，线性范围为在 1～10μmol/L，灵敏度高，特异性强，操作简便，周期短，适于牛奶中三聚氰胺的现场快速检测。

此外，智能手机集成装备还被用于食品中酪氨酸酶、淀粉酶、碱性磷酸酶等酶活性测定及过敏原等的检测。

## 五、车式集成装备的应用

食品安全检测是保障食品安全与质量的重要手段，但目前方法对实验室大型仪器的依赖性较高，耗时较长，移动实验室可作为传统检测方法的重要补充，应用于食品安全的现场快速检测。而车式集成装备作为移动实验室的一种，在我国得到快速发展，在食品监测尤其是突发性食品安全事件中发挥着越来越重要的作用。

车式集成装备往往分为实验区及驾驶区两个区域，以特种专用型底盘作为运载基础，按检测要求进行设计改造，并确保满足实验操作的安全，对温度、湿度、灰尘、震动、消毒、供电等进行控制。常见车式集成装备由供电及配电系统、照明系统、防震系统、防尘系统、温度控制系统、湿度控制系统、安全防护系统、给排水系统、摄录系统及车载冰箱等组成。

车式集成装备应用于食品安全快速检测，具有较为突出的以下几个优势：成本较为低廉，适应性强，能够用于农村等资源有限地区，完成偏远地区及基层的食品监管；周期短，方便灵活，流动性强，具有较高的应急处理能力，可以应对突发性的食品安全事件；便于食品安全风险信息及相关法律法规普及，纠正大众错误认知，起到科普宣传效果；流程简单紧凑，节省人力物力及监测整体成本，先采用车式集成装备完成大量样本的初筛，再将风险样本送往检测中心完成进一步的定量检测。

### （一）传统食品安全检测专用车

目前，我国车式集成装备已用于农药、兽药及其他药物残留，重金属及微生物等相关食品安全风险因子的快速检测。例如，大金龙食品安全检测专用车经过特殊定制，配有光谱、农残及动植物检测相关设备，性能及安全系数高，快速方便，已应用于云南省餐饮监管一线，实现水果、蔬菜、肉类、乳制品、茶叶及饮用水中风险因子的检测。

专用车分为检测区及驾驶区两大部分，检测区由样品处理区、快速检测区及微生物检测区三个区域组成，而驾驶区包括驾驶室在内共设置 3 排座位。车上配置有快速检测试剂、乳制品检测仪及农残快速检测仪等相关仪器，从检测采样到样品预处理及完成检测过程均可以在车内完成，实现在车上独立得到检测结果。车内还装有车载仪器设备配套的供电系统，满足较长时间检测需要。

### （二）规范化的食品安全监测车

我国车式集成装备已用于质检、工商等部门，完成对食品的日常监察及安全检测，以及对临时食品安全及公共卫生事件的应急处理。但受车式集成装备本身空间及仪器配置和长时驾驶影响，检测车出具结果的权威性及法律效力备受争议。为促进车式集成装备的检测能力及法定资质提升及完善，对食品安全检测车进行规范化尤为重要，主要从配套仪器设备、技术标准及管理运行三个方向开展。

随着食品安全检测技术的发展，高新技术及大型分析仪器的应用使得检测的灵敏度及准确性得到大幅提升，但车式集成装备的主要仪器配置以快检装备为主，只能进行定性及粗糙的半定量分析，难以满足准确定量检测的需求，检测结果的权威性及法律效力缺失。而针对车式集成装备仪器的规范化有以下思路：增加串联液相-气相色谱等精密仪器；对集成装备的减震能力进行提升；增设高速匀浆机等仪器，改善样品前处理方式；采用酶标仪及符合国家标准的检测试剂盒实现快速检测等。

借鉴分析实验室管理办法可实现车式集成装备的技术标准规范化。在确保设备在满足检测要求的基础上，对比国内外最新标准，对所用方法进行最低检测限、准确度、灵敏度、特异性、精密度、回收率等的测定，制定并实施标准操作程序。此外，对分析试剂及耗材的采购和储存、样品的制备及前处理过程、检测过程等关键点进行控制，以期提高检测的灵敏度及准确性。

除了仪器设备及检测过程的管理规范，车式集成设备管理运行的规范化还包括针对车辆运行的规范及管理，构建规范化的管理体系。制定车式集成装备的安全管理手册、操作规范及实验室运行指南，从检测人员、仪器设备、检测方法、环境条件各个方面进行规范管理，可进一步提升检测结果的可信度及法律效力。

### （三）基于物联网的食品安全智能检测车

基于软件、数据库、通信及射频识别等技术，运用物联网技术实现食品安全车式集成装备的仪器管理，可提高装备的检测效率，并克服目前检测车的一些技术局限。该车式集成装备在搭载生化分析设备基础上，还安装了 X 射线荧光光谱仪、离子色谱等元素分析检测装置，可实现针对常规 16 大类食品的现场快速检测。

基于物联网的食品安全智能检测车构建了基于射频识别技术的样品管理系统，可克服传统车式集成装备的样品管理方法难以溯源、准确性低、规范性差等问题，使样品管理可溯源、流程化及网络化。样品测试环节以国标导引为基础，整理归纳食品安全检测相关国家标准，搭建标准数据库并借此确定样品检测流程，降低了对检测人员的要求，便于操作，并实现操作流程的统一化，平行性高，规范性强。搭建食品安全检测车式装备数据库，便于数据的存储分析及上传；构建食品安全车式检测装备的通信及调度系统，使得车式装备更为灵活方便，能够高效完成突发食品安全事件的应急处理。此外，为避免车体长时间行驶、内部人员活动等因素降低仪器精度，基于物联网的食品安全智能检测车上装有多级减震装置。

### （四）车式集成装备在食品安全检测中的应用及存在的问题

我国车式集成装备在食品安全检测尤其是突发性食品安全事件中发挥重要作用。例如，汶川地震中，多辆车式集成装备完成了对灾区食品及水质的质量检测，切实保障人民生命安全；北京奥运会期间，车式集成装备实现对奥运场馆及周边地区食品安全的监管，为奥运会的成功举办提供保障；日常生活中，卫生、工商、质检部门及企业也常借助车式集成装备完成食品安全风险因子的现场快速检测。

但是，比较常见的车式集成装备仍然存在一些问题：车式集成装备可能经过长时间行驶，导致仪器设备由于漂移等原因精度受损，设备自身震动、内部人员移动等也可能影响仪器的精确度；未明确车式集成装备应用于食品安全检测产生数据及结果的法律效力，常见检测车采用的检测方法很多是与国标不符的速测法，未经权威机构认证；对于食品安全检测车式集成装备的应用经验有限，对仪器设施的管理维护、车辆运行的规范管理、报告结果的溯源体系等的规范化、系统化仍需加强；车式集成装备自身空间有限，搭载的仪器多为便携式的车载快检装备，以定性或半定量的快速检测为主，难以准确定量，检测结果的准确性及灵敏度有待进一步提升。

### 思　考　题

1. 集成装备的概念及特征是什么？
2. 集成装备应用于食品安全快速检测的意义是什么？
3. 什么是一体化检测设备？
4. 智能手机集成装备在食品安全快速检测中有哪些应用？
5. 车式集成装备应用于食品检测的优势与劣势分别有哪些？

# 第十二章 大数据与食品安全快速检测

【本章内容提要】大数据技术是指从各类数据中快速获得有价值信息的能力，是一种全新的思维方式和分析方法。本章内容从大数据的概念和特征出发，介绍其发展和分类，并重点介绍数据采集、数据存储管理、数据分析挖掘、数据展现和数据源识别应用在食品安全快速检测中的应用。

## 第一节 大数据概述

### 一、大数据的概念与特征

#### （一）大数据的概念

大数据（big data）又称海量的数据，其数据的容量远超于 TB 级别，可达到 PB（petabyte，$10^{15}$ 字节）、EB（exabyte，$10^{18}$ 字节）、ZB（zettabyte，$10^{21}$ 字节）、YB（yottabyte，$10^{24}$ 字节）甚至更高。对于"大数据"，Gartner 研究机构给出了这样的定义：大数据是需要新处理模式才能具有更强的决策力、洞察发现力和流程优化能力来适应海量、高增长率和多样化的信息资产。而麦肯锡全球研究所给出的定义是大数据是指一种规模大到在获取、存储、管理、分析方面大大超出了传统数据库软件工具能力范围的数据集合。

#### （二）大数据的特征

一般认为，大数据主要具有 5 种典型特征，即大量（volume）、高速（velocity）、多样（variety）、价值（value）、真实性（veracity），也称为 5V 特征。

大量（volume）：数据规模大。随着信息技术的高速发展，人类和事物的所有活动都可以被记录下来，数据开始呈现爆发性的增长。数据的计量单位也越来越大。数据计量单位的换算如表 12.1 所示。

表 12.1  单位换算关系

| 单位 | 换算公式 | 单位 | 换算公式 |
|---|---|---|---|
| Byte | 1Byte=8bit | PB | 1PB=1024TB |
| KB | 1KB=1024Byte | EB | 1EB=1024PB |
| MB | 1MB=1024KB | ZB | 1ZB=1024EB |
| GB | 1GB=1024MB | YB | 1YB=1024ZB |
| TB | 1TB=1024GB | BB | 1BB=1024YB |

高速（velocity）：数据增长速度快，处理速度也快，时效性要求高。例如，搜索引擎要求几分钟前的新闻能够被用户查询到，个性化推荐算法要求尽可能实时完成推荐。这是大数据区别于传统数据挖掘的显著特征。

多样（variety）：数据种类和来源多样化。数据种类包括结构化、半结构化和非结构化数据，具体表现为电商平台上的购物信息、网络日志、音频、视频、图片、地理位置信息等，多类型的数据对数据的处理能力提出了更高的要求。

（1）结构化数据：指具有较强的结构模式，可以使用关系数据库表示和存储的数据。如表 12.2 所示，这是一个典型的结构化数据的例子。

**表 12.2 结构化数据**

| 学号 | 姓名 | 性别 | 年龄 |
| --- | --- | --- | --- |
| 20220011 | 王梅 | 女 | 17 |
| 20220012 | 李小花 | 女 | 18 |
| 20220013 | 张明 | 女 | 17 |

（2）半结构化数据：一种弱化的结构化数据形式，这类数据中的结构特征相对容易获取合法性，通常采用类似 XML、JSON 等标记语言。如图 12.1 所示，这是一个 XML 文本格式的半结构化类型数据，描述的是表 12.2 给出的三个实体。

```
<persons>
    <person>
        <sno>20220011</sno>
        <name>王梅</name>
        <gender>女</gender>
        <age>17</age>
    </person>
    <person>
        <sno>20220012</sno>
        <name>李小花</name>
        <gender>女</gender>
        <age>18</age>
    </person>
    <person>
        <sno>20220013</sno>
        <name>张明</name>
        <gender>女</gender>
        <age>17</age>
    </person>
</persons>
```

图 12.1 XML 文本格式的半结构化数据

（3）非结构化数据：人们日常生活中接触的大多数数据都属于非结构化数据，这类数据没有固定的数据结构。例如，存储在文本文件中的系统日志、文档（Word、Excel）、图像、音频、视频等，都属于非结构化数据。

价值（value）：价值是大数据的核心特征。相比于传统的数据，大数据最大的价值在于通过从大量不相关的各种类型的数据中，挖掘出对未来趋势与模式预测分析有价值的数据，并通过机器学习方法、人工智能方法或数据挖掘方法深度分析，发现新规律和新知识，并运用于农业、金融、医疗等各个领域，从而最终达到改善社会治理、提高生产效率、推进科学研究的效果。

真实性（veracity）：数据的准确性和可信赖度，即数据的质量。大数据中的内容是与真实世界中发生的事情息息相关的，研究大数据就是从庞大的网络数据中提取出能够解释和预测现实事件的过程。

## 二、大数据的现状与发展

大数据技术是指从各类数据中快速获得有价值信息的能力。大数据蕴含巨大价值，各类基于大数据的应用正日益对全球生产、流通、分配、消费活动，以及经济运行机制、社会生活方式产生重要影响。

目前，大数据的生态体系和产业链还远没有成熟，应用总体还处于初级阶段，因此，大数据技术还有很大的应用空间和潜力。虽然大数据有巨大的应用空间和潜力，但是其发展也存在诸多限制，主要包括以下三个方面：基础信息系统和体系尚未完善；建设完善且专用的大数据平台成本过高；交叉学科人才短缺。

## 三、大数据分析常用工具

### （一）Hadoop

Hadoop 是目前应用最为广泛的分布式大数据处理框架，其具有可靠、高效、可伸缩的特点。Hadoop 是可靠的，因为它假设计算元素和存储会失败，因此它维护多个工作数据副本，确保能够针对失败的节点重新分布处理。Hadoop 是高效的，因为它以并行的方式工作，通过并行处理加快处理速度。Hadoop 还是可伸缩的，能够处理 PB 级数据。此外，Hadoop 依赖于社区服务器，因此它的成本比较低，任何人都可以使用。

### （二）HPCC

高性能计算和通信（high performance computing and communication，HPCC）是美国实施信息高速公路而实施的计划，其主要目标要达到：开发可扩展的计算系统及相关软件，以支持太（$10^{12}$）位级网络传输性能，开发千兆比特网络技术，扩展研究和教育机构间网络连接能力。HPCC 体系主要包括高性能计算机系统（HPCS）、先进软件技术与算法（ASTA）、国家科研与教育网格（NREN）、基本研究与人类资源（BRHR）和信息基础结构技术和应用（IITA）。

### （三）Storm

Storm 是自由的开源软件，是一个分布式的、容错的实时计算系统。Storm 可以非常可靠地处理庞大的数据流，用于处理 Hadoop 的批量数据。Storm 应用领域包括实时分析、在线机器学习、不停顿地计算、数据抽取、转换和加载等，其处理速度可达到每个节点每秒钟处理100 万个数据元组。Storm 由 Twitter 开源而来，具有多家知名的应用企业。

### （四）Smartbi

Smartbi 作为国内资深专业的商务智能（BI）厂商，定位于一站式大数据服务平台，对接各种业务数据库、数据仓库和大数据平台，进行数据的加工处理、分析挖掘与可视化展现，满足各种数据分析应用需求。Smartbi 产品功能设计全面，覆盖数据提取、数据管理、数据分析、数据分享四大环节，帮助客户从数据角度描述业务现状、分析业务原因、预测业务趋势、驱动业务变革。Smartbi 产品安全性和实用性强，拥有完善的学习文档和教学视频，操作简便易上手。

### （五）Spark

Spark 是一种基于内存的分布式并行计算框架。不同于 MapReduce，Spark 中间输出结果可以保存在内存中，不需要读写 HDFS（一种分布式文件系统）。它能够提供一个更快、更通用的数据处理平台，与 Hadoop 和 MapReduce 相比，可以将程序在内存中运行时的速度提升 100 倍，或者在磁盘上运行时的速度提升 10 倍。

## 第二节　大数据在食品安全快速检测中的应用

食品的安全问题关系到全人类的生活、生存、繁衍，是人类发展的一个重要课题，也是人们最普遍关心的一大主题，食品检验检测、食品安全追溯体系是保障食品安全的有效保障措施。将大数据技术应用到食品安全检验检测和食品安全追溯体系，对食品安全检测数据进行深度分析，将离散的食品数据聚合在一起并进行快速的溯源分析，能够为食品安全监管预警、食品安全溯源提供强大的技术支撑，助力保障人类食品安全。

## 一、数据采集

### （一）数据来源

食品安全数据来源广泛，主要包括如下几个方面。

#### 1. 仪器仪表检测结果

仪器仪表检测结果是指各类食品安全检测仪器的检测结果。这些检测仪器可以是：用于检测农药残留的色谱-质谱仪、用于监测食品质量的射频识别传感器和视频设备、用于快速检测食品安全的移动设备（如手机）等。

#### 2. 与食品安全相关的标准文件

例如，食品中各种危害物（农药残留、重金属、致病菌等）的限量标准、检测方法标准、食品中营养成分的限量标准等。

#### 3. 互联网数据

例如，新闻、微博、Twitter 等社交媒体上的相关评论等。

#### 4. 在线数据库

各国食品安全管理部门或组织都会在线发布数据，这些数据包含与食品安全相关的信息。例如，各国的相关标准、食品中污染物的抽检结果和分析报告、出入境检验检疫不合格食品信息、食品消费数据、风险预警信息等。

### （二）数据采集方法

各式各样的检测设备能够得到大量种类繁多的食品安全检验检测数据，食品安全追溯体系整个追溯链路中每天也会生产各种大量信息数据，如何获取这些规模大、产生速度快的大数据，并且使这些多源异构的数据协同工作，有效支撑数据分析等应用，是大数据采集阶段的工作，也是大数据的核心技术之一。由于数据源的不同，数据采集方法多种多样，可大致分为以下两类。

**1. 基于推（push-based）的方法：数据由源或第三方推向数据汇聚点**

该方法是目前主要采用的数据采集方式。例如，食品安全检验检测得到的数据、食品安全追溯体系中的信息数据，都是采用基于推的方法得到的。食品安全检验检测数据是通过不同的检验检测仪表、设备汇总得到的记录结果，食品安全追溯体系链路中各环节的数据也都汇聚存储。

**2. 基于拉（pull-based）的方法：数据由集中式或分布式的代理主动获取**

互联网（爬虫）采集方式是目前使用较多的基于拉的采集方法。例如，可以从食品相关网站上爬取食品安全信息。使用这种方法获取到的数据，数据来源复杂、数据缺乏统一标准、数据缺乏公信力，所以该方法在食品安全检测中使用得较少。

（三）食品安全检验检测数据采集

在食品安全快速检测过程中，多样的检测方法、不同的检测仪器会得到大量的检验检测数据。食品安全检验机构已累积了数年的检验检测数据，并且每日都有大量的食品检验检测数据产生。这些检验检测数据中隐含了巨大的、潜在的、可利用的食品安全风险信息，采集这些数据并从中提取可用的信息，能够高效地为食品安全监管提供预警。

（四）食品安全追溯体系数据采集

目前在食品安全溯源中常用的是二维码方式。采用"一物一码"的方案，将单件产品赋予唯一的编码作为防伪身份证，从而可对产品的生产、仓储、分销、物流运输、市场稽查、销售终端等各个环节采集数据并追踪。

## 二、数据存储管理

（一）数据存储管理技术

数据存储管理技术是对数据进行分类、编码、存储、索引和查询，是大数据处理流程中的关键技术，负责数据从落地存储（写）到查询检索（读）。在大数据时代，浩如烟海的数据中有很大一部分是无法用关系数据库管理的非结构化数据，如音频、视频、各类图表等。为解决多源异构数据管理的挑战，全类型（非结构化、半结构化、结构化）数据存储管理技术应运而生，数据存储管理形成了一个相对稳定的技术体系。

（二）基于大数据的食品安全数据存储管理应用

在大数据环境下，从原料供应到消费的各个环节，都在产生质量数据、主体信息、地理位置信息、加工与管理信息、舆情信息、商贸信息等数据；同时，根据政府、检验检测机构、媒体、行业协会等发挥作用的不同，衍生出相应的数据。这些大数据可用于执法依据、品质判定、真伪验证、商贸服务等用途。存储并管理食品安全检验检测大数据，能够为检验检测机构提供实验室信息管理系统（laboratory information management system，LIMS）、检验检测电商平台软件服务，提供数据交易、实验室能力比对等信息服务，提供产品认证、风险预警、风险交流等信息服务。

## （三）食品安全追溯体系数据存储管理

在食品安全追溯体系中，链路中各个环节数据都需要被保存，数据量庞大，传统的数据存储无法对数据进行管理，数据处理起来困难。食品安全溯源体系大数据存储基于区块链技术，主张隐私保护、数据冗余备份等，使存储的安全性提升。区块链是分布式数据存储、点对点传输、共识机制、加密算法等计算机技术的新型应用模式。将大数据存储管理技术应用在食品安全领域，能够做到包括生产、加工、运输、销售等全流程的可追溯，从根本上解决了食品溯源工作的核心难题，不仅保证了全流程的可追溯，其不可篡改性也保障了信息的准确性。

# 三、数据分析挖掘

大数据分析是指对规模巨大的数据进行分析，通过对数据进行整理、筛选、加工得到相关数据信息，是对数据的一种操作手段。通过分析得到有价值的东西，即为数据挖掘。数据挖掘常用的方法主要有关联规则、神经网络、决策树、时序等。采用数据挖掘技术可以从大量的食品安全检测数据中提取隐含在其中的潜在的有用信息，实现对食品安全检测数据的深度分析。

## （一）食品安全检测数据的分析挖掘应用

通过数据挖掘技术在食品检测数据中的探索，建立适用于食品安全检测数据分析的关联模型和时序模型。发现数据挖掘中的关联规则并建立关联模型，能够找出大量数据中项集之间的相关联系，可以探索食品安全环节潜在的风险点，可为食品监管部门抽验任务布置、监管决策提供依据。时序模型可以动态监测未来的趋势，为食品安全监管提供数据支持和预警提示。

对食品安全检测的原始数据进行选择、清洗、转换和分类等预处理操作，构建食品安全数据仓库，结合图12.2食品安全检测数据的分析挖掘流程，摸索研究各个地区食品安全在时间、空间、种类等的关联性，建立食品安全监测模型。数据的不断累积、检测数据覆盖范围的增加及数据格式的规范，将更有利于数据挖掘的应用，从而能够更好地为食品监管服务。

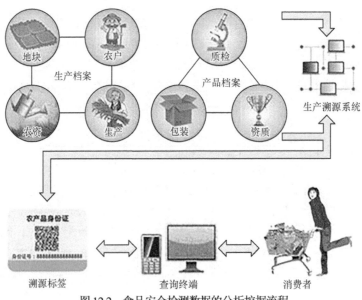

图12.2　食品安全检测数据的分析挖掘流程

## （二）大数据分析在食品安全大数据溯源监管平台的应用

当出现食品安全相关的问题时，通过大数据分析食品安全链路全过程的数据，定位并找到食品安全问题产生的原因，同时根据数据关联性，挖掘出与问题相关的食品信息并加以防范。例如，某一食品生产加工过程中，产品出现问题时，可以根据记录节点信息快速找到问题所在，对于流入市场的产品可以快速召回，能够防止负面性影响的扩大，起到及时止损的效果。

通过将数据分析挖掘技术应用到食品安全溯源体系，应用区块链技术保障数据共享共用，建立食品安全大数据溯源监管平台，改变了原有农贸市场消费维权无门的困境，畅通了质量投诉和消费维权渠道，也为监管部门进行靶向性监督和追溯提供了参考依据。消费者可扫描销售凭证上的溯源码查看相关信息，如销售单据详情、档口资质、抽检信息、监管记录、投诉举报等信息。

## （三）基于数据挖掘的食品安全风险预警

利用数据挖掘技术，建立高效动态的食品安全风险预警系统，能够及时发现食品安全隐患，防范重大食品安全问题发生，强化食品安全问题监管。针对食品安全风险预警需求，通过基于关联规则的数据挖掘技术的应用，建立面向企业和监管部门的食品安全风险预警系统，主要功能包括查询功能、数据统计功能、风险评价功能和风险预警功能，实现报检食品预警和检测项目预警两个食品安全风险预警。食品安全风险预警流程如图 12.3 所示，能够对食品安全状态进行快速判断并进行有效的预警，也充分考虑到了企业用户和监管部门的复杂性，具有很好的安全性和可靠性。

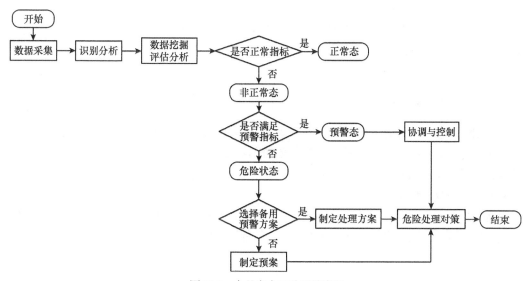

图 12.3　食品安全风险预警流程

# 四、数据展现

数据展现即数据可视化的部分，通过对食品安全数据分析，将数据转化为图形图像并提供交互，以帮助用户更有效地完成数据的分析、理解等任务。

## （一）数据可视化展示

### 1. 时序图展示

食品安全大数据有较强的时变性，食品安全数据在时间序列上存在潜在规律，采用折线图、柱状图、饼状图等时序图的方式展示溯源链路食品安全数据。例如，农产品中农药残留检出频次具有周期性特征，一年中不同季节的农药残留也呈现出不同的特征等，将这些特征值在时序图中以醒目的颜色标注，能有效地帮助人们对食品安全事件进行风险评估，对安全问题进行提前预警。

### 2. 热力图展示

地域性是食品安全数据的又一重要属性，是食品安全溯源的重要依据。依靠食品安全数据的地域分布能够帮助相关分析人员快速定位食品来源地。热力图（heat map，HM）是一种能够有效显示数据整体情况的可视化方法，用颜色的色系、灰度、饱和度的不同来表示数据的大小，将柱状图、折线图等可视化方法与地图结合起来，能够更清晰地展示信息，做到用数据说话。

## （二）食品安全大数据可视化分析应用

食品安全问题，涉及从种植养殖、生产加工、运输贮藏到餐桌消费的全过程，为此各国政府部门均加强了对从农田到餐桌全链条的食品安全监测和管控，进而产生了大量的食品安全数据。这些数据涉及食品的种类、营养、污染物、时间、地域等多维度信息，具有多维、时空、层次、关联等特征。

通过对食品安全数据的关联分析，可以掌握数据的分布特征、发现异常、探索数据间的隐含关联，通过提供有效的交互可视界面，帮助人们快速准确地观察、过滤、探索、理解和分析大规模数据，从而有效地发现隐藏在数据内部的特征和规律，实现食品安全风险识别、风险评估、风险预警和追根溯源。

# 五、数据源识别应用

数据源可被简单理解为数据的源头，提供了应用程序所需要数据的位置。数据源保证了应用程序与目标数据之间交互的规范和协议。在数据源中存储了所有建立数据库连接的信息。就像通过指定文件名称可以在文件系统中找到文件一样，通过提供正确的数据源名称，可以找到相应的数据库连接。

将数据源的鉴别信息存储到大数据平台，并通过授权的方式提供给数据源使用方，能够解决数据鉴别信息的完整性、正确性和安全性的问题。

## 思 考 题

1. 什么是大数据？
2. 常用大数据工具有哪些，分别有哪些特点？
3. 大数据储存技术有哪些，优缺点是什么？
4. 数据分析挖掘在食品安全中有哪些应用？

# 主要参考文献

奥特莱斯. 2008. 食物成分与食品添加剂分析方法. 北京: 中国轻工业出版社: 325-326.

陈福生. 2010. 食品安全实验——检测技术与方法. 北京: 化学工业出版社.

陈高, 董元华. 2008. 微生物细胞传感器及其构建研究进展. 土壤, (3): 9-17.

陈谊, 刘莹, 田帅, 等. 2017. 食品安全大数据可视分析方法研究. 计算机辅助设计与图形学学报, 29(1): 8-16.

陈谊, 孙梦, 武彩霞, 等. 2021. 食品安全大数据可视化关联分析. 大数据, 7(2): 61-77.

晨阳, 党光艳, 刘速, 等. 2009. 浅谈食品现场快速检测在重大活动卫生保障中的应用. 中国现代药物应用, 3(14): 217.

程楠, 董凯, 黄昆仑, 等. 2017. 水产品中甲醛残留快速定量检测试纸的研制与应用. 中国食品学报, 17(10): 254-261.

炊慧霞, 李艳芬, 吴玲玲, 等. 2016. 基质辅助激光解析电离飞行时间质谱在致泻性大肠埃希菌鞭毛抗原分型中的应用. 中国卫生检验杂志, 26(4): 466-468.

达尔文. 1996. 同种植物的不同花型. 叶笃庄, 译. 北京: 科学出版社.

戴枫, 陈卓颖, 段晓雷. 2021. 基于G4-配体的DNA模拟酶在生物传感中的发展与应用. 中国生物化学与分子生物学学报, 38(12): 1621-1629.

戴莹, 王纪华, 冯晓元. 2015. 生物传感器在有机磷农药残留量检测中的应用研究进展. 食品安全质量检测学报, 6(8): 2976-2980.

杜鹏飞, 金茂俊, 石梦琪, 等. 2015. 分散固相萃取-气相色谱-质谱法同时测定玉米中乙草胺, 莠去津和2, 4-滴异辛酯. 农药, 54(10): 748-751.

龚艳清, 陈信忠, 杨俊萍, 等. 2012. 基质辅助激光解吸电离飞行时间质谱在李斯特菌检测和鉴定中的应用. 食品科学, 33(6): 209-214.

江正强, 杨绍青. 2018. 食品酶学与酶工程原理. 北京: 中国轻工业出版社: 335.

李刚, 何俊崎. 2018. 生物化学. 4版. 北京: 北京大学医学出版社.

李凯, 罗云波, 许文涛. 2019. CRISPR-Cas生物传感器研究进展. 生物技术进展, 9(6): 579-591.

李双, 韩殿鹏, 彭媛, 等. 2019. 食品安全快速检测技术研究进展. 食品安全质量检测学报, 10(17): 5575-5581.

刘楚卉. 2021. 快速检测在食用农产品检测中的应用. 质量安全与检验检测, (6): 44-46.

刘海, 孙世雄, 杜瑞奎, 等. 2015. 基于制备接枝型分子印迹膜构建农药电位型电化学传感器及其检测性能研究. 分析测试学报, 34(10): 1126-1133.

刘亚, 郭俊先, 木合塔尔, 等. 2016. 光谱预处理对苹果可溶性固形物含量VIS/NIR预测模型的影响. 北方园艺, (20): 1-4.

栾云霞, 李杨, 平华, 等. 2012. 基于酶抑制法的农药残留快速检测仪器现状及评价. 食品安全质量检测学报, 3(6): 690-694.

宁佳囡, 程古月, 王玉莲, 等. 2017. 抗生素残留受体分析法的研究进展. 中国兽医学报, (37): 2434-2448.

齐玉冰, 刘瑛, 宋启军. 2011. 碳纳米管修饰电极分子印迹传感器快速测定沙丁胺醇. 分析化学, 39(7): 1053-1057.

任春艳, 马圆圆, 王景冉, 等. 2018. 微流控芯片设计和应用. 实验技术与管理, 35(10): 85-87.

师邱毅, 纪其雄, 许莉勇. 2010. 食品安全快速检测技术及应用. 北京: 化学工业出版社.

施冬艳, 何珣, 陈怡露. 2012. 合成生物学在微生物传感器中的应用. 东南大学学报: 医学版, 31(3): 363-369.

史君, 马会彦. 2021. 现代分析仪器设备进步与食品安全检测技术提升. 食品界, (11): 110-111.

苏柳, 邓省亮, 贺伟华, 等. 2022. 基于适配体的杂交链式反应在检测中应用. 中国公共卫生, 38(10): 1364-1368.

孙璐, 迟德富, 关桦楠. 2014. 基于抑制葡萄糖氧化酶活性快速检测重金属离子的研究. 湖南师范大学自然科学学报, 37(4): 46-50.

孙宗科, 张伟, 陈西平. 2011. 基质辅助激光解析电离飞行时间质谱快速鉴定耐甲氧西林金黄色葡萄球菌. 卫生研究, 40(3): 375-378.

檀思佳, 王猛强, 洪思慧, 等. 2019. 氯氨吡啶酸磁性分子印迹聚合物的制备及识别机理. 分析试验室, 38(6): 643-649.

陶光灿, 谭红, 宋宇峰, 等. 2018. 基于大数据的食品安全社会共治模式探索与实践. 食品科学, 39(9): 272-279.

王春琼, 曾彦波, 李苓, 等. 2020. 抑制法在农药残留快速检测中的研究进展. 农业与技术, 40(16): 29-31.

王建花. 2016. 利用三维微流控纸芯片实现基于智能手机的水质定量比色分析. 太原: 太原理工大学硕士学位论文.

王林, 王晶, 周景洋. 2008. 食品安全快速检测技术手册. 北京: 化学工业出版社.

王玲玲. 2016. 基于数据挖掘的食品安全风险预警系统设计. 石家庄: 河北科技大学硕士学位论文.

王伟. 2021. 智能检测技术. 北京: 机械工业出版社.

王晓勋, 徐嘉良. 2018. 重组酶聚合酶扩增技术及其在食品安全领域的应用. 食品科技, 43(6): 1-7.

魏士刚. 2006. 便携式食品安全快速检测仪的研制及其在食品分析中的应用. 长春: 吉林大学硕士学位论文.

文立, 徐凤州, 何晓晓, 等. 2015. 核酸外切酶辅助的信号放大策略在生化分析中的应用进展. 分析化学, 43(11): 1620-1628.

吴鹏, 陈诚, 林东海. 2022. 纳米材料模拟酶应用进展. 材料工程, 50(2): 62-72.

谢兴钰, 赵雅香, 赵莉芝, 等. 2020. 基于金属卟啉 2DMOFs 仿酶催化的过氧化氢比色法检测. 高等学校化学学报, 41(8): 1776-1784.

胥欣欣, 匡华. 2021. 基于合成受体的食品污染物生物检测进展. 合成生物学, (2): 1-16.

徐敏, 汪好平. 2019. 生物化学. 武汉: 华中科技大学出版社.

闫倩倩. 2021. 探讨多重 PCR 技术在食品检测中的应用与展望. 食品安全导刊, (18): 133-136.

颜朦朦. 2019. 基于分子印迹——表面增强拉曼散射的农药残留分析方法研究. 北京: 中国农业科学院博士学位论文.

姚世平, 刘光中, 黄华, 等. 2014. 食品中有毒物质智能化应急筛查装备及配套试剂系统的研发. 医疗卫生装备, 35(10): 7-10.

姚玉静, 翟培. 2019. 食品安全快速检测. 北京: 中国轻工业出版社.

殷梦姿. 2021. 基于大数据治理的食品安全信息追溯平台. 科技与创新, 184(16): 38-39, 42.

游旸, 杜宗敏. 2021. 基于 CRISPR-Cas 系统的核酸检测方法研究进展. 军事医学, 45(12): 955-960.

苑宝龙, 王晓东, 杨平, 等. 2016. 用于农药残留现场快速检测的微流控芯片研制. 食品科学, 37(2): 198-203.

战晓微, 杜影, 王宏伟, 等. 2015. MALDI-TOF MS 方法快速鉴定大肠杆菌及 ESBLs 菌株检测探索研究. 食品安全质量检测学报, 6(1): 99-106.

张德成. 1996. 动物细胞受体学基础. 北京: 中国农业出版社: 162.

张静, 吕雪飞, 邓玉林. 2019. 基因工程微生物传感器及其应用研究进展. 生命科学仪器, 17(1): 13-18.

张守文. 2018. 食品安全治理新格局. 北京: 国家行政学院出版社: 6-7.

张辛亮. 2020. 核酸-微流控芯片检测食品病原微生物的研究进展. 食品科学, 41(23): 266-272.

赵风年, 郑鹭飞, 佘永新, 等. 2017. 分散固相萃取-液相色谱-串联质谱法测定典型小宗作物中 6 种农药残留. 食品科学, 38(20): 197-202.

赵贵明, 杨海荣, 赵勇胜, 等. 2010. MALDI-TOF 质谱技术对克罗诺杆菌的鉴定与分型. 微生物学通报, 37(8): 1169-1175.

赵磊, 肖潇, 刘国荣, 等. 2015. 快速检测技术在食品安全保障中的应用及发展. 食品科学技术学报, 33(4): 68-73.

郑文芝. 2006. 临床基础检验学. 北京: 人民军医出版社: 269.

钟文勤, 周庆强, 孙崇潞. 1985. 内蒙古草场鼠害的基本特征及其生态对策//中国科学院内蒙古草原生态研究站. 草原生态系统研究 第一集. 北京: 科学出版社: 64-71.

周亮, 陈颖, 于浩洋, 等. 2020. PCR 技术在食品检测中的应用. 食品安全导刊, (12): 181.

朱磊磊. 2019. 拉曼光谱分析技术在纺织品检测上的应用. 杭州: 中国计量大学硕士学位论文.

Adams G. 2020. A beginner's guide to RT-PCR, qPCR and RT-qPCR. The Biochemist, 42(3): 48-53.

Aguirre M A, Long K D, Canals A, et al. 2019. Point-of-use detection of ascorbic acid using a spectrometric smartphone-based system. Food Chemistry, 272: 141-147.

Al-Choboq J, Ferlazzo M L, Sonzogni L. 2022. Usher syndrome belongs to the genetic diseases associated with radiosensitivity: influence of the ATM protein kinase. International Journal of Molecular Sciences, 23(3): 1570.

Ames B N, Durston W E, Yamasaki E, et al. 1973. Carcinogens are mutagens: a simple test system combining liver homogenates for activation and bacteria for detection. Proceedings of the National Academy of Sciences, 70(8): 2281-2285.

Ammanath G, Yildiz U H, Palaniappan A, et al. 2018. Luminescent device for the detection of oxidative stress biomarkers in artificial urine. ACS Appl, 10(9): 7730-7736.

Anderson K M, Poosala P, Lindley S R, et al. 2019. Targeted cleavage and polyadenylation of RNA by CRISPR-Cas13. BioRxiv, 531111.

Anon. 1981. Coffee drinking and cancer of the pancreas. Br Med J, 283: 628.

Bhatia P, Chugh A. 2013. Synthetic biology based biosensors and the emerging governance issues. Curr Synthetic Syst Biol, 1(1): 2332-2737.

Bitton G, Dutka B J. 1983. Bacterial and biochemical tests for assessing chemical toxicity in the aquatic environment: a review. Critical Reviews in Environmental Science and Technology, 13(1): 51-67.

Boscolo S, Pelin M, De Bortoli M, et al. 2013. Sandwich ELISA assay for the quantitation of palytoxin and its analogs in natural samples. Environ Sci Technol, 47: 2034-2042.

Bousse L. 1996. Whole cell biosensors. Sensors and Actuators B: Chemical, 34(1-3): 270-275.

Bryan K, Cox M D. 1968. A nonlinear model of an ocean driven by wind and differential heating. J Atoms Sci, 25: 945-967.

Bryan K. 1969. Climate and the ocean circulation: III. The ocean model. Mon Wea Rev, 97: 806-827.

Buchold D H M, Feldmann C. 2008. Microemulsion approach to non-agglomerated and crystalline nanomaterials. Adv Funct Mater, 18: 1002-1011.

Burlage R S, Sayler G S, Larimer F. 1990. Monitoring of naphthalene catabolism by bioluminescence with nah-lux transcriptional fusions. Journal of Bacteriology, 172(9): 4749-4757.

Chao K, Yang C C, Kim M S. 2010. Spectral line-scan imaging system for high-speed non-destructive wholesomeness inspection of broilers. Trends Food Sci Technol, 21(3): 129-137.

Che L, Wu J, Du Z. 2022. Targeting mitochondrial COX-2 enhances chemosensitivity via Drp1-dependent remodeling of mitochondrial dynamics in hepatocellular carcinoma. Cancers, 14(3): 821.

Chen H, Zhang L, Hu Y, et al. 2021. Nanomaterials as optical sensors for application in rapid detection of food contaminants, quality and authenticity. Sens Actuators B, 329: 129135.

Chen J, Zhang Y, Cheng M, et al. 2019. Highly active G-quadruplex/hemin DNAzyme for sensitive colorimetric determination of lead(II). Microchimica Acta, 186: 786.

Chen J, Zhou S, Wen J. 2014. Disposable strip biosensor for visual detection of $Hg^{2+}$ based on $Hg^{2+}$-triggered toehold binding and exonuclease III-assisted signal amplification. Analytical Chemistry, 86(6): 3108-3114.

Chen N, Li G, Si Y. 2022. Evaluation of LAMP assay using phenotypic tests and PCR for detection of blaKPC gene among clinical samples. Journal of Clinical Laboratory Analysis, 36(4): e24310.

Cheng M, Li Y, Zhou J, et al. 2016. Enantioselective sulfoxidation reaction catalyzed by a G-quadruplex DNA metalloenzyme. Chemical Communications, 52: 9644-9647.

Cho H, Kim S, Heo J, et al. 2016. A one-step colorimetric acid-base titration sensor using a complementary color changing coordination system. Analyst, 141(12): 3890-3897.

Cilloni D, Petiti J, Rosso V, et al. 2019. Digital PCR in myeloid malignancies: ready to replace quantitative PCR?. International Journal of Molecular Sciences, 20(9): 2249.

Corcoran C A, Rechnitz G A. 1985. Cell-based biosensors. Trends in Biotechnology, 3(4): 92-96.

Daunert S, Barrett G, Feliciano J S, et al. 2000. Genetically engineered whole-cell sensing systems: coupling biological recognition with reporter genes. Chemical Reviews, 100(7): 2705-2738.

Del Valle L. 2022. Introduction to immunohistochemistry: from to evolving science to timeless art. Methods in Molecular Biology, 2422: 11-16.

Deng J K, Liang F, Wang R, et al. 2014. Comparison of MALDI-TOF MS, gene sequencing and the Vitek 2 for identification of seventy-three clinical isolates of enteropathogens. MALDI-TOF MS in Clinical Microbiology, 5(6): 539-544.

Deng M H, Zhong L Y, Kamolnetr O, et al. 2019. Detection of helminths by loop-mediated isothermal amplification assay: a review of updated technology and future outlook. Infectious Diseases of Poverty, 8(1): 1-22.

Du S Y, Wang Y, Liu Z C, et al. 2019. A portable immune-thermometer assay based on the photothermal effect of graphene oxides for the rapid detection of Salmonella typhimurium. Biosens Bioelectron, 144: 111670.

Duewer D L, Kline M C, Romsos E L, et al. 2018. Evaluating droplet digital PCR for the quantification of human genomic DNA: converting copies per nanoliter to nanograms nuclear DNA per microliter. Analytical and Bioanalytical Chemistry, 410(12): 2879-2887.

Dutka B J, Switzer-House K. 1978. Distribution of mutagens and toxicants in Lake Ontario waters as assessed by microbiological procedures. Journal of Great Lakes Research, 4(2): 237-241.

Elad T, Lee J H, Belkin S, et al. 2008. Microbial whole‐cell arrays. Microbial Biotechnology, 1(2): 137-148.

Fang X, Li W, Gao T. 2022. Rapid screening of aptamers for fluorescent targets by integrated digital PCR and flow cytometry. Talanta, 242: 123302.

Farré M, Barceló D. 2003. Toxicity testing of wastewater and sewage sludge by biosensors, bioassays and chemical analysis. TrAC Trends in Analytical Chemistry, 2(5): 299-310.

Fu X, Sun J, Liang R. 2021. Application progress of microfluidics-integrated biosensing platforms in the detection of foodborne pathogens. Trends food Sci Tech, 116: 115-29.

Gao L, Zhuang J, Nie L. et al. 2007. Intrinsic peroxidase-like activity of ferromagnetic nanoparticles. Nature Nanotechnology, 2: 577-583.

Hara Y, Dong J, Ueda H. 2013. Open-sandwich immunoassay for sensitive and broad-range detection of a shellfish toxin gonyautoxin. Anal Chim Acta, 793: 107-113.

Hassan S H A, Van Ginkel S W, Hussein M A M, et al. 2016. Toxicity assessment using different bioassays and microbial biosensors. Environment International, 92: 106-118.

Hossain S M, Luckham R E, McFadden M J, et al. 2009. Reagentless bidirectional lateral flow bioactive paper sensors for detection of pesticides in beverage and food samples. Anal Chem, 81(21): 9055-9064.

Hu X, Shi J, Shi Y, et al. 2019. Use of a smartphone for visual detection of melamine in milk based on Au@Carbon quantum dots nanocomposites. Food Chemistry, 272: 58-65.

Hu Y H, Cheng H J, Zhao X Z, et al. 2017. Surface-enhanced Raman scattering active gold nanoparticles with enzyme-mimicking activities for measuring glucose and lactate in living tissues. Acs Nano, 11(6): 5558-5566.

Ihara M, Suzuki T, Kobayashi N, et al. 2009. Opensandwich enzyme immunoassay for one-step noncompetitive detection of corticosteroid 11-deoxycortisol. Anal Chem, 81: 8298-8304.

Islam K N, Ihara M, Dong J, et al. 2011. Direct construction of an open-sandwich enzyme immunoassay for one-step noncompetitive detection of thyroid hormone T4. Anal Chem, 83: 1008-1014.

Jiang H, Wang W, Ni X, et al. 2018. Recent advancement in near infrared spectroscopy and hyperspectral imaging techniques for quality and safety assessment of agricultural and food products in the China Agricultural University.

NIR News, 29(8): 19-23.

Jiang H L, Li N, Cui L, et al. 2019. Recent application of magnetic solid phase extraction for food safety analysis. Trac-Trend Anal Chem, 120:115632.

Jokerst J C, Adkins J A, Bisha B, et al. 2012. Development of a paper-based analytical device for colorimetric detection of select foodborne pathogens. Anal Chem, 84(6): 2900-2907.

Jou A F, Chou Y T, Willner I, et al. 2021. Imaging of cancer cells and dictated cytotoxicity using aptamer‑guided hybridization chain reaction (HCR)‑generated G‑quadruplex chains. Angewandte Chemie, 133(40): 21841-21846.

Joyner D C, Lindow S E. 2000. Heterogeneity of iron bioavailability on plants assessed with a whole-cell GFP-based bacterial biosensor. Microbiology, 146(10): 2435-2445.

Kim H J, Jeong H, Lee S J. 2018. Synthetic biology for microbial heavy metal biosensors. Analytical and Bioanalytical Chemistry, 410(4): 1191-1203.

Kim K T, Angerani S, Winssinger N. 2021. A minimal hybridization chain reaction (HCR) system using peptide nucleic acids. Chemical Science, 12(23): 8218-8223.

Kim T Y, Kim J Y, Shim H J, et al. 2022. Performance evaluation of the PowerChek SARS-CoV-2, influenza A & B multiplex real-time PCR kit in comparison with the BioFire respiratory panel. Annals of Laboratory Medicine, 42(4): 473-477.

King J M H, DiGrazia P M, Applegate B, et al. 1990. Rapid, sensitive bioluminescent reporter technology for naphthalene exposure and biodegradation. Science, 249(4970): 778-781.

Kokulnathan T, Wang T J, Duraisamy N, et al. 2021. Hierarchical nanoarchitecture of zirconium phosphate/graphene oxide: robust electrochemical platform for detection of fenitrothion. J Hazard Mater, 412: 125257.

Lawrence K C, Park B, Windham W R, et al. 2003. Calibration of a pushbroom hyperspectral imaging system for agricultural inspection. Trans ASAE, 46(2): 513-521.

Levi R, McNiven S, Piletsky S A, et al. 1997. Optical detection of chloramphenicol using molecularly imprinted polymers. Analytical Chemistry, 69(11): 2017-2021.

Li H, Bai R, Zhao Z, et al. 2018. Application of droplet digital PCR to detect the pathogens of infectious diseases. Bioscience Reports, 38(6): BSR20181170.

Li R, Ge J, Gong P, et al. 2013. A novel glucose colorimetric sensor based on intrinsic peroxidase-like activity of C-60-carboxyfullerenes. Biosensors and Bioelectronics, 47: 502-507.

Li S, Fu Z, Wang C. 2021. An ultrasensitive and specific electrochemical biosensor for DNA detection based on T7 exonuclease-assisted regulatory strand displacement amplification. Analytica Chimica Acta, 1183: 338988.

Li S, Zhu L, Zhu L, et al. 2022. A sandwich-based evanescent wave fluorescent biosensor for simple, real-time exosome detection. Biosens Bioelectron, 200: 113902.

Li Z X, Zhu Y H, Zhao Y, et al. 2015. Rapid determination of glucose in fruits using functional paper-based microfluidic chips. Abstract of papers of the 12th Annual Meeting of Chinese Society for Food Science and Technology and the 8th China-Us Food Industry High-level Forum: 354-355.

Liu L, Li X, Ma J, et al. 2017. The molecular architecture for RNA-guided RNA cleavage by Cas13a. Cell, 170(4): 714-726.

Lu Y, Wang W, Huang M, et al. Evaluation and classification of five cereal fungi on culture medium using visible/near-infrared (Vis/NIR) hyperspectral imaging. Infrared Physics & Technology, 105.

Lu Y, Wang W, Ni X, et al. 2020. Non-destructive discrimination of *Illicium verum* from poisonous adulterant using Vis/NIR hyperspectral imaging combined with chemometrics. Infrared Physics & Technology, 111: 103509.

Lu Z, Morinaga O, Tanaka H, et al. 2003. A quantitative ELISA using monoclonal antibody to survey paeoniflorin and albiflorin in crude drugs and traditional Chinese herbal medicines. Biol Pharm Bull, 26: 862-866.

Ma T, Wang H, Wei M, et al. 2022. Application of smart-phone use in rapid food detection, food traceability systems, and personalized diet guidance, making our diet more health. Food Research International, 152: 110918.

Makarova K S, Wolf Y I, Iranzo J, et al. 2020. Evolutionary classification of CRISPR-Cas systems: a burst of class 2 and derived variants. Nature Reviews Microbiology, 18(2), 67-83.

Mao X, Rutledge G C, Hatton T A. 2014. Nanocarbon-based electrochemical systems for sensing, electrocatalysis, and energy storage. Nano Today, 9: 405-432.

Martinez A W, Phillips S T, Carrilho E, et al. 2008. Simple telemedicine for developing regions: camera phones and paper-based microfluidic devices for real-time, off-site diagnosis. Anal Chem, 80(10): 3699-3707.

Mross S, Pierrat S, Zimmermann T, et al. 2015. Microfluidic enzymatic biosensing systems: a review. Biosens Bioelectron, 70: 376-391.

Oezbalci B, Boyaci I H, Topcu A, et al. 2013. Rapid analysis of sugars in honey by processing raman spectrum using chemometric methods and artificial neural networks. Food Chem, 136: 1444-1452.

Oveisi M, Asli M A, Mahmoodi N M. 2018. MIL-Ti metal-organic frameworks (MOFs) nanomaterials as superior adsorbents: Synthesis and ultrasound-aided dye adsorption from multicomponent wastewater systems. J Hazard Mater, 347: 123-140.

Pang C, Aiga M, Tian J, et al. 2019. Release of Ag/ZnO nanomaterials and associated risks of a novel water sterilization technology. Water, 11(11): 2276.

Peng B, Zhou J, Xu J, et al. 2019. A smartphone-based colorimetry after dispersive liquid-liquid microextraction for rapid quantification of calcium in water and food samples. Microchemical Journal, 149: 104072.

Qin L, Zeng G, Lai C, et al. 2018. "Gold rush" in modern science: Fabrication strategies and typical advanced applications of gold nanoparticles in sensing. Coord Chem Rev, 359: 1-31.

Rawson D M, Willmer A J, Cardosi M F. 1987. The development of whole cell biosensors for on‐line screening of herbicide pollution of surface waters. Toxicity Assessment, 2(3): 325-340.

Rawson D M, Willmer A J, Turner A P P. 1989. Whole-cell biosensors for environmental monitoring. Biosensors, 4(5): 299-311.

Rechnitz G A, Kobos R K, Riechel S J, et al. 1977. A bio-selective membrane electrode prepared with living bacterial cells. Analytica Chimica Acta, 94(2): 357-365.

Reimer L. 2000. Scanning Electron Microscopy: Physics of Image Formation and Microanalysis. 2nd ed. Heidelberg: Springer.

Robles-Kelly A, Huynh C P. 2013. Imaging Spectroscopy for Scene Analysis. London: Springer.

Ross J. 1975. Radiative transfer in plant communities. In: Monteith J L. Vegetation and the Atmosphere. Vol 1. London: Academic Press: 13-52

Rukchon C, Nopwinyuwong A, Trevanich S, et al. 2014. Development of a food spoilage indicator for monitoring freshness of skinless chicken breast. Talanta, 130: 547-554.

Salipante S J, Jerome K R. 2020. Digital PCR—An emerging technology with broad applications in microbiology. Clinical Chemistry. 66 (1): 117-123.

Salman A, Carney H, Bateson S. 2020. Shunting microfluidic PCR device for rapid bacterial detection. Talanta, 207: 120303.

Savage D F. 2019. Cas14: big advances from small CRISPR proteins. Biochemistry, 58: 1024-1025.

Sergeyev T, Yarynka D, Piletska E, et al. 2019. Development of a smartphone-based biomimetic sensor for aflatoxin B1 detection using molecularly imprinted polymer membranes. Talanta, 201: 204-210.

Shen X, Liu W, Gao X, et al. 2015. Mechanisms of oxidase and SOD-like activities of gold, silver, platinum, and palladium, and their alloys: a general way to the activation of molecular oxygen. Journal of the American Chemical Society, 137(50): 15882-15891.

Song D, Yang R, Fang S, et al. 2018, A FRET-based dual-color evanescent wave optical fiber aptasensor for simultaneous fluorometric determination of aflatoxin M1 and ochratoxin A. Microchimica Acta, 185(11): 1-10.

Song Y, Tadé M O, Zhang T. 2009. Bifurcation analysis and spatio-temporal patterns of nonlinear oscillations in a delayed neural network with unidirectional coupling. Nonlinearity, 22(5): 975.

Spar J. 1973a. Transquatorial effects of sea-surface temperature anomalies in a global general circulation model. Mon Wea Rev, 101: 554-563.

Spar J. 1973b. Some effects of surface anomalies in a global general circulation model. Mon Wea Rev, 101: 91-100.

Stiner L, Halverson L J. 2002. Development and characterization of a green fluorescent protein-based bacterial biosensor for bioavailable toluene and related compounds. Appl Environ Microbiol, 68(4): 1962-1971.

Strecker J, Jones S, Koopal B, et al. 2019. Engineering of CRISPR-Cas12b for human genome editing. Nature Communications, 10(1): 1-8.

Swarts D C, Jinek M. 2019. Mechanistic insights into the cis-and trans-acting DNase activities of Cas12a. Molecular Cell, 73(3): 589-600.

Tahamtan A, Ardebili A. 2020. Real-time RT-PCR in COVID-19 detection: issues affecting the results. Expert Review of Molecular Diagnostics, 20(5): 453-454.

Tan R L, Chong W H, Feng Y, et al. 2016. Nanoscrews: asymmetrical etching of silver nanowires. J Am Chem Soc, 138(34):10770-10773.

Tan S. 2020. Transmission electron microscopy: applications in nanotechnology. IEEE Nanotechnology Magazine, 15: 26-37.

Terrones M. 2010. Sharpening the chemical scissors to unzip carbon nanotubes: crystalline graphene nanoribbons. ACS Nano, 4: 1775-1781.

Trindade E K, Silva B V, Dutra R F. 2019. A probeless and label-free electrochemical immunosensor for cystatin C detection based on ferrocene functionalized-graphene platform. Biosensors and Bioelectrnics, 138: 111-113.

Trofimchuk E, Hu Y, Nilghaz A, et al. 2020. Development of paper-based microfluidic device for the determination of nitrite in meat. Food Chem, 316: 126396.

Vernon-Parry K D. 2000. Scanning electron microscopy: an introduction. III-Vs Review, 13: 40-44.

Vlatakis G, Andersson L I, Müller R, et al. 1993. Drug assay using antibody mimics made by molecular imprinting. Nature, 361(6413): 645-647.

Wang H, Jing X, Bi X, et al. 2020. Quantitative detection of nitrite in food samples based on digital image colourimetry by smartphone. Chemistryselect, 5(32): 9952-9956.

Wang W, Ni X, Lawrence K C, et al. 2015. Feasibility of detecting aflatoxin B1 in single maize kernel using hyperspectral imaging. Journal of Food Engineering, 166: 182-192.

Wang W, Wang X, Zhang Q, et al. 2020. A multiplex PCR method for detection of five animal species in processed meat products using novel species-specific nuclear DNA sequences. European Food Research and Technology, 246(7): 1351-1360.

Wang Y, Das A, Zheng W, et al. 2020. Development and evaluation of multiplex real-time RT-PCR assays for the detection and differentiation of foot-and-mouth disease virus and Seneca Valley virus 1. Transboundary and Emerging Diseases, 67(2): 604-616.

Xu J, Prost E, Haupt K, et al. 2018. Direct and sensitive determination of trypsin in human urine using a water-soluble signaling fluorescent molecularly imprinted polymer nanoprobe. Sensors and Actuators B: Chemical, 258: 10-17.

Yu Y, Zhang Q, Gao H, et al. 2020. Metalloenzyme-mimic innate G-quadruplex DNAzymes using directly coordinated metal ions as active centers. Dalton Transactions, 49: 13160-13166.

Zhang H, Huang F, Cai G. 2018. Rapid and sensitive detection of *Escherichia coli* O157: H7 using coaxial channel-based DNA extraction and microfluidic PCR. J Dairy Sci, 101(11): 9736-9746.

Zhang J, Yan S, Yuan D. 2016. Fundamentals and applications of inertial microfluidics: a review. Lab Chip, 16(1): 10-34.

Zhang L, Zhu J, Wilke K. et al. 2019. Enhanced environmental scanning electron microscopy using phase reconstruction and its application in condensation. ACS Nano, 13: 1953-1960.

Zhang Y, Hu X, Wang Q. 2021. Recent advances in microchip-based methods for the detection of pathogenic bacteria. Chinese Chemical Letters 33(6): 2817-2831.

Zhao J, Lu Z, Wang S, et al. 2021. Nanoscale affinity double layer overcomes the poor antimatrix interference capability of aptamers. Anal Chem, 93 (9): 4317-4325.

Zheng L, Cai G, Wang S, et al. 2019. A microfluidic colorimetric biosensor for rapid detection of *Escherichia coli* O157: H7 using gold nanoparticle aggregation and smart phone imaging. Biosensors and Bioelectronics, 124-125: 143-149.

Zhou C, Zhang X, Zhang W, et al. 2019. PCR detection for syphilis diagnosis: Status and prospects. Journal of Clinical Laboratory Analysis, 33(5): e22890.

Zhu H, Zhang H, Xu Y, et al. 2020. PCR past, present and future. Biotechniques, 69(4), 317-325.